河南黄河信息化建设管理实践与应用

王玉晓　王小远　崔　峰　著

黄河水利出版社
·郑州·

内容提要

全书翔实记录了改革开放40多年来河南治黄信息化工作的发展历程，从河南黄河河务局信息中心的历史沿革写起，用丰富的图片、珍贵的史料全面介绍了河南治黄工作信息化建设和管理体系，重点介绍了黄河水量调度管理系统（水调二期）和引黄入冀补淀工程等信息化建设项目以及河道工程根石探测试验项目等，并在工程建设管理模式等方面进行了理论和实践的创新。

在成果介绍和应用章节主要介绍了河南黄河河务局信息中心成立的创新团队和科研攻关情况，以及成功地解决了许多处于国内、国际前沿的工程技术问题和建设管理问题，取得了一批重要技术成果，获得了多项专利授权。

本书最后展望了水利行业信息化发展的前景，结合当下“水利行业强监管，水利工程补短板”的工作主基调，给河南治黄监管工作提出信息化保障措施，为河南黄河治黄信息化建设提出工程规划等建议。

本书适合于广大水利信息化工作者阅读。

图书在版编目(CIP)数据

河南黄河信息化建设管理实践与应用/王玉晓，王小远，崔峰著.—郑州：黄河水利出版社，2021.1

ISBN 978-7-5509-2909-8

Ⅰ.①河… Ⅱ.①王… ②王… ③崔… Ⅲ.①黄河-水利工程管理-信息化建设-研究-河南 Ⅳ.①TV882.1

中国版本图书馆CIP数据核字(2021)第011276号

出 版 社：黄河水利出版社　　　网址：www.yrcp.com

地址：河南省郑州市顺河路黄委会综合楼14层　　邮政编码：450003

发行单位：黄河水利出版社

发行部电话：0371-66026940、66020550、66028024、66022620(传真)

E-mail：hhslcbs@126.com

承印单位：广东虎彩云印刷有限公司

开本：787 mm×1 092 mm　1/16

印张：13.25

字数：306千字

版次：2021年1月第1版　　　印次：2021年1月第1次印刷

定价：100.00元

序

黄河上较早的水情传递是塘马报汛,清代还曾用过“羊报”传递汛情。19 世纪中叶,西方电讯技术传入我国,黄河通信报汛有所发展。清光绪十三年(1887 年),架设山东济宁至开封有线电报,开通黄河上第一条电信线路。经历了有线电报、电话网、综合通信网、数字通信网等多个发展阶段,河南黄河通信网已形成以无线通信为主,包括光纤通信、微波通信、一点多址微波通信、电话交换、卫星通信、宽带(窄带)无线接入和机关宽带局域网接入等多种通信手段组成的综合业务通信网,总资产过亿元。

河南黄河河务局信息中心的主要职责集中在防汛通信保障及河南黄河通信信息化工作的规划、建设、管理、优化、调度、运行、维护上。该书翔实记录了改革开放 40 多年来河南治黄信息化工作的发展历程,从河南黄河河务局信息中心的历史沿革写起,用丰富的图片、珍贵的史料全面介绍了河南治黄工作信息化建设和管理体系,重点介绍了黄河水量调度管理系统(水调二期)和引黄入冀补淀工程等信息化建设项目及河道工程根石探测试验项目等,并在工程建设管理模式等方面进行了理论和实践的创新。

从“十三五”开始,河南黄河河务局信息中心紧跟行业发展趋势,全面加强水利信息化创新工作,拓宽发展渠道,提升服务水平,取得了显著成效。书中介绍了河南黄河河务局信息中心成立的创新团队和科研攻关情况,以及成功地解决了许多处于国内、国际前沿的工程技术问题和建设管理问题,取得了一批重要技术成果,获得了多项专利授权。

习近平总书记的“3·14”“9·18”“1·03”重要讲话擘画了黄河流域生态保护和高质量发展的重大国家战略,发出了“让黄河成为造福人民的幸福河”的伟大号召。学习贯彻习近平总书记的重要讲话,贯彻“十六字”治水思路、“水利工程补短板、水利行业强监管”总基调、“规范管理、加快发展”总体要求,河南黄河河务局信息中心定能在水利信息化的发展道路上取得新的突破,赢得新的荣誉。

诚然,治黄工作“溯洄从之,道阻且长”,可是“道虽迩,不行不至;事虽小,不为不成”,愿河南黄河信息化建设工作一路披荆斩棘,一路繁花似锦。

2020 年 12 月

前　言

2019年9月18日,习近平总书记来河南考察调研,在郑州主持召开了“黄河流域生态保护和高质量发展座谈会”并发表了重要讲话,擘画了黄河流域生态保护和高质量发展的重大国家战略,发出了“让黄河成为造福人民的幸福河”的伟大号召,为我们开展工作提供了重要的政治基础、理论基础和思想基础,具有深远的历史意义和重大的现实意义,为做好新时代黄河治理保护工作提供了根本遵循和行动指南。我们在深入学习和准确把握习近平总书记重要讲话精神的同时,要与落实“水利工程补短板、水利行业强监管”治水总基调联系起来,与“维护黄河健康生命,促进流域人水和谐”“规范管理、加快发展”的要求结合起来,紧紧抓住这次黄河流域重大发展机遇,以“信息技术支撑黄河大保护大治理”为切入点,坚持以信息技术应用为核心,以问题为导向,切实围绕生态建设与保护、管理能力提升等深入思考,研究提出适应黄河流域生态保护和高质量发展信息化工作思路和具体措施。

黄河信息化建设经历过快速发展的历史阶段,在相当长一个时期领先社会通信的发展状况。但是随着经济社会发展和人民生活对通信需求的强大拉动力,社会通信发展一日千里,黄河通信反而严重滞后了。信息化基础设施长期得不到更新,工程信息、防汛信息采集能力不足,河道河势、工程抢险等现场视频、监控设施不足。省局综合决策系统不完善,市、县局缺少综合应用系统,防汛指挥决策信息化能力薄弱。特别是用信息化手段支撑河南黄河保护治理,还面临着很大的困难和挑战,我们在信息化工程建设及信息化队伍建设等方面仍有短板。

从事治黄通信工作,亲身经历黄河通信30多年的点滴变化。经常会遇到一个问题:黄河通信是什么时候开始的?

黄河有源头,黄河通信自然也有源头,那么源头在哪里?

要弄清楚这个问题,首先要界定一件事:何谓通信?

根据百度百科解释,通信是指人与人或人与自然之间通过某种行为或媒介进行的信息交流与传递,从广义上指需要信息的双方或多方在不违背各自意愿的情况下无论采用何种方法,使用何种媒质,将信息从某方准确安全传送到另一方。

简单地说,通信就是信息传送。古代的驿站、飞鸽传书、烽火报警等都可以称为通信。1843年,塞缪尔·莫尔斯用国会赞助的3万美元建起了从华盛顿到巴尔的摩之间长达64 km的电报线路;翌年5月,他在华盛顿国会大厦最高法院会议厅里,用从1837年便发明出来并不断完善的电报机,向巴尔的摩发送了世界上的第一封电报,电文内容是《圣经》中的一句话:上帝啊,你创造了何等的奇迹!

通信在不同的环境下有不同的解释,在出现电波传递通信后,通信被单一解释为信息的传递,是指由一地向另一地进行信息的传输与交换,其目的是传输消息。然而,通信在人类生产生活实践过程中随着社会生产力的发展对传递消息的要求不断提升使得人类文明不断进步。在各种各样的通信方式中,利用“电”来传递消息的通信方法称为电信,这种通信具有迅速、准确、可靠等特点,且几乎不受时间、地点、空间、距离的限制,因而得到了飞速发展和广泛应用;在现今因电波的快捷性使得从远古人类物质交换过程中就结合文化交流与实体经济不断积累进步的实物性通信(邮政通信)被人类理解为制约经济发展的阻碍。

黄河上较早的水情传递是塘马报讯,清代还曾用过“羊报”传递汛情。19 世纪中叶,西方电讯技术传入我国,黄河通信报汛有所发展。清光绪十三年(1887 年),架设山东济宁至开封有线电报,开通黄河上第一条电信线路,这就是黄河通信的“源头”。

到了今天,随着现代科学水平的飞速发展,相继出现了无线电、固定电话、移动电话、互联网甚至视频电话等各种通信方式。通信技术拉近了人与人之间的距离,提高了经济的效率,深刻地改变了人类的生活方式和社会面。

根据这些年治黄信息化工作的经历和思考,我们写下这本《河南黄河信息化建设管理实践与应用》,适合于广大水利信息化工作者阅读,了解河南治黄信息化工作的方方面面。

全书翔实记录了改革开放 40 多年来河南治黄信息化工作的发展历程,从河南黄河河务局信息中心的历史沿革写起,用丰富的图片、珍贵的史料档案全面介绍了河南治黄工作信息化建设和管理体系,重点介绍了黄河水量调度管理系统(水调二期)和引黄入冀补淀工程等信息化建设项目及河道工程根石探测试验项目等,并在工程建设管理模式等方面进行了理论和实践的创新。

在成果介绍和应用章节主要介绍了河南黄河河务局信息中心成立的创新团队和科研攻关情况,以及成功地解决了许多处于国内、国际前沿的工程技术问题和建设管理问题,取得了一批重要技术成果,获得了多项专利授权。

书的最后展望了水利行业信息化发展的前景,结合当下“水利行业强监管,水利工程补短板”的工作主基调,给河南治黄监管工作提出信息化保障措施,为河南黄河治黄信息化建设提出工程规划等建议。

全书共分 8 章,其中前言、第 3 章、第 4 章由王玉晓撰写,第 1 章、第 7 章、第 8 章由崔峰撰写,第 2 章、第 5 章、第 6 章由王小远撰写。全书由张像统稿。本书得到多位专家的指导,在此表示衷心的感谢!

由于作者水平有限,书中不足之处在所难免,恳请广大读者批评指正。

作　者

2020 年 7 月

目　录

第1章 综 述

1.1 发展历史

河南黄河信息化建设起步于黄河通信专网(含河南通信专网)建设,经历了有线电报、电话网(1887年济宁—开封,1892~1932年山东、河南各河防分局)、多路有线电话网覆盖黄河孟津—河口(1949年开始)和有线为主、无线为辅的综合通信网(1976年开始)及无线通信为主的数字综合通信网(20世纪90年代至今)共4个阶段。

河南黄河河务局目前正在使用的通信网是从1985年开始进行建设的。经过30多年的建设,黄河通信网已形成以无线通信为主,包括微波通信、一点多址微波通信、电话交换、卫星通信、宽带(窄带)无线接入和机关宽带局域网接入等多种通信手段组成的综合业务通信网。

1.1.1 从无到有,不断发展

黄河上较早的水情传递是塘马报讯,清代还曾用过"羊报"传递汛情。19世纪中叶,西方电讯技术传入我国,黄河通信报汛有所发展。清光绪十三年(1887年),架设山东济宁至开封有线电报,开通了黄河上第一条电信线路。

清光绪二十八年(1902年),山东河防局与河防分局架设电话线,至清光绪三十四年(1908年),黄河两岸已架设电话线700多km。中华民国期间,黄河上通信建设有所发展,至中华民国21年(1932年)上至沁河两岸,下至濮阳段黄河各段局均安设电话。中华民国36年(1947年),冀鲁豫黄河水利委员会[现黄河水利委员会(简称黄委)前身]正式设通信管理机构——电讯所。1948年,随着黄河全线解放,黄河两岸的千里堤线上均架设了线路,中华人民共和国成立后,随着通信技术的发展,黄河通信设备得以不断更新和发展,上至孟津,下至河口,黄河南北两岸均可直接通话。南北两岸架设干支线约4 000杆km(13 920.82线对km),较中华人民共和国成立初杆程增加8.5倍,线对公里增加30余倍,长途电缆,市话电缆从无到有。

1.1.2 有线为主、无线为辅

中华人民共和国成立初至20世纪80年代中期,受大风、洪水等袭击,线路多次被毁,通信长期中断。有线通信可靠性差,畅通率低,严重影响防汛工作。1975年8月,淮河发生大洪水,有线通信中断,指挥失灵,造成巨大损失。接受这一教训,1976年水电部决定在黄河流域(三门峡—黄河口)组建无线通信网。1976~1985年,山东、河南两局处段无线电台配套成网,在各修防站至险工或防汛点,配备小型超短波无线电台。除单工小电台外,各类电台均可接入交换机入有线网。1981年,三花间超短波无线通信网正式担负报汛任务，比租用公网有线网报汛提前24 h。在1976~1986年10年间，无线通信建设取得了很大进展。至1986年，在黄河上形成以有线通信为主、无线通信为辅的综合通信专网。

1.1.3 模拟到数字，跨越式发展

20世纪80年代中后期，黄河通信进入了模拟通信到数字通信的快速发展阶段。1985年完成了郑三数字微波电路建设，1993年完成了郑济数字微波电路建设，1996年完成了济东数字微波电路建设，微波干线初具规模。2002年开始对干线微波电路进行了更新改造，至2010年，微波设备更新为155 M SDH设备，电路容量大大提高。从模拟语音交换到全河数字网络的信息传输。

1.2 机构沿革

在黄委通信专网的建设过程中，河南黄河信息化建设同步发展推进，与此同时，河南黄河河务局信息中心的机构建设也留下历史的印迹：

1950年4月，经上级批准，始建“河南黄河河务局电话队”。

1957年因精简机构被撤销。1963年恢复电话队机构。

1983年更名为“河南黄河河务局通讯站”，正科级。从河南省郑州市金水路12号河南黄河河务局院内搬到顺河路9号。

1989年机构升格为副处级，更名为“河南黄河河务局通信管理处”。

2002年更名为“河南黄河河务局信息中心”。

2004年机构升格为正处级。

2013年调整后，现有编制85人。

河南黄河河务局信息中心隶属黄河水利委员会河南黄河河务局，正处级事业单位，据豫黄人劳〔2011〕88号《关于印发河南黄河河务局信息中心主要职责机构设置和人员编制规定的通知》，下设办公室、计划财务科、通信管理科、信息技术科、工程建设与管理科、人事劳动科，是河南黄河通信业务的主管部门，其主要职责是：

（1）负责编制河南黄河通信信息化建设规划和年度投资计划。

（2）负责编制河南黄河防汛通信保障预案，制定通信信息管理办法和业务规章制度。

（3）负责通信信息建设项目的前期工作和项目管理工作。按照省局授权，负责组织对计划、工程质量的管理和技术审查。

（4）负责河南黄河通信信息系统的行业管理和全局通信专网的优化、管理以及通信设备的调度。

（5）负责与地方通信管理部门和地方通信运行商的协调，做好应急通信保障工作。

（6）负责全局通信信息网络的运行管理和维护管理。

（7）负责汛期通信信息工作的督促和检查，做好全局通信年度考评工作。

（8）完成省局下达的信息技术开发任务，并提供信息技术的咨询和支持。

（9）负责全局信息通信新技术的引进、培训和推广应用工作。

（10）负责局机关通信设备的运行维护工作。

(11)完成省局交办的其他工作。

多年来,信息中心以通信为防汛服务为第一要务,加强通信管理,加强信息化开发建设,完成了日常通信服务和防洪抢险等各项工作任务,确保了河南黄河通信畅通。

1.3 通信资产

河南黄河通信网作为河南黄河信息化建设的基础设施,是由微波、一点多址、程控交换机、无线接入系统、移动通信、卫星及光缆等多种通信手段组成的综合通信网。担负着河南境内、黄河两岸的防汛通信任务,承担着传递水情、雨情配合上级指挥防洪抢险工作的使命。网内拥有多种通信手段,覆盖了所有市、县局及沿河两岸重要险工、险点及涵闸300多处。

全局主要通信资产包括机房、设备和铁塔。全局共44座通信铁塔,濮阳市局16座、新乡市局8座、开封市局7座、豫西局3座、焦作市局8座、郑州市局2座。分别在孟州局、濮阳北坝头、濮阳南小堤闸、石头庄闸、红旗闸、韩董庄闸、兰考局老址、濮阳市局、王称固闸、范县局、禅房闸、开封一局老址、彭楼闸、孟津局、吉利局、济源局、影堂闸、梨园闸、邢庙闸、杨小寨闸、辛庄闸、开封二局新址、焦作市局、刘楼闸、王集闸、范县局滞洪办、柳园闸、沁阳局、武陟一局、大虹桥班、郑州市局、邢庙、闵子幕、兰考县局新址、三义寨闸、温县局、中牟局万滩、惠金局等位置。

省局,信息中心,市、县(区)局共有各类机房43处,其中:A类机房2处,为省局机关网络机房、省局信息中心机房;B类机房7处(市局);C类机房34处,包括巩义河务局机房,惠金河务局机房,中牟河务局机房,新乡市局机房,长垣县局机房,濮阳市局机房,濮阳一局机房,范县局机房,台前局机房,开封市局网络机房,豫西局、孟津局、焦作市局网络机房,武陟二局通信机房,开封市局网络机房、通信机房,兰考县局机房、濮阳市局程控机房,濮阳一局程控机房,封丘网络机房,豫西局、孟津局、博爱局通信机房,开封二局、濮阳市局信息中心微波机房,台前影唐通信机房,封丘通信机房,郑州河务局机关网络机房,温县局通信机房,开封二局、范县新区通信机房,原阳通信机房,济源局、孟州局通信机房,开封一局、濮阳一局北坝头通信机房,原阳网络机房,荥阳河务局网络机房,武陟一局通信机房,开封一局机房,范县彭楼通信机房等。

1.4 各行业信息化发展情况

目前,各水利行业单位均根据自身实际建设了专用通信网,在我国历年的防汛抢险、水资源管理、水利信息化建设等各项水利工作中发挥了重要作用。水利行业主要采用了三种组网方式,分别是:完全自建通信网络的组网方式;专网为主、公网为辅的组网方式;主要依托公网组网的方式。

从对当前水利行业通信专网的考察调研情况来看,流域机构均采用自建专网和专网为主、公网为辅的组网方式,由于受资金条件限制,目前主要采用以微波为主、光缆为辅的通信组网方式,但在新建通信网的规划中也充分考虑到光缆通信的建设方案。地方水利部门采用专网为主、公网为辅和主要依托公网组网的方式,部分水利部门也采用自建光缆通信的组网方案,目前荆江大堤、南水北调、引江济汉、疏勒河、伊犁河等西北内陆河流域、内蒙古宁夏灌区已通过租用、自建光纤组成主干通信传输系统。

水利信息通信利用信息技术为核心的一系列高新技术对水利行业进行全面技术升级和改造,新的治水理念立足于可持续发展这一基本观念,着眼于人与自然的协调共处。水利信息化是水利现代化进程中的重要一环,目前水利信息化建设尚未有一个正常稳定的渠道来实现建设的连续性,也设有运行维护和发展的后续保证,它不仅限制了水利通信的发展,也给整个水利事业的发展形成了障碍。因此,水利信息化的建设应该与水利工程建设放在同样重要的位置。如果说单一项水利工程要达到抵御百年一遇的防洪标准,那么与之配置的水利信息与通信设施就应在设计时一并考虑,加大投入,使其与工程建设的标准相适应,也就是水利信息化建设应与水利工程建设同步发展。同时,充分利用公网资源,完善水利信息化。尽管公网资源无法满足水利事业的全部需求,但应充分利用公网资源,采用公网和防汛专用网相结合,互联互通,有线无线双保险的原则,充分利用公网对水利专网进行资源相互调配是水利信息化发展的一个重要途径。

综上所述,借鉴公网及其他行业通信专网的建设,河南黄河信息化的发展应当是以有线光缆为主,无线、公网租用为辅;大容量,高速率,高可靠性;大力发展视频会议、视频监控等多媒体应用系统;具备抢险救灾应急通信指挥能力的现代化通信网络。

现代信息网络的发展趋势是宽带化、智能化、个人化和综合化,能够支持各类窄带和宽带、实时和非实时、恒定速率和可变速率,尤其是多媒体业务。现代信息网络承载的业务类型由原有的语音和窄带数据开始向数据、语音、高清视频等综合业务转变。业务类型的丰富要求现代信息网络是一个可靠安全、高速高效的多业务承载网络,这个网络应该是具备高可靠性、高安全、高宽带、大容量、智能化的分组化网络。我国各行业的通信传输网络都依据本行业的发展需求,在现代通信技术的带动下得到了长足发展。

1.4.1 公网通信建设发展

我国公网的发展是从“八五”期间开始大规模建设光缆干线,先后建成了京汉广、南沿海、京沈哈、西兰乌等22条光缆干线。“九五”期间加大光缆网密度,形成“八纵八横”的骨干网,并大量采用先进的大容量光传输技术装备改造通信网。目前,已初步建成一个覆盖全国的以光缆为主、以数字微波和卫星为辅的大容量、高速率传输网络。公网的无线业务主要体现在个人移动通信需求,为个人提供灵活的语音及数据接入服务。

1.4.2 电力行业通信发展

电力行业主要利用本行业高压输电线路零线承载光缆,自建了光纤专网,目前已发展成为集光传输网、微波传输网、调度(行政)交换网、调度数据网等诸多网络于一体的大型电力通信专网。其传输网络体系是以自建光传输网为主,微波传输网作为备用路由和应急路由使用。网络覆盖各省、各地区供电公司和220 kV及以上变电站。光传输网的应用为电力调度高速即时数据、高清晰会议电视和现场图像监控等各项新业务的开展打下了良好的基础。

1.4.3 石油天然气行业通信发展

石油天然气行业除局部油田、炼化企业等单位外,体现与现代通信发展密切相关的主要是西气东输等大型长距离油气输送工程。以西气东输工程为例,建设了光缆通信为主、卫星通信备份的通信网络。西气东输工程随天然气管道同沟敷设硅芯管道,建设了4 000 km的管道光缆系统,传输依靠光缆采用SDH光传输技术组建通信传输网络。同时,采用租用公网卫星资源,建设各通信节点的卫星备份路由,保障信息传输的畅通。

1.4.4 公安系统通信发展

公安系统单位分布比较分散,自建有线传输成本过高,以河南省公安厅为例,目前通信传输主要以租用公网为主,自建微波线路为备份应急电路。利用河南政务网的VPN资源,实现省厅到各个地市155 M VPN线路连接;PDH微波作为应急备份手段保障通信的畅通。同时大力开展会议电视、视频指挥等宽带业务应用,充分发挥现有网络高带宽的特性。强力部署应急通信车等全天候全地点无障碍的应急通信能力,及时处置突发事件。

1.4.5 公路交通系统通信发展

公路交通系统主要包括公路、运输、海事等主要业务,其专网通信发展主要围绕其不同业务各自展开。公路通信系统主要是高速公路基本实现沿路敷设光缆构成SDH光传输网络,并在此基础上建设了程控语音交换、沿路视频监控、收费联网等应用系统。运输管理系统主要依靠公网租用完成各汽车站、码头、港口等应用系统的连接。海事系统主要依靠卫星完成船舶间的语音数据传输。公路交通行业充分利用修建公路的契机,依靠自建光缆构成覆盖全国高速公路网的光缆传输系统,并开展大量的视频监视等应用,提高公路交通系统的信息化管理水平。

1.4.6 其他国家水利信息化发展情况

日本国土交通省:以闭路电视技术组建的视频监视网共有终端8 000~9 000个,全部通过光通信传输,可以在操作室实时监视。国土交通省建有庞大的专用通信网,微波站共有1 500个,光通信线路32 000 km,其中沿河光通信线路10 000 km左右。维护外包,建设专网的原因主要是怕公网中断、阻塞。

美国基层政府:美国地方政府各部门的信息网络系统基本统一在一个平台上建设与维护。政府的信息系统平台主要集中在当地政府信息主管部门的机房等。但也有一些信息拥有量较大、管理较复杂的部门,如警察局、公共事业水电部门也有自己的信息管理系统和机房。但这些个别分布在自己部门的信息系统不是孤立分散的,而是由政府统一规划建设的,信息部门统筹管理,通过光纤联成一网。

1.5 环宇公司简介

河南环宇通信工程有限公司是河南黄河河务局信息中心下属全资控股企业,企业性质为有限责任公司，注册地址在郑州市金水区顺河路 9 号，固定资产 142 万元，具有通信信息网络系统集成乙级资质，员工总人数 79 人，其中高级职称人员 14 人，中级职称人员 29 人，2009 年获 ISO9001 质量体系认证（见图 1-1～图 1-4）。

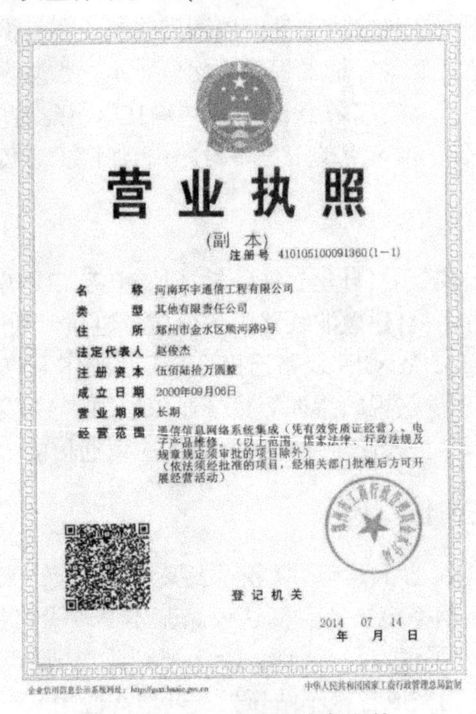

营业执照

（副本）

注册号 410105100091360（1－1）

名　　称　河南环宇通信工程有限公司
类　　型　其他有限责任公司
住　　所　郑州市金水区顺河路9号
法定代表人　赵俊杰
注册资本　伍佰陆拾万圆整
成立日期　2000年09月06日
营业期限　长期
经营范围　通信信息网络系统集成（凭有效资质证经营）、电子产品维修。（以上范围，国家法律、行政法规及规章规定须审批的项目除外）（依法须经批准的项目，经相关部门批准后方可开展经营活动）

登记机关

2014　07　14
年　月　日

中华人民共和国国家工商行政管理总局监制

图 1-1　营业执照副本复印件

QMS ZJQC

中经认证

注册号：04415Q10634R2M

质量管理体系认证证书

兹证明

河南环宇通信工程有限公司

组织机构代码：72699655-6

质量管理体系符合

GB/T 19001-2008/ISO 9001:2008 标准

资质范围内的通信信息网络系统集成

北京中经科环质量认证有限公司　　总经理：

日　期：2015年05月10日

CNAS

体系认证

CNAS C044-Q

IAF

图 1-2　ISO 质量体系认证复印件

企业名称	河南环宇通信工程有限公司				
成立时间	2009年09月06日				
注册地址	郑州市金水区顺河路9号				
公司类型	有限责任公司				
主管部门	无				
营业执照注册号	410105100091360				
注册资金	560万元（人民币）				
资质等级	通信信息网络系统集成乙级				
资质证书编号	通信（集）15321047				
有效期至	2020年08月16日				
企业法定代表人	赵俊杰	职务	董事长		
企业负责人	耿飞	职务	总经理	职称	助理工程师
企业技术负责人	岳静	职务	总工程师	职称	高工程师
备注：					

集 007747

承担业务范围

可在全国范围内承担工程投资额2000万元以下通信业务网络系统集成和电信支撑网络系统集成业务；承担工程投资额1000万元以下电信基础网络系统集成业务。

发证机关

2015年08月17日

图1-3　资质证书复印件

中华人民共和国
组织机构代码证

代　　码：72699655-6

机构名称：河南环宇通信工程有限公司

机构类型：企业法人（法定代表人：赵俊杰）

地　　址：郑州市金水区顺河路9号

有 效 期：自2014年07月21日至2018年07月21日

颁发单位：郑州市质量技术监督局

登 记 号：组代管410100-379275

说　　明

1. 中华人民共和国组织机构代码是组织机构在中华人民共和国境内唯一的，始终不变的法定代码标识。《中华人民共和国组织机构代码证》是组织机构法定代码标识的凭证，分正本和副本。
2. 《中华人民共和国组织机构代码证》不得出租、出借、冒用、转让、伪造、变造、非法买卖。
3. 《中华人民共和国组织机构代码证》登记项目发生变化时，应向发证机关申请变更登记。
4. 各组织机构应当按有关规定，接受发证机关的年度检验。
5. 组织机构依法注销、撤消时，应向原发证机关办理注销登记，并交回全部代码证。

中华人民共和国　国家质量监督检验检疫总局签章

网址www.code.ha.cn证书查验/信息查询

年检记录

年　月　日	年　月　日	年　月　日	年　月　日

NO.2014 4435990

图1-4　组织机构代码证复印件

历年来,河南环宇通信工程有限公司承建"黄河水量调度管理系统""河南黄河水量调度管理子系统建设项目""河南黄河河务局信息中心 2014 年水利信息系统运行维护项目""河南黄河河务局通信设施应急修复项目""引黄入冀补淀渠首段及北金堤闸工程"等多项水利信息化运行、维护、建设项目,是河南黄河信息化建设、开发、管理实践的重要力量,是 30 多年来河南黄河信息化建设、运行、维护的亲历者。

多年来,河南黄河河务局信息中心(河南环宇通信工程有限公司)始终坚持通信为防汛服务为第一要务,为确保河南黄河防汛通信畅通,为黄河赢得岁岁安澜做出了应有的贡献。

第 2 章　运行管理实践

本章分为四个部分,分别介绍了骨干网运行维护、水资源管理系统运行维护、防汛业务和河南黄(沁)河防汛通信保障预案编制等主要业务工作。河南黄河河务局信息中心作为河南黄河通信业务的主管部门,30 多年来一直为河南黄河流域治理开发提供信息服务及运行管理维护服务,提高河南省黄河防汛通信保障能力,明确保障责任,落实保障措施,确保黄河水情、雨情、工情、险情等各类汛情准确及时传递,始终坚持通信为防汛服务作为第一要务,为确保河南黄河防汛通信畅通,为黄河赢得岁岁安澜做出了应有的贡献。

2.1　骨干网运行维护(以 2019 年为例)

河南黄河河务局信息中心为河南黄河通信业务的主管部门,其宗旨是为河南黄河流域治理开发提供信息服务及运行管理维护服务,该项目实施是其职责履行和中心任务、重点工作完成的需要。

2.1.1　信息系统运行维护基本情况

2.1.1.1　通信网络

河南黄河通信专网主要包括干线微波、支线微波(含一点对多点微波)、程控交换系统、450 M 窄带无线接入系统、800 M 查险报险集群系统、5.8 G 宽带无线接入系统等。建设了省局、市局和县局程控交换系统,拥有各类程控设备 40 多台,装机容量 12 000 多线,网络以信息中心局为核心,呈三级树形结构;450 M 窄带无线接入系统 6 个基站;5.8 G 宽带无线接入系统 34 个中心站、108 个外围站;共建设通信铁塔 44 座。

2.1.1.2　计算机网络

计算机网络目前已经建成了主要依托郑州地区的千兆光纤环网和连接“黄委—省局—市局—县局”的四级网络节点,已联网的计算机达 2 万余台。一级网络节点——网管中心;二级网络节点——包括黄委机关,委属 17 个单位;三级网络节点——主要是各市级河务局和水文局所属的 10 个水情分中心;四级网络节点——各县级河务局、重点报汛站、水资源监测中心下属的监测站等单位的局域网。

2.1.1.3　数据存储管理系统

黄委数据存储系统主要分布在黄委数据中心、山东局数据分中心、河南局数据分中心、基础地理数据分中心、上中游局数据分中心、水文数据分中心和水资源保护局数据分中心等,主要包括 4 套磁盘阵列、6 台光纤交换机、80 台服务器、46 台机柜等硬件设备。黄河数据存储平台为 FC-SAN 架构,D2D2T 模式,主磁盘存储容量为 22 TB、备份存储容量为 30 TB、离线存储容量为 88 TB,并配置了专业备份管理软件。目前数据库 62 个,约 375.7 G 的数据存储容量。

2.1.1.4 基础环境

河南局现有43处通信网络机房,包括电源系统、照明系统、消防系统、门禁系统等。通信铁塔44座。

2.1.1.5 视频会议系统

黄委视频会议系统包括在国家防总、河南局、山东局、信息中心、防总调度中心、水文局、三门峡枢纽局、小浪底建管局、水资源保护局、黄河小北干流陕西河务局等单位之间以及与河南局6个市局、山东局8个市局之间建立黄河防汛会商环境系统。河南局视频会议系统向下延伸至县局。

主要硬件设备包括多点控制器MCU、视频终端、AV矩阵控制器、视频服务器、投影机、数字会议系统等设备。

2.1.1.6 电子政务系统

河南黄河河务局电子政务系统建立和完善了政务内网、政务外网、河南黄河网等基础网络,初步形成了以机关为主,政务内网、政务外网、河南黄河网和各级局属单位门户网站为载体的应用目标明确的电子政务应用体系。

政务内网建设完成了电子公文、人事、规计类业务与上级的对接工作;政务外网完成了全局办公自动化系统、电子公文交换系统、电子邮件系统建设工作,实现了机关和局属单位电子公文交换与全河用户电子邮件的统一应用。

2.1.1.7 防汛应用系统

防汛应用系统包括国家防汛抗旱指挥系统、黄河防汛组织指挥管理系统等。建设完成防洪调度应用系统、水情应用系统等信息系统,涉及中央报汛站155个,初步实现信息采集、处理和存储自动化。

目前,通信干支线电路运行基本正常,但450 M窄带无线接入系统、800 M查险报险集群系统、程控交换系统由于建设时间早,设备老化严重,已停用或部分停用,进入系统故障高发期;省局、市局计算机网络运行基本正常,但县局计算机网络设备老化、网络安全隐患较大;省局已基本达到机房运行维护管理工作标准化的要求,但大部分市、县局还没有达到机房运行维护管理标准化的要求;视频会议系统由于建设年限不一、设备型号不同、会场环境不适应视频会议要求等,加上信道带宽不足的问题,运行效果不好。

2.1.2 信息系统运行维护基本原则

2.1.2.1 统一管理,分工协作

按照黄委信息化建设与管理的有关规定,信息系统的运行维护工作应坚持统一领导和分工协作的原则,也就是在黄委的统一管理下,信息化、财务和审计等主管部门按照责任分工开展工作,协同推进信息系统运行维护的规范化和制度化。

2.1.2.2 分级负责,程序规范

结合黄委管理体制及信息系统运行管理的总体格局,信息系统运行维护实行省局及市局分级负责,省局对其所属各单位的运行维护管理负总责。按照国家和水利部的有关规定,要建立管理有序、程序规范、责任清晰、科学高效的运行机制,推进运行维护项目的实施规范化、制度化。

2.1.2.3　统筹安排,重点优先

结合黄委信息系统建设投入运行实际,运行维护经费的安排要以实现系统的安全畅通运行为目标,省局在经费使用上统筹考虑运行和维护、硬件与软件等的关系,对影响系统安全运行的重要设施要突出重点、优先安排。

2.1.2.4　强化监督,专款专用

结合黄委信息系统运行维护预算单位多的实际情况,要实现运行维护资金的专款专用,必须强化检查、监督,各预算单位内部的信息化、财务、审计要加强内部检查,同时各预算单位的上级主管单位及主管部门也要按照职责划分强化监督检查。

2.1.3　信息系统运行维护总体目标

全局信息系统运行维护管理基本达到规范化要求,运行维护项目设置合理、效益明显,经费支出符合行业和财务部门要求;黄河通信、计算机网络、数据存储、基础环境等基础设施运行稳定、网络通畅;防汛应用系统、电子政务、视频会议系统等信息系统运行正常,确保治黄业务信息的上传下达;加强网络及信息安全监测,不出现重大网络中断和系统瘫痪故障;通信网络核心设备及黄河网要实现7×24 h监测,设备可用率大于或等于99.9%,软件可用率大于或等于99.9%;信息系统出现故障后,应有应急预案,并于8 h之内完成修复。

2.1.4　信息系统运行维护主要任务

2.1.4.1　建立基础设施运维管理服务平台

为改善运维管理现状,提升运维管理水平,需建立和完善黄委信息化基础设施运维管理平台,实现信息系统资源全面监控、统一管理。完成运行维护项目范围内的软、硬件设备调查,统计通信、网络、数据存储、机房环境等硬件设备的名称、型号、数量、安装地点等信息,建立信息系统软、硬件设备的台账制度;完成信息系统备品备件的动态管理数据库建设、运行维护管理服务平台建设等内容。

2014年在黄委信息中心开展试点工作,重点开展综合运维服务——事件管理、值班管理、资产管理等任务,经黄委验收试点成功后,2018年前完成推广应用。

2.1.4.2　开展基础设施设备维护工作

1.通信与网络机房运行维护管理工作标准化

按照《关于开展黄委通信与网络机房运行维护管理工作标准化的通知》(黄总办〔2013〕467号)的要求,对全局全部43处通信与网络机房开展运行维护工作。

到2018年,全局通信与网络机房运行维护管理标准化率达到60%,其中A类机房全部实现运行维护管理标准化。实现机房环境整洁、设施设备布局合理、各类布线规范、管理制度健全、网络运行的各项记录完善、应急预案的可操作性强、常用易损备品备件使用和管理程序清晰的规范化要求。

机房基础设施主要包括机房内空调、消防、电源系统、避雷和接地系统、通信信道租赁等内容。要重视机房设备运行日志填写工作,加强对运行时间超过设计寿命设施、设备的检测和维护工作,并根据黄委实际,分年度开展各级单位机房内空调、电源系统(包括

UPS 电池)、消防系统的更新维护工作;通信信道网络带宽租赁应满足各应用系统的实际需求,保障通信网络的畅通运行。

2. 机房程控交换机

河南局在保障原有程控交换机正常运行的前提下,原则上以省局为单元,根据轻重缓急、统筹安排,每年更新维护 1~2 台程控交换机主机;同时河南局各市局要对下属县局程控交换机附属设备进行同步更新维护,逐步完善县级程控交换机系统。

3. 机房计算机网络

河南局多次开展网络交换机、路由器、服务器等关键设备的测试、检修等日常维护工作,完成网络防火墙、邮件过滤设备、入侵监测系统等软件升级,完成网络安全系统、计算机网络管理系统升级性维护,开展黄委政务内网防火墙、设备管理服务器的升级更新工作。进一步强化运维管理手段,对网管和运维平台进行维护完善,确保网络安全和信息安全。

基层单位局域网设备、设施老化严重问题较多,原则上以市局为单元,每年开展 1~2 个所属县局计算机网络的交换机、路由器、综合布线等更新维护工作。

2.1.4.3　开展通信铁塔运行维护

全局目前已有通信铁塔 44 座,原则上以 3 年为一周期,每年按 30%左右的数量开展微波铁塔防腐除锈、刷漆、螺丝紧固、铁塔接地系统测试维护及塔灯维护等工作,保障系统正常运行。

2.1.4.4　开展数据存储系统运行维护

河南局数据存储分中心系统运行维护任务主要是对磁盘阵列、光纤交换机、服务器、机柜等硬件设备进行必要的测试、检修、更换;对数据库管理软件进行检查、修复、升级、优化;对通用数据及专用数据进行更新、维护,提高数据安全性,保持数据的实时性,保障数据中心正常运行。

2.1.4.5　完成防汛应用系统运行维护

防汛应用系统包括国家防汛抗旱指挥系统、黄河防汛组织指挥管理系统等,由省局牵头负责,同一应用系统原则上每 2~3 年升级一次。在国家防汛抗旱指挥系统中,对部署的硬件设备及 10 个水情分中心的服务器、交换机、路由器、测站雨量计、水文数据采集终端、避雷设施、电源设备、电池、卫星通信终端等硬件设备进行必要的测试、检修,通过备品备件的形式对重要硬件设备逐步进行更新维护;对水情信息查询会商系统、水情报汛质量统计分析软件、综合业务系统等防汛应用业务系统进行系统修复、功能扩展、系统升级、数据更新、数据维护等,保障国家防汛抗旱指挥系统正常运行;对黄河防汛组织指挥管理系统等进行日常运行维护、系统修复、功能扩展、系统升级,保证系统软、硬件环境及各模块功能正常运行。

2.1.4.6　开展电子政务系统运行维护

河南黄河河务局电子政务系统运行维护重点是加强省局与局属单位公文流转的运行维护,各单位政务办公系统在升级更新后,信息中心要确保实现互联互通。

运行维护内容包括:完成电子政务系统部分平台的升级,对正文编辑器、Web 编辑器、版式文件等应用组件进行升级;对办公自动化系统的主页和各局(办)子系统、相关专题进行改版升级,扩展和完善相关的移动信息服务;对政务内网系统接口、对外服务等方面进行完善和扩展;升级电子公章系统,补充各单位电子公章和版式文件制作工具;对电子政务门户系统进行框架结构调整、技术更新、功能扩展,实现一站式登录访问,能够集成业务应用系统,进一步丰富应用集成。

2.1.4.7　开展视频会议系统运行维护

视频会议系统由于建设年限不一、设备型号不同、会场环境不适应视频会议要求等,加上信道带宽不足的问题,运行效果不好,需要加强运行维护工作。

运行维护内容包括:对视频会议系统的MCU、视频会议终端、视频会议音响、音频功率放大器、调音台、液晶显示器等重要硬件设备进行必要的测试、检修,通过备品备件的形式对重要硬件设备逐步进行更新维护;对视频会议软件进行系统修复、功能扩展、完善升级等;对重要防汛单位的老旧视频会议终端进行更新维护,完成黄委防汛会商中心视频会议系统的大屏系统、视频矩阵维护更新。

各有关单位和部门高度重视信息系统运行维护工作,充分调动各方面的积极性,形成上下一心、相互配合、共同发展的有利局面。加强领导,完善组织机构,制定规章制度,落实责任制,理顺信息系统运行维护的体制机制。信息系统运行维护主管部门要充分发挥行业管理的职能,积极推进信息系统运行工作,有力确保了信息系统运行维护指导性意见的实施。

各有关单位针对指导性意见,实行专职领导负责制,制订落实措施,明确责任分工,强化落实。做到运行维护工作流程清晰、管理规范,建立有效的应急机制和预案,最大限度地保障信息系统正常运行。

各有关单位要按照信息系统运行维护指导性意见的要求,制订本单位的信息系统运行维护实施方案,实施方案细化、量化本单位的运行维护任务,做到职责清晰、任务明确、可操作性强,确保年度信息系统运行维护任务的顺利完成。

2.1.5　年度主要业务工作内容

河南黄河河务局信息中心列入骨干网运行维护的内容主要包括:通信系统及基础环境,主要设备包括程控交换机、微波通信设备、通信铁塔、宽带无线接入通信设备、电源和相应的配套设施等。

通过骨干网运行维护项目的实施,对黄河通信网络、计算机网络、数据存储等基础设施和防汛系统、电子政务、视频会议系统等重点应用系统开展统一运行维护,确保黄河防汛、电子政务等多个业务信息的上传下达,为各级管理部门正确地指挥防洪抢险、有效地减少洪水灾害提供可靠的信息网络和信息服务。

2.1.5.1　项目阶段性目标(以2019年为例)

第一阶段(1~2月):对通信机网络系统进行检测或测试。

第二阶段(2~3月):根据实际工作需要情况落实运行维护任务。

第三阶段(1~12月):对信息系统进行维护维修。

第四阶段(1~12月):技术性维护按照要求进行采购和实施。

第五阶段(12月):做好项目的验收和评价工作。

2.1.5.2 项目组织情况

河南黄河河务局信息中心成立以中心主任为项目负责人,各部门参加的项目实施小组,为项目的实施提供组织保障。同时,成立河南黄河河务局通信设备运行维护技术支持中心,负责全局设备维护技术支持工作,以保证全局信息系统在突发故障时得到及时的技术支持并得以及时的维护维修,为保障河南黄河河务局设备的安全稳定运行提供技术组织保障。另外,根据实际情况针对河南黄河河务局信息中心技术能力无法维护的通信设备通过政府采购,选定具有符合相关要求的外围公司进行项目外包。

河南黄河河务局信息中心作为骨干网运行与维护工作的管理部门,选用有一定经济和技术实力的、有相关经验的专业公司和队伍进行运行的具体工作,为骨干网安全稳定运行提供了基本的组织保证。参加本项目的技术人员专业齐全,有多年从事项目信息化开发和治黄业务的实践,素质高、能力强,具有相关专业的优势。

2.1.5.3 项目目标细化

(1)主要业务系统可用率大于或等于98%。

(2)平均系统故障相应时间汛期小于或等于2 h,平时小于或等于4 h。

(3)平均系统故障恢复时间本地汛期小于或等于4 h,平时小于或等于8 h。

(4)平均系统故障恢复时间异地汛期小于或等于6 h,平时小于或等于12 h。

(5)骨干通信系统可用率大于或等于98%。

2.1.5.4 预算编制(以2019年为例)

按照财政部《水利事业费管理办法》中规定的信息系统运行维护费支出范围,结合河南黄河河务局信息工作职责,为保障河南黄河河务局各项信息通信业务工作的高效开展,《河南黄河河务局关于2019年预算的批复》(豫黄财〔2019〕32号)批复河南黄河河务局信息中心2019年骨干网运行维护费预算为×××万元。严格按照上级有关信息专项经费规定的开支范围申报、列支预算,经费实行专项管理,有关核算和验收符合上级财务管理制度、办法和规定。每年对上一年度项目预算执行情况进行检查、审计和验收,对不合规的支出要坚决予以整改,保证资金使用效益最大化。

2.1.5.5 质量管理与保障措施

完善通信保障预案。修订了《2019年防汛通信保障预案》,完善了《河南黄河防汛应急、超常规通信保障预案》。成立了信息中心通信抢险队伍,制定了《信息中心抗御大洪水全员岗位责任制》,做好备品备件的采购,保障防御大洪水需要。

项目负责人高度重视制度执行情况,并带领项目相关人员认真学习、领会各项规章制度的深刻含义,严格执行各项规章制度,提高制度意识,增强贯彻落实制度的自觉性和执行能力,提高工作效率。在项目实施过程中,一方面坚持检查已有的规章制度是否执行到位;另一方面不断完善现有制度是否存在对当前工作有制约的情况,并及时修正。项目实施过程中,严格按照计划进度要求开展工作,没有出现违规、违纪行为。

2.1.6 业务工作完成情况

河南黄河河务局信息中心2019年骨干网运行维护费项目全部完成。

2.1.6.1　通信系统

河南黄河河务局信息中心 2019 年骨干网运行维护费项目预算×××万元,具体维护任务完成情况如下。

1. PDH 微波支线

该系统主要为市级河务局到县级河务局提供传输链路,覆盖了豫西局、焦作市局、开封市局和濮阳市局。运行维护内容包括 28 套微波设备、天馈线系统、微波天线、微波避雷系统及系统网管设备等。

2. 卫星通信系统

河南局卫星通信系统包含了 3 套卫星终端和 1 辆应急移动卫星通信车,使用范围覆盖了整个河南黄河流域。

3. 宽带无线接入系统

宽带无线接入系统主要是为重要的涵闸提供宽带传输业务,可以实现对涵闸的实时图像监控。运行维护内容包括对 92 套宽带无线接入主传输设备、天线系统、防雷系统、供电系统的维护(包括软、硬件)。

4. 程控交换系统

程控交换系统是为防汛电话提供语言业务服务,河南局程控交换系统覆盖了河南黄河流域的主要防汛部门,共 34 台数字程控交换机(该项不包含省局程控交换机)。

5. 通信铁塔

通信铁塔为无线通信设备的正常运行提供载体,全局通信铁塔共有 44 座,运行维护内容为铁塔的防腐处理、紧固螺栓、垂直度校正、接地系统维护等。

6. 河南黄河河务局本级通信设施

本级通信网内的主要通信设备有:华为 C&C08 数字程控交换机 1 台、电话用户 2 500 个,高频开关通信电源 1 台、音频配线架 3 个、用户电缆、计算机网络设备、对讲机系统 115 部、运行维护车辆 1 辆和多个仪器仪表。主要包括通信设备及机房设施的日常除尘等,河南黄河河务局本级通信网日常运行用电。对本级通信网内通信设备进行日常除尘、防静电除尘、系统运行状况观察、数据正确性检查、软件系统安装补丁,对光缆线路及通信管道进行巡检,对用户电缆线路及配线系统进行巡检等。

7. 通信设备异地维护

对上面所提及的河南黄河通信网内的通信设备进行汛前检修、月检修和汛后检修,伴随经常性维护和技术性维护所发生的异地维护等。2019 年全局异地维护费,主要用于伴随委托出去的通信设备技术性维修所发生的异地维护费;信息中心技术人员进行的月巡检、汛前巡检、汛后巡检及故障处理所发生的异地维护费,包括车辆使用费、人员差旅费、住宿费及车辆维修费等。

除完成日常巡检维护任务,2019 年全年共处理全局微波通信系统故障 14 次、程控交换系统故障 24 次、无线接入通信系统故障 30 次;抢修中断光缆线路 6 次;维护通信铁塔 8 座;处理本级故障 200 余次,较好地完成了维护任务。为了进一步强化安全意识,做好设备巡检。由于全局通信设备老化严重,安全运行存在的隐患越来越多。汛前组织安全技术小组对六市局及所属县局的 20 余个重点通信站点的设备运行情况进行了安全检测,并进行现场维修,保障了设备的安全运行。

2.1.6.2 基础环境

基础环境包含为河南黄河河务局通信系统稳定运行环境提供支撑的设施,主要包括机房专用空调、机房换气系统和机房消防照明系统、装备维护、仪器仪表维护、电源系统维护、接地避雷系统维护、信道租赁等。

1.机房环境

做好机房空调系统的日常监测、运行日志填写,设备年检、设备维护,耗材、零部件、设备的日常清洁、防静电除尘。做好机房的维修、防尘处理,做好机房的看护工作。

2.信道租赁

信道租赁区域为河南黄河流域,为河南黄河防汛网顺利地和公众网络连接,以及为专网连接进行补充,服务单位为河南局所有防汛单位,包括 Internet 接入(100 M)、4 个和公网互联的 2 M 语音链路及河南黄河防汛备用网租赁。

3.其他电源、消防、避雷、接地等

48 V 开关电源 3 套、蓄电池 6 组、柴油发电机组 2 组、电源逆变器 3 台、弱电配电柜 6 面、UPS 供电系统 2 套、灭火器 12 个、避雷系统 2 套、接地系统 2 套。

2.1.7 资金使用与管理情况

2.1.7.1 财务管理制度制定情况

为切实加强资金管理,我们严格执行财政部《中央本级项目支出预算管理办法》《水利部中央级预算管理办法》《水利部中央级项目支出预算管理细则(试行)》,黄委《黄河水利委员会水利资金安全监控体系管理办法》《黄河水利委员会项目预算执行节点流程控制管理办法》等制度办法,同时结合工作实际,近年来先后制定了《财务报销制度》《会电算化管理制度》《补助标准暂行办法》等管理制度,从资金管理、资产管理、会计核算等方面不断完善项目的管理制度体系,健全财务管理机制。

2.1.7.2 财务制度执行情况

河南黄河河务局信息中心严格按照各项管理制度执行,在财务管理中严格按照有关要求,项目资金独立核算、专款专用,各项支出均按财政部《中央本级项目支出预算管理办法》《水利部中央级预算管理办法》《水利部中央级项目支出预算管理细则(试行)》,黄委《黄河水利委员会水利资金安全监控体系管理办法》《黄河水利委员会项目预算执行节点流程控制管理办法》等制度办法要求,由项目执行部门领导确认签字后支出。在资金使用过程中,对项目实施进行计划管理督查、财务管理稽查,做好项目的实施,确保资金安全有效使用。

2.1.7.3 预算编制与批复

根据《中华人民共和国预算法》《水利部中央级项目支出预算管理细则(试行)》等有关法律法规的要求,河南黄河河务局信息中心完成了骨干网运行维护项目的预算编制和上报工作。《河南黄河河务局关于 2019 年预算的批复》(豫黄财〔2019〕32 号)批复河南黄河河务局信息中心 2019 年骨干网运行维护费预算为×××万元。

2.1.7.4　项目预算执行情况

预算批复后,项目支出用款额度每月下达下月(1月除外)用款计划额度到项目单位,每年12月全年国库资金全部到位。2019年河南黄河河务局信息中心到位骨干网运行维护费财政拨款×××万元,资金到位率100%、到位及时率100%。用款计划下达后,单位按月完成资金序时进度。

2.1.7.5　合同、政府采购管理情况

河南黄河河务局信息中心于2019年3月21日通过河南大河招标有限公司在中国政府采购网上发布招标公告并严格按照政府采购程序步骤进行招标、开标工作,最后由河南环宇通信工程有限公司中标,2019年4月19日与其签订运行维护合同,合同金额为×××万元,已按合同支付要求支付完毕。于2020年1月7日对该项目进行合同验收,系统运行正常,质量合格,已发挥投资效益,项目资料基本齐全,验收委员会同意该项目通过合同验收。

2.1.8　项目实施的效果

通过本项目的实施,本年度内保障了河南黄河通信网的畅通,为河南黄河安全度汛提供高速、快捷的信息传输平台,确保现有信息网络资源发挥出最大的效益,从而发挥了一定的经济效益。

通过本项目的实施,使得运行的骨干网运行正常,为领导防汛指挥决策提供了支撑,保证了各类工情险情信息高效、快捷、准确地传输,使上级领导能及时了解掌握河势、工情、险情的实际情况,在防汛会商及治黄工作中占据先机,做出正确的判断和决策,从而发挥一定的社会效益。

2.2　水资源管理系统运行维护(以2019年为例)

河南黄河河务局负责黄河河南段的治理开发与管理工作,负责河南黄河流域的水量调度管理,担负着河南黄河水量调度现代化建设管理的任务,河南黄河河务局信息中心为河南黄河通信业务的主管部门,其宗旨是为河南黄河流域治理开发提供信息服务及运行管理维护服务,项目实施是其职责履行和中心任务、重点工作完成的需要。

2.2.1　年度主要业务工作内容

2019年需维护河南黄河水量调度管理子系统19个站点(包含10个重点闸:引沁济蟒渠闸、广利干渠闸、花园口闸、杨桥闸、韩董庄闸、柳园闸、祥符朱闸、南小堤闸、彭楼闸、黑岗口闸;2个常规闸:王集闸、马渡闸;7个简单闸:巩义第三水厂、新安提水、槐扒提水、新利闸、中法原水、桃花峪闸、于店闸)及信息采集、通信的维护工作,完成以上闸门的水资源管理信息采集系统、通信计算机网络系统、调度环境系统、决策支持系统设备的运行维护内容。维护水位计23个,视频头35个,现地站闸室闸位计、限位计、荷重计32处,维护UPS电源11套、告警设备27套。

2.2.1.1　项目预期总目标

通过 2019 年水资源管理系统运行维护项目的实施，实现河南黄河水资源管理系统省级分中心和涵闸远程监控系统现地站的稳定、高效运转。充分发挥水资源管理系统在水资源管理与调度工作中的积极作用，为实施最严格的水资源管理提供技术支撑。

2.2.1.2　项目阶段性目标

按照项目的主要目标和总体思路，项目分五个阶段实施：

第一阶段(1~2 月)：对河南水资源系统设备状况进行排查，制订检测维护计划。

第二阶段(2~3 月)：根据水资源系统设备状况进行排查，按照技术性维护要求进行采购和实施。

第三阶段(3~4 月)：对水资源系统进行巡检维护维修。

第四阶段(1~12 月)：根据水资源系统设备工作情况，落实运行维护任务。

第五阶段(12 月)：做好项目的验收和评价工作。

2.2.2　项目组织实施情况

2.2.2.1　组织情况

项目实施单位成立以中心主任为项目负责人、各部门参加的项目实施小组，为项目的实施提供组织保障。同时成立河南水资源管理运行维护技术支持中心，负责设备维护技术支持工作，以保证水资源管理系统在突发故障时得到及时的技术支持并得以及时的维护维修，为保障设备的安全稳定运行提供技术组织保障。另外，根据实际情况针对河南黄河河务局信息中心技术能力无法维护的通信设备，通过政府采购，选定具有符合相关要求的外围公司进行项目外包。

2.2.2.2　基础条件

本项目的承担单位为河南黄河河务局信息中心。为了做好水资源管理系统运行维护工作，信息中心配备有专职维护人员，并为了做好维护工作，对部分维护内容委托有专业资质的队伍进行维护，为做好水资源管理系统运行维护提供了良好的基础设施条件。

2.2.2.3　项目目标细化

(1)主要业务系统可用率大于或等于 98%。

(2)平均系统故障相应时间汛期小于或等于 2 h，平时小于或等于 4 h。

(3)平均系统故障恢复时间本地汛期小于或等于 4 h，平时小于或等于 8 h。

(4)平均系统故障恢复时间异地汛期小于或等于 6 h，平时小于或等于 12 h。

(5)骨干通信系统可用率大于或等于 98%。

2.2.2.4　预算编制

依据《中共中央国务院关于加快水利改革发展的决定》《中华人民共和国水法》《国务院关于实行最严格水资源管理制度的意见》《水利信息系统运行维护定额标准(试行)》《水文业务经费定额》，结合水资源管理工作职责，严格按照上级专项经费规定的开支范围申报、列支预算，经费实行专项管理，有关核算和验收符合上级财务管理制度、办法和规定。《河南黄河河务局关于 2019 年预算的批复》(豫黄财〔2019〕32 号)批复河南黄河河务局信息中心 2019 年水资源管理运行维护费预算为×××万元。每年对上一年度项目预算执行情况进行检查、审计和验收,对不合规的支出要坚决予以整改,保证资金使用效益最大化。

2.2.2.5　质量管理与保障措施

1. 项目管理制度建设情况

为加强项目制度建设,规范项目管理工作,促进河南黄河河务局信息中心通信工作更好地发展,根据国家有关工程项目管理的法规、制度和黄委、省局的有关规定,为确保项目顺利实施,由一把手负总责亲自抓,分管领导做好协调和落实工作,并根据项目的目标和工作内容,制定了《信息中心主管会计职责》《信息中心合同管理办法》《信息中心补助标准暂行办法》等规章制度来确保项目的顺利实施。

2. 项目管理制度执行情况

项目负责人高度重视制度执行情况,并带领项目相关人员认真学习、领会各项规章制度的深刻含义,严格执行各项规章制度,提高制度意识,增强贯彻落实制度的自觉性和执行能力,提高工作效率。在项目实施过程中,一方面坚持检查已有的规章制度是否执行到位;另一方面不断完善现有制度是否存在对当前工作有制约的情况,并及时修正。项目实施过程中,严格按照计划进度要求开展工作,没有出现违规、违纪行为。

2.2.3　业务工作完成情况

2.2.3.1　日常监测

(1)加强系统监测,发现故障及时组织抢修。汛前对各通信系统进行测试和检查;对故障的板件及时进行更换;对关键系统、设备和软件,招标选择专业技术服务队伍进行技术服务。

(2)组织系统巡检,一个维护年度内至少组织两次系统巡检。

(3)设置维护值班室,对设备进行实时监测,及时发现问题,及时处理。

(4)系统的软、硬件升级,需要及时通知外包委托单位,并督促其完成升级工作。

2.2.3.2　设备维护

(1)PLC柜、动力柜设备的供电电压(220 V)及相电压,检查PLC的设置参数。

(2)检查UPS电源、蓄电池组电压。

(3)对设备进行了停电清灰除尘。

(4)对视频系统、PLC进行了数据核对。

(5)对PLC、动力柜主机及网络设备进行了停电除尘。

(6)对荷重计、闸位计设备率定两次,以消除由于数据不准对系统运行产生的不利影响。

(7)对水位计设备的高程率定了一次。

(8)工控机、UPS电源附属等应使用专用清洁工具进行清洁,对机房内显示器、键盘、鼠标进行了每月一次的清洁。

(9)不定期检查启闭机机组自动、手动模式的升、降及急停运行工作的正确性。

(10)检查UPS系统,对蓄电池进行了两次充放电维护。

(11)现地控制单元的维护:对现地控制单元设备进行了停电除尘一次。

除以上正常的巡检维护任务外，全年累计处理故障 148 次，其中抢修中断光缆 11 次，并对 19 个站点的故障设备进行维修更换。

2.2.4　资金使用与管理情况

河南黄河河务局信息中心 2019 年水资源管理系统运行维护费项目预算×××万元。2019 年水资源管理系统运行维护费实际支出为×××万元。

2.2.4.1　财务管理制度建设

1. 财务管理制度制定情况

为切实加强资金管理，严格执行财政部《中央本级项目支出预算管理办法》《水利部中央级预算管理办法》《水利部中央级项目支出预算管理细则(试行)》，黄委《黄河水利委员会水利资金安全监控体系管理办法》《黄河水利委员会项目预算执行节点流程控制管理办法》等制度办法，同时结合工作实际，近年来先后制定了《财务报销制度》《会电算化管理制度》《补助标准暂行办法》等管理制度，从资金管理、资产管理、会计核算等方面不断完善项目的管理制度体系，健全财务管理机制。

2. 财务制度执行情况

在财务制度执行上，严格按照各项财务管理制度执行，项目资金独立核算、专款专用，各项支出严格按照预算批复实施，严格控制项目开支范围和开支标准，控制不合理、不合法、与项目无关的支出，项目支出按照制度要求，用款计划下达后，按月完成资金序时进度。

项目实施用款中由主管主任签字、部门负责人签字、财务负责人签字后方能支付，如会议安排、培训计划，首先由有关科室提出资金申请，经主管主任签字后方能进行，印刷的纸张也是在黄委和省局定点的文印室，通过各项制度的严格执行，资金支出安全有效，财务运行健康有序。

2.2.4.2　预算编制与批复

根据《中华人民共和国预算法》《水利部中央级项目支出预算管理细则(试行)》等有关法律法规的要求，河南黄河河务局信息中心完成了水资源管理运行维护项目的预算编制和上报工作。通过该项目的实施，确保对河南黄河水资源与调度信息管理系统实施良好的运行管理和维护，远程监控系统稳定、高效运行，为黄河流域水资源管理提供数据支撑。信息中心根据要求上报了《2019 年水资源管理系统运行维护项目申报书》。

2.2.4.3　项目预算执行情况

预算批复后，项目支出用款额度每月下达下月(1 月除外)用款计划额度到项目单位，每年 12 月全年国库资金全部到位。2019 年河南黄河河务局信息中心到位水资源管理运行维护费财政拨款×××万元，资金到位率 100%、到位及时率 100%。用款计划下达后，单位按月完成资金序时进度。

2.2.4.4　合同、政府采购管理情况

河南黄河河务局信息中心按照国家有关政策在招投标中采取公平、公正、公开的原则，通过多家公司竞争，经专家评审打分等，得分最高的投标公司方能中标。

信息中心对施工过程进行监管、设备测试，发现问题立即叫停，勒令施工单位立即整

改,从而保证了项目的顺利完工,确保年度防汛通信工作的顺利运行。

2.2.5　项目实施的效果

河南黄河水量调度管理子系统符合水利信息化系统建设框架,覆盖水调数据采集、传输、处理、存储、应用、控制、决策支持和发布等各个环节,其总体架构和建设内容包括:信息采集系统、通信、计算机网络、调度环境、决策支持系统。2019年度水资源管理节约保护项目实施后,通过远程监督控制,有利于提高水量调度指令的实效性和调度效果,充分发挥监督引水的作用,对于促进沿黄及相关地区社会经济的可持续发展、提高引黄涵闸工程的现代化管理水平、履行水资源管理调度职责有着至关重要的作用。

2.3　防汛业务(以2018年为例)

2.3.1　项目概况

河南黄河通信网是由微波、一点多址、程控交换机、无线接入系统、移动通信、卫星及光缆等多种通信手段组成的综合通信网。它担负着河南境内、黄河两岸的防汛通信任务,承担着传递水情、雨情配合上级指挥防洪抢险工作的使命。网内拥有多种通信手段,覆盖了所有市、县局及沿河两岸重要险工、险点及涵闸300多处。

多年来,我们始终坚持通信为防汛服务作为第一要务,为确保河南黄河防汛通信畅通,为黄河赢得岁岁安澜做出了应有的贡献。

2.3.1.1　项目设立的依据

该项目符合国家有关法律法规、方针政策和财政资金支持方向,符合《中共中央 国务院关于加快水利改革发展的决定》、《中华人民共和国防洪法》(简称《防洪法》)、《中华人民共和国防汛条例》、《中华人民共和国抗旱条例》、《中华人民共和国预算法》、《中央本级项目支出预算管理办法》等。

符合《防洪法》第四十九条规定:江河、湖泊的治理和防洪工程设施的建设和维护所需投资,按照事权和财权相统一的原则,分级负责,由中央和地方财政承担。

符合《防洪法》第五十条规定:中央财政应当安排资金,用于国家确定的重要江河、湖泊的堤坝遭受特大洪涝灾害时的抗洪抢险和水毁防洪工程修复。

符合《河南黄河河务局关于印发防汛费项目管理办法(试行)的通知》(豫黄防〔2014〕8号)的编报原则。

2.3.1.2　年度主要业务工作内容

2018年该项目预算批复资金×××万元,批复内容如下:

(1)防汛和抢险用工器具、专用设备、料物的采购、运输、管护,以及防汛仓库维修物资采购管护××万元。

(2)防汛抢险期间发生的调用民工补助以及专职人员劳保用品补助××万元。

(3)防汛检查、演习、培训、防汛会议××万元。

(4)防汛专用车、船及照明设施的运行、养护、维修、租赁和水情报汛费用××万元。

(5)防汛通信、水文测报设施(含水文站房)、预警系统以及防洪工程设施的水毁修复××万元。

(6)水库、大坝及河道监测××万元。

(7)防洪预案编制费用××万元。

2.3.1.3 预期目标

2018年项目预期总目标是:确保2018年度河南黄河防汛通信信息畅通,确保上级防汛指令的上传下达和防汛工作的正常开展,满足防汛抢险通信信息需要。

2.3.2 项目组织实施情况

2.3.2.1 组织情况

该项目由河南黄河河务局信息中心总负责,为确保项目的顺利完成,首先成立了防汛项目工作领导小组,组长由单位一把手担任,对全局通信设备运行工作进行部署,各市、县局的通信部门通力配合,共同组织实施,以确保通信设备的安全运行。

2.3.2.2 责任分工

为顺利完成年度内防汛任务,信息中心安排各个科室划分职责,其中管理科负责防洪预案和抢修方案的制订、委托合同签订与执行、日常维护记录整理等工作;技术科负责全局的防洪规划和全局的防汛演习预案的编制;办公室负责防洪宣传报道及项目验收后的文档资料整理及存档,保证项目资料齐全完整;工程科负责对全局的通信设备应急维修及对防汛费项目初步验收,初步验收后报请上级进行验收;财务科负责年度防汛费项目实施方案及项目文本的编制申报及防汛费项目财务支出和财务验收资料整理。

2.3.2.3 基础条件

信息中心隶属黄河水利委员会河南黄河河务局,正处级事业单位,下设办公室、计划财务科、通信管理科、信息技术科、工程建设与管理科、人事劳动科。截至2018年12月,在职职工64人,其中高级工程师10人、工程师15人、助理工程师13人、高级技师2人、技师9人、高级工7人、中级工5人、见习3人。

绝大多数职工从事黄河防汛通信工作多年,具有防汛通信所需的专业知识和丰富的防汛经验以及过硬的政治素养。

2.3.2.4 项目目标细化

在项目申请、设立程序方面,首先对项目建设方案的必要性和可行性进行分析。项目批复后,信息中心严格按照相关要求组织实施,强化监督职能,确保资金的使用安全。

项目实施情况分为:1~5月计划召开全局通信会议,以通信为防汛服务为己任,促进通信事业健康发展。检查全局春季通信维修工作,主要检查通信设备、电源系统、交换机系统、网络系统等设备是否进行逐步检测、修复,发现问题是否及时处理。6~9月配合水利部、黄委、省市防指举行的通信、防汛抢险等演习工作。针对水毁雷击设备故障进行及时修复,确保通信设备的安全运行,并将设备故障登记在册,查找原因,尽量避免以后此类情况继续发生以减少损失,并做好防汛值班工作,发现问题给出处理意见,及时上报。10~12月组织通信技术人员对全局设备进行彻底检查,对经常损坏的设备进一步查找原因、总结经验,并邀请通信设备厂家的技术人员对河南黄河河务局通信人员给予专门培训，以提高通信人员对设备的维修能力，并对单位4辆防汛车和1辆卫星车进行维修，保证车辆状况完好率达到90%。

检查劳保用品的发放情况，即施工人员的劳保用品是否到位，要求做到施工安全。同时把防凌的值班工作做好。进行项目自查、资料整理，编写项目实施总结，通过相关部门的验收。

通过项目实施，总结经验，把遗留问题追踪完善，确保下年防汛通信畅通。

2.3.2.5　预算编制

为确保防汛通信工作有效地开展，结合本单位的工作职责，根据省局要求，首先进行项目方案可行性研究分析，对财务、经济、环境和社会影响进行评价，对项目是否可行做初步判断，并据此做出是否进行投资的初步决定即投资的必要性和可行性，在项目的申报中，严格按照上级有关防汛经费规定的范围申报、列支预算，经费实行专项管理。

2.3.2.6　质量管理与保障措施

1.项目管理制度建设情况

河南黄河河务局信息中心为河南黄河通信业务的主管部门，其宗旨是为黄河流域治理开发提供信息服务。该项目实施为确保2018年河南黄河防汛通信畅通和防汛通信工作的顺利开展提供了保障。

为加强项目制度建设，规范项目管理工作，促进信息中心通信工作更好地发展，根据国家有关工程项目管理的法规、制度和黄委、省局的有关规定，为确保项目顺利实施，由一把手负总责亲自抓，分管领导做好协调和落实工作，并根据项目的目标和工作内容，制定了《信息中心主管会计职责》《信息中心合同管理办法》《信息中心补助标准暂行办法》《河南黄河通信保障预案》等规章制度来确保项目的顺利实施。

项目的立项—项目计划—项目执行与控制—项目收尾等整个过程中一把手都亲自过问、把关，避免了让制度流于形式。

2.项目管理制度执行情况

在项目管理制度的执行上，信息中心进行有效的规划、决策、科学的管理，组织有关人员认真学习，增强贯彻落实制度的自觉性和执行能力，领会各项规章制度的深刻含义，提高工作效率，从而在期限内全部完成了投资任务，保证了2018年黄河防汛通信工作的正常进行。在项目的实施中，一方面坚持检查已有的规章制度是否执行到位，另一方面不断完善单位制定的现有制度。由于加强了项目管理制度，严格按照计划进度开展工作，因此未出现违规、违纪现象。

2.3.3　业务工作完成情况

2018年上级下达防汛计划为×××万元，该费用已全部完成。完成内容如下：

（1）防汛和抢险用工器具、专用设备、料物的采购、运输、管护以及防汛仓库维修物资采购管护。

为实现移动防汛指挥的目的，通过快速组建临时指挥部、配备必要的设备，现场满足视频会议，查询及处理黄河“险情、工情、水情、物资”等汛情信息的功能，随时随地实现移动防汛指挥的目的，购置了通信网络系统、显示系统、音频系统、视频会议系统、设备安装辅材等。

(2)防汛抢险民工补助及专职人员劳保补助。

根据防汛抢险措施要求和工作中的实际需要,通信人员和通信专职人员抢修、抢险需配备必要的安全劳保用品。配备的劳保用品主要用于技术人员在高空作业、管道电缆、有线线路、电源和通信设备交换机、微波等施工中,劳保用品的主要用途是在施工中避免身体伤害,保护人身安全。

(3)防汛检查、宣传、演习、培训及防汛会议。

①防汛检查差旅费支出。

据统计,全年共计防汛检查出差 199 天 279 人次,支出差旅费。通过检查维修,使通信设备(施)完好率达到 99.5%以上。保证了各应用系统稳定运行,为汛期及全年通信畅通提供了保障。

②防汛演习实际支出。

2018 年 4~6 月根据工作安排部署,配合各级部门进行防汛演习。防汛卫星应急通信车、便携式卫星电话、海事网络卫星终端、无人机等应急通信系统,通信设施均发挥了较大的作用。通信队伍也经受了考验,圆满地完成了防汛演习任务。

2018 年参加演习的专业技术人员出差 13 天 38 人次。在防汛演习中实际发生的有专职技术人员差旅费、防汛车辆和卫星车辆的燃油费、信息采集车维修维护费、应急通信车租赁费。

③防汛检查、防汛演习其他交通费支出。

2018 年,信息中心专职技术人员参加防汛检查及防汛演习共计 212 天 317 人次,支出其他交通费。

④防汛培训实际支出。

为提高河南黄河河务局通信职工的实际操作水平,增强技术保障力,2018 年 9 月 26~29 日在郑州召开“通信实用技术培训班”,会期 3 天半,市、县局通信设备维护技术人员等 35 人参加了培训。2018 年 11 月 28 日、29 日,根据工作需要信息中心又组织安排了《软交换及 LTE 项目》培训班,相关技术人员 29 人参加了培训。

⑤防汛会议实际支出。

2018 年 6 月 7 日、8 日在郑州嵖山宾馆召开“2018 年防汛通信工作座谈会”。

会议全面贯彻落实司局长在 2018 年河南黄河防汛指挥调度综合演练上的讲话精神,分析当前通信信息传输面临的新形势、新任务和新挑战,提出 2018 年汛期通信保障工作思路及重点,并就河南黄河通信工作进行讨论。省局信息中心领导、局属各河务局信息中心主任、省局信息中心各科室相关人员、局属各河务局业务骨干及相关技术人员等 28 人参加了会议。

⑥防汛日常机构业务费实际支出。

防汛日常机构业务费主要用于防汛(凌)值班补助、防汛办公室差旅费和办公费等日常支出。信息中心在汛期,按照要求成立防汛值班办公室,中层干部值班,每班 3 人,其中带班领导 1 人。根据省局防汛要求,2018 年度防凌值班时间是 1 月 1 日至 3 月 20 日(正常 1 月 1 日至 2 月底)、12 月 1~31 日;秋汛值班时间是 6 月 1 日至 10 月 31 日(正常 7 月

1日至10月31日)。全年共值守1 263人次。

省局在值班期间对局属单位值班在岗情况进行抽查,信息中心未有脱岗、离岗现象发生,圆满地完成了防汛、防凌工作。

(4)防汛车船、照明设施运行维护和水情报汛支出。

①防汛车辆使用费实际支出××万元。该费用主要用于河南黄河河务局信息中心4辆防汛专用车运行维修使用。2018年1月1日至12月31日,4辆防汛车共计运行约10万余km。

②水情报汛费实际支出。

水情报汛费实际支出主要用于2018年河南防汛抗旱指挥中心水情、汛情、工情等报汛使用。

③其他机械使用费实际支出。

该资金主要用于省局信息中心通信管道维护、维修5 kW/台发电机及发电机燃油费。省局至花园口通信窨井抽水,保证地埋通信管道光电缆线路的安全运行。信息中心到花园口通信站全长20 km,有通信管道井352个,为了保证通信管道井设备的安全畅通,定期进行检查和维修维护,及时抽水。

(5)防汛通信、水文测报设施(含水文站房)、预警系统以及防洪工程设施的水毁修复。

该项资金主要用于通信设备水毁修复的使用。项目采取邀标的形式进行招标,三家公司参与投标。信息中心采取公平、公正、公开的原则,在2018年3月19日经专家评审由河南环宇通信工程有限公司中标。

2018年3月22日,信息中心与河南环宇通信工程有限公司签订了《黄河流域防汛项目》合同。合同有效期为2018年3月23日至2018年10月31日。该公司完成了合同约定的修复任务。维修后的系统运行稳定,性能参数和功能符合合同文件要求。2019年1月18日,由河南黄河河务局信息中心主持,在郑州对该项目进行验收,验收合格。

(6)河道监测费。

该项资金主要用于无人机航拍使用。项目采取邀标的形式进行招标,三家公司参与投标。信息中心采取公平、公正、公开的原则,在2018年3月19日经专家评审由河南环宇通信工程有限公司中标。

2018年3月22日,信息中心与河南环宇通信工程有限公司签订了《黄河流域防汛项目》合同。合同有效期为2018年3月23日至2018年10月31日。该公司完成了合同约定的任务。在汛期通过利用多旋翼无人机航拍影像高清晰、大范围、实时性等优点,将其采集到的黄河水情、险情、河势等图像信息,实时接入黄河防汛通信网,为防汛决策提供技术支持,完成了全年的航拍任务,为防汛抢险演练提供了高清图像。2019年1月18日,由河南黄河河务局信息中心主持,在郑州对该项目进行验收,验收合格。

(7)防洪预案编制实际支出。

2018年4月,为保障河南黄河防汛通信畅通,确保黄河水情、雨情、工情、险情和信息准确及时传递,信息中心组织编制了《河南黄河通信保障预案》。该费用主要用于资料的编写和印刷等。

综上所述,按照经济性分类的 2018 年防汛费项目资金执行工作内容有:印刷费、邮电费、公务用车运行维护费、差旅费、其他交通费、委托业务费、会议费、培训费、专用材料费、专用设备购置费、租赁费、其他商品和服务支出,合计×××元。

2.3.4 资金使用与管理情况

2.3.4.1 财务管理制度制定情况

为切实加强资金管理,严格执行财政部《中央本级项目支出预算管理办法》《水利部中央级预算管理办法》《水利部中央级项目支出预算管理细则(试行)》等制度办法,同时结合工作实际,信息中心先后制定了一系列的管理制度,从资金管理、资产管理、会计核算等方面不断完善项目的管理制度体系,健全财务管理机制。

2.3.4.2 财务制度执行情况

在财务制度执行上,严格按照各项财务管理制度执行,项目资金独立核算、专款专用,各项支出严格按照预算批复实施,严格控制项目开支范围和开支标准,控制不合理、不合法、与项目无关的支出,项目支出按照制度要求,用款计划下达后,按月完成资金序时进度。

项目实施用款中由主管主任签字、部门负责人签字、财务负责人签字后方能支付,如会议安排、培训计划,首先由有关科室提出资金申请,经主管主任签字后方能进行,印刷的纸张也是在黄委和省局定点的文印室,通过各项制度的严格执行,资金支出安全有效,财务运行健康有序。

2.3.4.3 预算编制与批复

根据《水利部中央级项目支出预算管理细则(试行)》《中央水利资金管理责任制度》《水利部中央级预算管理办法(试行)》《黄河水利委员会行政事业类项目验收办法》《黄河水利委员会采购管理办法》等财政部、水利部、黄委和省局关于财务管理的有关规定,河南黄河河务局完成了信息中心 2018 年度防汛业务费项目的预算编制和上报工作。各项预算支出做到合理、合规、手续齐全,杜绝扩大支出范围。

《河南河务局关于 2018 年预算的批复》(豫黄财〔2018〕27 号)批复信息中心 2018 年防汛项目预算为×××万元。

2.3.4.4 项目预算执行情况

项目批复后,按照《水利部财政资金国库集中支付实施细则》要求,为顺利完成 2018 年任务,信息中心认真做好、做细项目预算执行的前期准备工作,采取有效措施切实优化工作流程,为项目实施创造条件。根据年度预算和项目实施进度认真编制用款计划,及时提出支付申请,确保资金及时足额支付。

2.3.4.5 项目预算执行完成情况

年度内预算执行项目全部完成,包括完成 24 h 在岗值守人次 1 263 次、防汛培训 2 次 64 人次、防汛会议 1 次,完成了防汛预案的编制和发放。同时邀请了专家进行现场指导及保证了防汛专用车完好率 90%以上。

在项目资金的使用过程中,信息中心严格按照国家有关财务管理法规、制度和黄委、省局的有关规定执行,实施周期内进行有效的规划、决策、科学的管理,严格按照实施方案批复内容进行,认真审核和项目有关的票据,保证了资金支付的合规、合法,确保资金安全、规范使用。

信息中心按照国家有关政策在招标投标中采取公平、公正、公开的原则，通过多家公司竞争，经专家评审打分等，得分最高的投标公司方能中标。

信息中心在施工过程中进行监管、设备测试，发现问题立即叫停，勒令施工单位立即整改，从而保证了项目的顺利完工，确保年度防汛通信工作的顺利运行。

2.3.5 项目实施的效果

通过本项目的实施，确保了河南黄河防汛通信的畅通，取得了良好的社会效益和经济效益，为2018年黄河安全度汛提供了可靠的通信保障。

2.3.5.1 主要经验及做法

通过项目的实施完善了财务制度，加强了项目组织实施管理，确保了项目资金的安全使用。

1. 制度为前提

项目实施与管理的过程中，一切工作都要以中央、上级主管单位、本级单位的各项政策、法规、制度作为依据，所有的活动确保在制度的框架和指引下开展。完善的制度、有效的执行既是项目高效按计划完成的基础和前提，也是确保项目合法合规、资金高效安全的强力保障。

2. 各司其职、分工明确

为做好防汛费预算编制和执行工作，信息中心成立了以主管主任为负责人，管理科、财务室、办公室等部门参加的防汛费项目实施小组。在方案的制订、防汛会议的组织、防汛规章制定等方面按照职责分工进行，为防汛项目的顺利实施提供了保障。

2.3.5.2 存在的问题和建议

黄河河势复杂多变，存在旱涝并存、小水大险的特点，因此防汛工作具有突发事件多等不确定因素。项目实施中会有人工成本、原材料及设备价格波动的不确定性，发生恶劣天气、地质灾害等不可抗力，以及出现超预算的培训、值班、印刷、通信应急巡检等工作。特别是2018~2019年，国家正在实行机构改革，可能会根据职能的改变情况，进行项目内部功能性、经济分类预算之间的调整。

对于人工成本原材料、设备价格波动的不确定性，单位项目组充分考虑国家政策、经济形势等对价格走势的影响，做好采购的准备工作。对于天气、地质灾害等不可抗力，单位加强对此项资金的管理，专款专用，确保项目顺利进行。对于超预算的巡检、培训、值班等，以及因为机构改革带来的项目内部功能性、经济分类预算之间的调整，单位会严格遵守项目预算管理要求，科学合理安排项目经费，充分发挥资金使用效益，保证防汛安全和防汛业务的正常开展。

河南黄河河务局信息中心将继续按照上级指示精神完成各项任务，确保防汛通信工作的正常开展和资金的使用安全，重点做好各类防汛检查、防汛宣传和防汛会议等工作，做好专业防汛队伍技术培训并配合上级防汛演练任务；做好防汛车辆安全运行使用，同时做好防汛值班，发现问题及时上报并及时给出处理意见等；编制防洪预案，按时发放通信专职人员的劳保用品，确保通信人员人身安全和通信安全等工作。

2.4　河南黄(沁)河防汛通信保障预案编制

为提高河南省黄河防汛通信保障能力,明确保障责任,落实保障措施,确保黄河水情、雨情、工情、险情等各类汛情准确及时传递,根据《中华人民共和国防洪法》《中华人民共和国防汛条例》《河南省黄河防洪预案》等规定,结合河南省黄河(含沁河下游,下同)防洪任务及各级洪水处理方案,制订本预案。

2.4.1　基本情况

河南省黄河防汛通信由黄河通信网、地方通信网及部队通信网组成,共同承担黄河防汛通信保障任务。

黄河通信网又称水利专网,是河南省黄河防汛通信保障工作的基本手段,其管护工作由河南黄河河务局各级通信管理部门负责。黄河通信网是由多种通信手段组成的综合通信网络,主要包括数字微波、一点多址微波、移动信息采集车、卫星通信、数字程控交换等。主要服务于河南省各级黄河河务部门之间、重点防洪工程以及各级黄河防办、黄河防汛指挥中心的防汛通信联络。

地方通信网又称社会公网,是河南省黄河防汛通信保障工作的重要组成,其管护工作由河南省各级政府通信管理部门负责。地方通信网是以光通信为主的基干传输通道,主要设备有程控交换、光通信、微波通信、移动通信、应急通信车等,主要服务于各级党政机关、防指成员单位、防汛责任单位、工矿企业等与所在地黄河防办的防汛通信联络。

部队通信网又称国防专网,是河南省黄河防汛通信保障工作的重要补充,属驻豫部队防汛专用通信网。部队通信网以无线通信为主,主要服务于防汛责任部队与防守责任区所在地方党政机关、防汛指挥机构的防汛通信联络。

2.4.2　保障任务、工作原则与保障措施

2.4.2.1　保障任务

从防大汛、抗大洪、抢大险出发,结合防汛抗洪工作需要,落实通信保障措施;根据黄河不同流量级洪水,充分利用黄河通信网、地方通信网,确保通信畅通,各类汛情准确及时传递;做好黄河通信网、地方通信网、部队通信网的互联互通工作,达到相互补充、相互完善、相互支持,增强黄河防汛信息传递应急保障能力。

2.4.2.2　工作原则

(1)预防为主。采用先进的预测、预防、预警和应急处置技术,提高通信故障防范水平;加强通信设施保护宣传工作和行政执法力度,提高公众保护防汛通信设施意识;制订黄河防汛通信保障预案,开展通信保障和通信恢复工作研究,落实通信保障措施;开展通信故障救援和紧急处置演习,提高通信故障排除和应急救援处置能力。

(2)统一指挥。在防汛指挥部统一指挥和协调下,通过通信保障和电网调度机构,组织开展通信调度、故障排除、网路恢复、应急救援等各项工作。

(3)分工负责。按照“归口管理、各负其责”原则,建立通信保障和故障应急处置体

系,共同做好黄河防汛通信保障工作。

(4)保证重点。在通信事故处理和控制中,优先保证主干网路畅通;在网路恢复中,优先保证防指机构通信网路畅通,优先考虑较大以上抢险现场通信畅通。

2.4.2.3　保障措施

(1)落实通信保障队伍,强化岗位责任。通信保障队伍由通信调度决策指挥组、通信保障组、后勤保障组、应急维修队等组成,各通信保障单位要以满足黄河防汛通信保障工作需要为前提,落实通信保障队伍;要针对通信保障工作内容,落实岗位责任;要加强对通信保障人员进行岗位技术培训,不断提高其业务技术和应对突发事件处置能力。

(2)备足通信器材,保证应急供应。各通信保障单位要紧紧围绕保证通信安全、通信畅通等工作,备足通信器材,落实可供资源,保证应急供应;对储备的通信器材,要加强管理,做好日常维护和保养工作,确保完好、配套,能够满足通信故障应急排除、通信网络安全运行工作需要。

(3)完善通信保障技术资料。黄河防汛各通信保障单位要结合通信事业的不断发展、通信手段的不断先进,完善相关技术资料(包括通信网路图、通信保障预案、通信调度预案、异常情况处理流程图、物资储备清单和相关单位、部门及主管领导联系方式等),以保障黄河防汛各项通信工作有序、高效开展。

(4)通力合作共保畅通。各级无线电管理委员会要从防洪工作大局出发,在通信联网、频率分配等工作中,优先保证防汛指挥、抗洪抢险通信畅通;各级电信管理部门要结合黄河通信网状况,备足中继电路,在黄河防汛紧急情况下,按照防汛需求,及时提供中继传输电路、移动电话通信基站及基站信道扩容;各市、县黄河防办至所在地政府及部队的防汛专线,要按照"共同管理,共同使用"原则做好管理维护,确保畅通;电力部门要保证通信电力供应,为黄河防汛通信畅通优先提供电源;微波站、无线固定台(站)、光电缆及相关附属设施是保障通信畅通的重要资源,公安部门要对破坏通信设施、盗窃通信设备案件严厉打击,确保黄河防汛通信设施安全。

2.4.3　防御方案

各通信保障单位和部门要按照职责分工,汛前组织做好通信设施检查、维修、保养等工作,确保各类通信设施在黄河主汛期到来之前处于完好状态。要结合通信机线检修情况,对易发生故障的薄弱环节,有针对性地制订通信应急抢修方案,落实通信畅通应对措施,一旦故障发生,能以最快速度完成抢修,能以最快时间保障通信畅通。

2.4.3.1　防御传输干支线通信故障

黄河防汛通信传输干支线上某终(中)继站一旦发生故障,按管辖划分责任区,由发生故障所在区通信保障责任部门迅速组织抢修。

(1)微波传输干支线或无线接入通信设备发生故障,影响传输干线通信时,要以不影响传输干线通信畅通为原则,视情况采取租用地方光缆线路方式代通,保障传输干线畅通。

(2)抢修工作中如因技术力量不足、所需器材不够,上级主管部门应紧急支援,尽快组织到位。

(3)省黄河防办至各市黄河防办微波传输电路发生故障,且黄河通信保障部门无力及时抢通,省信息产业厅要按照省黄河防办通知要求,快速提供支援。市黄河防办至所属各县黄河防办微波传输电路发生故障,且黄河通信保障部门无力及时抢通,市电信管理部门要按照所在市黄河防办通知要求,快速提供支援。

(4)地方通信向黄河通信提供通信传输电路调试联通期间,省黄河防办至各市黄河防办、市黄河防办至所属各县黄河防办可通过社会公网实施通信联通。

2.4.3.2 抢险现场应急通信

(1)黄河通信专网故障,公网正常情况下,在抢险点迅速组建短波对讲机通信平台(含自备发电机组),在一定的区域范围内组建一个通信平台,为抢险工作提供信息迅速传递的通道和手段。同时将抢险现场迅速接入地方通信网,利用地方通信网传输容量大、可靠性强的优势,通过公网联通黄河防汛通信电路,确保黄河防汛通信畅通,满足黄河防汛抢险信息传递需要。

(2)专网、公网同时故障的情况下,在组建短波对讲机通信平台的基础上,迅速构建MCLTE便携式空地一体化应急通信系统,首先保障抢险现场调度指令的上传下达。紧急调用黄河通信移动信息采集车、开通海事卫星通信、架设卫星通信便携站快速接入黄河通信专网,保障抢险现场与各级防指机构通信畅通。

(3)黄河通信传输带宽容量不能满足防汛信息传输需求时,调用地方通信网应急保障。地方通信网要按照黄河防汛工作需要,优先向黄河通信网提供足量的电路,确保抢险点与各级防汛指挥部的通信联络畅通。

(4)当发生区域性大洪水,专网、公网以及黄河应急通信系统均无法满足抢险现场通信需要时,紧急情况下,调用部队应急通信系统和人防应急通信系统进行应急通信保障。

2.4.4 保障方案

2.4.4.1 花园口发生4 000 m^3/s 以下流量长历时洪水

保障工作以黄河通信为主,必要时提请地方通信支援。各黄河通信保障责任单位要加强领导,认真落实防汛责任,安排好通信值班,密切监视通信设备运行状况,及时排除各种通信机线设备故障,保证防汛指挥调度以及水情、工情、险(灾)情等防汛信息快速、准确传递。

通信保障的重点区位是各级黄河防办、黄河各重点防洪工程、较大以上险情抢险现场。一旦发生通信故障,保障部门要准确掌握故障地点及该地点通信设备状况、传输方式、中继电路配置情况及用户电话数量,根据通信设备配置开通情况,结合故障现象进行分析判断。发生传输干线微波终(中)继站通信故障,造成大范围通信中断,要迅速组织抢修,如无力及时排除故障,要迅速请求黄委支援;发生无线接入基站、程控交换机、电源设备故障,造成部分或小范围通信中断,故障所在地通信保障部门要迅速组织抢修,如无力及时排除故障,要立即请求省、市黄河防办或相关厂家给予支援;如发生通至重点防洪工程、较大以上险情抢险现场的无线(电话)固定台或部分有线线路故障,由县级黄河通信保障部门组织抢修,并在最短时间内恢复通信。

2.4.4.2 花园口发生4 000~6 000 m^3/s 流量洪水

保障工作以黄河通信为主、地方通信配合共同完成。各黄河通信保障责任单位要加强领导,认真落实防汛责任,通信保障工作人员要密切监视各种通信设备的运行状况(包含电路阻断、传输指标、语音清晰度、交直流电供电参数等),密切关注沿黄水情及水位变化对通信设施可能造成的影响,及时排除各种通信机线设备故障,保证防汛指挥、调度以及水情、工情、险(灾)情等防汛信息快速、准确传递。

通信保障的重点区位是各级防指、黄河防办、黄河各重点防洪工程、较大以上险情抢险现场及漫水滩区通信设施。各级防指、漫水滩区的通信保障工作由防指所在地通信保障部门负责完成;各级黄河防办、黄河各重点防洪工程、较大以上险情抢险现场的通信保障工作由所在地黄河通信保障部门负责、地方通信配合共同完成。

通信保障部门要准确掌握通信故障地点及该地点的设备状况、传输方式、中继电路配置情况及用户电话数量。根据通信设备配置开通情况,结合故障现象进行分析判断,并按照责任分工迅速组织抢修或落实临时保通措施,保证各类防汛信息快速、准确传递。

2.4.4.3　花园口站发生 6 000~15 000 m^3/s 流量洪水

保障工作以黄河通信为主、地方通信配合共同完成,确保畅通;电力部门要优先保证通信电力供应,为黄河防汛通信畅通提供电源;公安部门要对破坏通信设施、盗窃通信设备案件严厉打击,为黄河防汛通信畅通保驾护航、提供安全;各黄河通信保障责任单位要加强领导,落实责任,密切监视各种通信设备的运行状况,密切关注沿黄水情及水位变化对通信设施可能造成的影响,及时排除各种通信机线设备故障,保证防汛指挥、调度以及水情、工情、险(灾)情等防汛信息快速、准确传递;要加强通信保障工作督查,严格责任追究,确保各项保障措施落到实处。

通信保障的重点是区位各级防指、黄河防办、黄河堤防重点防守段、较大以上险情抢险现场及滩区迁安救护通信。各级防指、滩区迁安救护通信保障工作由防指所在地通信保障部门负责完成;各级黄河防办、黄河堤防重点防守段、较大以上险情抢险现场通信保障工作由所在地黄河通信保障部门负责、地方通信保障部门配合共同完成。

各通信保障部门要加强值班,带班领导要坐镇通信值班室协调处理防洪通信调度;值班人员要密切监视各种通信设备的运行状况,密切关注沿黄水情及水位变化对通信设施可能造成的影响,为防洪通信调度提供准确信息;通信抢险队要进入临战状态,按防洪通信调度要求,能随时出动及时排除各种通信机线设备故障。

2.4.4.4　花园口站发生 15 000 m^3/s 以上流量洪水

保障工作以黄河通信、地方通信共同完成,必要时请求黄河防总、国家防办调用国家通信,提供应急支援;电力部门要优先保证通信电力供应,为黄河抗洪救灾通信畅通提供电源;公安部门要对破坏通信设施、盗窃通信设备案件严厉打击,为黄河防汛通信畅通保驾护航、提供安全;各通信保障责任单位要加强领导,落实责任,强化调度,密切监视各种通信设备的运行状况,密切关注沿黄水情及水位变化对通信设施可能造成的影响,及时排除各种通信机线设备故障,保证防汛指挥、调度以及水情、工情、险(灾)情等防汛信息快速、准确传递;防指督察组加强对通信保障工作督查,严格责任追究,确保各项措施落到实处。

通信保障的重点是各级防指、黄河防办、黄河堤防重点防守段、较大以上险情抢险现场、滩区迁安救护通信。各级防指、滩区迁安救护通信保障工作由防指所在地通信保障部门负责完成;各级黄河防办、黄河堤防重点防守段、较大以上险情抢险现场通信保障工作由所在地黄河通信、地方通信保障部门共同完成。

各通信保障部门要加强值班，主要领导要坐镇通信值班室协调处理防洪通信调度；值班人员要密切监视各种通信设备的运行状况，密切关注沿黄水情及水位变化对通信设施可能造成的影响，为防洪通信调度提供准确信息；通信抢险队要进入临战状态，按防洪通信调度要求，能随时出动及时排除各种通信机线设备故障；各通信保障单位所备移动通信车，进入一级待命，按防指调令要求及时到位提供保障；地方通信要结合黄河通信网状况，按照抗洪需求，及时优先向黄河通信网提供中继传输电路、移动电话通信基站及基站信道扩容；应急通信车要视黄河汛情，做好快速联通出险地点与防汛指挥部的通信联络。

河南省黄河防汛有关部门通信联络方式见表 2-1。

表 2-1　河南省黄河防汛有关部门通信联络方式

防指机构	联络方式			
	黄河通信		地方通信	
	值班电话	传真电话	值班电话	传真电话
黄河防总办公室	9371022303	9371022577	037166022303	03716602577
河南省政府			65908241	65956897
河南省军区	9371656111		037169556111	037163070140
省防指办公室			037165571045	037165930830
省防指黄河防办	9371652154	9371652379	037169552154	037169552379
三门峡市防指办公室			03982808119	
洛阳市防指办公室			037963330010	037963330010
洛阳市防指黄河防办	937962153	937962152	037963102153	037963102152
济源市防指办公室			03916633084	03916633143
济源市防指黄河防办	939163551	939163552	03916613551	03916613552
郑州市防指办公室			037167971267	037167971267
郑州市防指黄河防办	937187222	937187222	037165757222	037165757222
开封市防指办公室			037123873641	037123872241
开封市防指黄河防办	937802154	937802154	037123382154	037123382154
焦作市防指办公室			03913556102	03913556103
焦作市防指黄河防办	939102246	939102247	03913996246	03913996247
新乡市防指办公室			03732079603	03732079660
新乡市防指黄河防办	937302151	937302154	03735282151	03735282154
濮阳市防指办公室			03934414854	03934415761
濮阳市防指黄河防办	939302244	939302244	03934652244	03934652244
安阳市防指办公室			03723696215	03723696215
滑县黄河河务局	9371658819		03728713885	03728712383
巩义市防指办公室			037156905155	037156905177
巩义市防指黄河防办	937187951	937187951	037156537951	037156537951
兰考县防指办公室			037126979063	037126973919
兰考县防指黄河防办	937805154	937805156	037123305154	037123305156
长垣县防指办公室			03738887898	03738887899
长垣县防指黄河防办	937305153	937305155	03738815153	03738815155

第 3 章　黄河水量调度管理系统(河南段)

黄河是我国西北、华北地区的重要水源,以其占全国 2%的水资源总量,承担着全国 15%的耕地面积、12%的人口,以及 50 多座大中城市的供水任务。为推动黄河水资源统一管理、科学调度、高效配置,2011 年 8 月,水利部批复黄河水量调度管理系统建设项目初步设计报告。工程建设任务是以水调信息采集设施、引退水远程监控系统建设为重点,建设覆盖黄河龙羊峡以下干流和渭河、沁河支流及水调管理主要业务单位的现代化管理平台,为黄河水量调度管理工作提供支持。

工程概算总投资 1.921 亿元,主要建设内容包括:建设 118 个引水口和 21 个退水口的引退水信息监测设施,建设 17 处水文站低水流量测验设施和 3 座水质自动监测站。采用宽带无线接入、租用公网电路,敷设光缆 47 km、建设 7 个卫星地面接收站等方式,建立从信息采集站点到管理机构、省区和黄委的通信网络连接。开发径流预报、水质预报和引退水远程监控等系统,完善水量调度方案和业务处理系统。建设 12 个省区级调度分中心,改造黄河水量总调度中心调度环境。

工程运用现代卫星光纤通信技术、网络技术、传感器技术、工业控制技术,突出监测为主、控制为辅,在数千千米距离实现水情、水质信息和数据存储与处理、调度指令等的快速传输,涉及黄河流域八省区,建设地点多、施工战线长,建设内容和建设技术复杂,是典型的现代水利工程,获得“全国水利建设工程文明工地”称号。工程于 2013 年 10 月开始陆续投入运用,是世界上延伸距离最长、辐射范围最大的现代化水量调度管理工程,基本实现黄河干流 90%引水量和 70%退水量的在线监测,为促进黄河水资源合理配置、确保黄河不断流、落实最严格水资源管理制度提供了有力支撑。

为加快实现黄河水量调度管理工作的规范化和现代化,进一步提高流域水资源统一调度管理水平,促进水资源的合理配置,缓解水资源供需矛盾,改善生态与环境,使有限的黄河水资源发挥更大的综合效益,水利部于 2011 年 8 月批复了《黄河水量调度管理系统初步设计报告》(水总〔2011〕430 号),发改投资〔2011〕1354 号文批复。

3.1　建设目标和任务

3.1.1　建设目标

3.1.1.1　引退水

引退水信息采集系统的开发建设目标是在线监测干流引水的 90%。引水闸监控系统在通信传输和计算机网络建设的基础上,采用先进成熟的计算机、自动控制和传感器技术,通过现地监测、控制等自动化设施建设,实现水量调度重要信息的快速采集传输,实现对重要引水口闸(泵)远程控制。通过决策支持系统的建设、对水调情势的正确分析预估、方案编制功能完善合理，超计划引水得到有效监控，突发水量及水污染事件得到及时处置，依法履行好黄河水资源管理与调度职责。

3.1.1.2　通信

本省区通信系统主要包括公网租用、光缆接入系统、微波接入系统、铁塔建设及机房装修等内容。

黄河水量调度管理系统建设包括信息采集、传输、存储、决策支持系统等建设内容。通信系统是整个系统的基础设施之一，其建设任务是为本项目涉及的所有常规引水口、重点引水口的监视信息、监控信息传送至河南省水调中心以及最终传送至黄委总调中心提供宽带的传输通道，为黄河水量调度管理系统的正常运行提供通信服务。

微波通信主要是为解决沿黄河地区的重点引水口的通信传输。对于那些引水口所处地理位置偏僻且远离城区，公网电路没有覆盖的站点，不宜采用租用公网线路的方式建设通信传输，或因考虑到建设环境或投资规模，不宜采用自建光缆线路或卫星通信传输的站点，采用微波通信方式并利用黄委已建成的无线通信专网是一种比较经济、快捷的通信手段。

3.1.1.3　网络

通过本次水调计算机网络的建设，通过改善现有网络环境，实现黄委总调中心与河南各级水调分中心和相关水量调度单位计算机网络安全、可靠、可管理的广域互联，实现水调信息快速、准确、安全的传输，基本满足水调业务对计算机网络的需求。

3.1.1.4　调度环境

河南水量调度分中心环境建设是整个水量调度管理系统建设的重要内容之一。因此，根据建设先进的数字化水量调度管理系统总体要求，河南水量调度分中心环境建设的目标是：满足水调各应用系统的运行需要，建立显示系统、环境集中控制系统、空调系统、消防系统等，使水调业务需要的枢纽信息、水雨情及水质信息、调度方案、水库运用、灌区引退水信息、涵闸信息、气象信息、关键设备运行状况等以数据、文本、图片、视频信息方式综合显示，为水量调度系统中的决策支持系统提供硬件平台和表现环境，实现对各种信息进行实时监视和实时调度、重要闸门远程自动控制，并为调度人员和会商决策人员提供良好的操作平台和工作环境。

3.1.1.5　决策支持系统

远程监测、监控系统是黄河流域各级管理部门和其他相关部门在日常工作中使用的位于现场控制器之上用于涵闸的远程监测、监控，并通过调用视频控件对其进行视频控制的软件系统。系统建设后，将提升闸站的自动化水平，更好地服务黄河水资源统一管理与调度。

3.1.2　系统建设任务

3.1.2.1　引退水

建设10个重点引水闸(泵)现地监控站。其中，包含河南及黄委2002年建设的8座引黄涵闸自动监控现地站的接入、技术整合和改造。改造接入2个常规引水闸，改造视频系统，接入监测系统(马渡闸、王集闸)。建设8个简单引水闸(泵)现地监测站。

3.1.2.2　通信

本省区通信系统主要包括公网租用线路1条、在黄河下游河南区域的赵口闸至三刘寨之间建光缆组网。在广利渠—沁阳市河务局、韩董庄引黄闸—原阳县河务局、柳园引黄闸—原阳县河务局、祥符朱引黄闸—原阳县河务局之间各建设1跳数字微波电路。在广利渠建设1座30 m的通信铁塔及2个站的机房装修。

3.1.2.3　网络

建设和完善黄委河南黄河河务局,以及河南局所属6个地市局、16个县局等单位的计算机网络与黄委总调中心的广域连接。

3.1.2.4　调度环境

根据批复的《初设报告》中相关"水量调度环境建设"章节的要求,针对河南黄河河务局的需求做出建设方案。河南水量调度分中心系统配置及设备配置有:液晶拼接显示系统、音响系统、中央集中控制系统、空调系统、消防报警各1套,1组UPS电源,文件服务器、便携式流速仪、声学多普勒流速剖面仪ADCP各1台,1台服务器、4台工作机,2台便携式数据传输设备,综合布线、分调中心用房改造、设备接地各1项,2辆越野督查车。6市局基层分中心环境建设。

3.1.2.5　决策支持系统

为了实现对河南引退水信息和运行状态的远程实时监测、监视和控制,采用新建和接入结合方法建设黄河引退水远程监控子系统,系统的建设任务如下:

(1)建设豫西局远程监控系统。

(2)建设河南局供水局中牟供水处远程监控系统、惠金供水处远程监控系统。

(3)建设黄河下游河南段10个闸管所远程监控系统。

(4)建设河南局远程监控系统和监控服务系统。

3.2　系统总体情况

3.2.1　系统组成

黄河水量调度管理系统是一个涉及全河干支流规模庞大的系统,需要运用新技术解决所涉及的水调、水文、水质等多种业务问题。黄河水量调度管理系统由信息采集、通信计算机网络、决策支持、数据存储管理四部分组成。水量调度管理系统组成如图3-1所示。

信息采集系统包括水雨情信息采集系统、水质信息采集系统、引退水信息采集系统和需水信息采集系统。通信和计算机网络系统负责为其他系统提供传输和网络保障;决策支持系统作为黄河水量调度管理系统的核心,负责完成水量调度的各项业务;数据存储管理系统负责为信息采集系统和决策支持系统提供数据存储空间和管理服务。

另外,调度环境是系统运行的基础设施,负责为各系统运行提供必要的工作空间、电源及温湿度保障、展示手段、督察手段等。

3.2.2　总体结构

黄河水量调度管理系统覆盖水调数据采集、传输、处理、存储、应用、决策支持和发布等各个环节,同样符合水利信息化系统建设一般框架。黄河水量调度管理系统的基本组成包括:信息采集系统、基础设施、决策支持系统。其中,信息采集系统包括水雨情信息采集系统、水质信息采集系统、需水信息采集系统和引退水信息采集系统;基础设施建设包括:通信和计算机网络系统、数据存储体系、低水测验设施、调度环境建设等;决策支持系统则包括各水量调度业务应用系统、水量调度业务应用服务及水量调度数据。为了报告编写的方便,将基础设施建设中的低水测验设施的建设纳入采集系统中进行表述。黄河水量调度管理系统结构如图3-2所示。

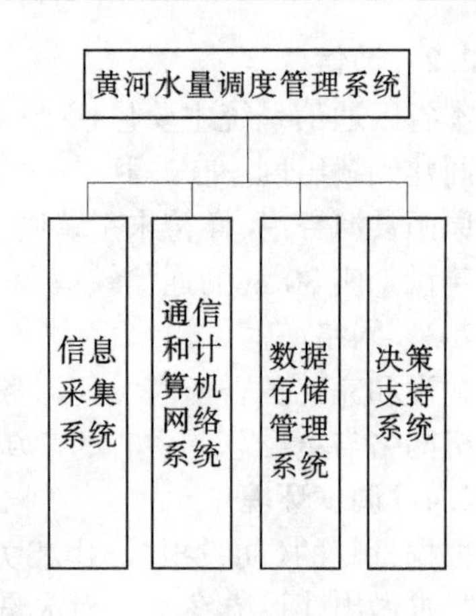

图3-1 水量调度管理系统组成

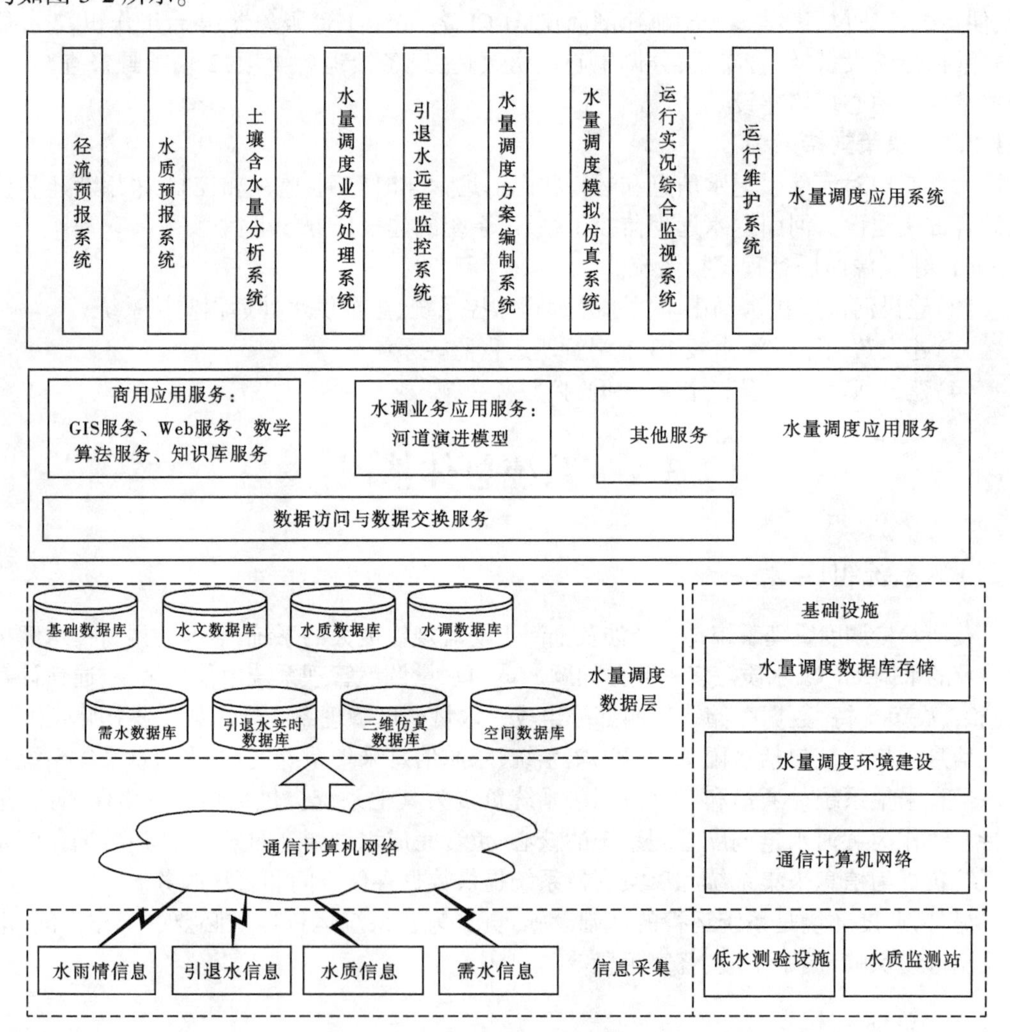

图3-2 黄河水量调度管理系统结构

3.2.2.1　信息采集系统

信息采集包括水雨情信息、水质信息、引退水信息和需水信息四类信息采集系统。为了方便报告编写,将信息采集中水雨情采集和水质采集与基础设施建设中相关的低水测验设施、水质监测设施合并编写,作为采集系统的一部分。

3.2.2.2　基础设施

基础设施是系统的基础部分,位于系统的下层,主要包括低水测验设施、水质监测设施的建设;四级传输网络的通信网络系统;用于各类信息存储管理的数据存储环境建设,以及水量调度环境的建设。其中,低水测验设施、水质监测设施并入采集系统,数据库合并入水量调度系统的数据库。

1. 通信和计算机网络系统

通信系统逻辑结构共分为四级结构,即由黄河总调中心为一级节点、省级水调管理单位为二级节点、各市县级管理机构为三级节点和现地站为四级节点组成的四级结构。具体组成如下:

一级节点:黄河总调中心作为通信系统的一级节点,是黄河水量调度系统的控制中心,也是各类信息的汇集中心。

二级节点:主要包括各省水调分中心、黄河上中游水利枢纽、黄委直属4个水管理单位(黄河上中游管理局、山西黄河河务局、陕西黄河河务局、三门峡枢纽管理局),以及黄河下游的河南黄河河务局、山东黄河河务局。上述单位均分布在市区,因此均采用租用公网线路方式或已有传输通道把本省区汇集的各类水量调度信息上传到黄委总调中心,同时接收黄委下传所需的水量调度信息。

三级节点:各市县级管理机构组成通信系统的三级节点,各管理机构主要通过租用公网线路或已有通信传输通道把所属站点的各类信息汇总上传至省水调分中心。

四级节点:现地站作为通信系统的四级节点大多分布在偏远地区,没有公网线路可以利用,只能通过自建通信系统(光缆、宽带无线接入、卫星地面站)等方式把现地站采集的视频信息、数据信息等传送至上级管理机构,再接收上级管理机构发送的控制指令。

2. 数据存储与管理环境

主要是增加设备,提高配置。

3. 水量调度环境建设

主要是为各中心与分中心改善调度环境,建设模拟屏。

3.2.2.3　决策支持系统

决策支持系统包含三大部分:应用、服务和数据,它们建立在采集系统和基础设施之上。

决策支持数据是系统的数据源,是业务处理的核心,由基础数据库、水雨情数据库、水质数据库、水调数据库、需水数据库、引退水实时数据库、三维仿真数据库和空间数据库组成。

决策支持服务是系统承上启下部分,位于系统的中间,由应用服务业务构件、数据访问业务构件、专业服务业务构件、数学算法服务业务构件、知识库服务业务构件和其他服务业务构件组成。应用服务平台是以应用服务器、中间件技术为核心的基础软件技术支撑平台,向上为应用系统提供多种公共服务,向下与数据存储管理系统及信息采集系统进行交互,是实现应用系统之间、应用系统与其他平台之间信息交换、传输、共享的核心。同时,考虑到黄河水量调度管理系统是一个为多节点用户服务的系统,而且这些多节点用户之间存在着大量、频繁的数据交换,同时这些用户使用的系统和数据各不相同,因此为这些用户设计一个通用的信息交换服务,作为共享的数据交换方法。

决策支持系统是系统直接面向业务人员的部分,位于系统的上层,由决策支持系统的径流预报系统、水资源预测预报系统、引黄灌区土壤含水量监测分析子系统、水量调度业务处理系统、水量调度方案编制系统、黄河引退水远程监控系统、水量调度模拟仿真系统、运行实况综合监视系统和运行维护系统九个应用系统组成,各应用系统间相互协作,完成两级调度管理业务。其中,水资源预测预报、需水监测分析、水量调度模拟仿真、调度管理信息服务系统、运行维护和黄河引退水远程监控这六个系统为本项目的新建系统,水量调度方案编制、运行实况综合监视和水量调度业务处理这三个系统为以已建系统为基础进行扩建和完善的系统。

3.3　信息采集系统

引退水信息采集系统是黄河水量调度管理系统的数据源,也是黄河水量调度管理系统的执行机构。通过对黄河上中游及下游干流上的99个引水口和16个退水口的引退水信息采集,并对重要引水口实现现地和远程监控,依托黄河水量调度管理决策支持系统实现对全河的水量统一调度和运行管理。河南省共有20座现地站进行引水信息采集建设或改造。

3.3.1　设计原则

3.3.1.1　需求主导,共建共享

应用需求是黄河水量调度管理系统建设的基本依据。引退水信息采集系统要充分利用各级水量调度单位现有的信息和系统资源,加强整合,促进互联互通、信息共享和平稳过渡,要避免不必要的重复建设。

3.3.1.2　重点突出,分步实施

黄河水量调度管理系统建设要紧密围绕应用需求,以信息采集、决策支持和监控为重点,在整体布局的指导下,考虑水量调度的轻重缓急和资金技术条件,分阶段、分层次推进,做到建成一部分,发挥一部分作用。

3.3.1.3　先进实用,开放扩展

引退水信息采集系统是服务于黄河水资源管理与调度监测、监控的重要技术手段,为管理决策提供数据源,必须采用成熟的先进技术,保证具有较好的可用性、可靠性和先进性。要充分考虑到现代信息技术的飞速发展,使系统具有较强的开放性和扩展性,为技术更新、功能升级留有余地。

3.3.1.4　统筹兼顾,安全第一

系统建设要统筹兼顾,既要考虑下游也要考虑上中游,既要考虑干流也要考虑支流,

既要考虑黄委系统又要考虑地方单位,既要考虑当前又要考虑长远。黄河水量调度事关全局,要充分重视系统安全问题,综合平衡成本和效益,建立完善的网络与信息安全保障体系,确保系统运行有高度的可靠性和安全性。

3.3.1.5　稳定可靠

系统建设要充分考虑采集环节、控制与应用环节的稳定、可靠运行,特别是对引退水信息、监控信息的采集建设,要充分考虑长期可靠、稳定地运行,采用先进和成熟的技术,保证系统的安全可靠。

3.3.1.6　充分利用现有资源

充分利用数字黄河工程现有的通信、网络、存储、应用等资源,在现有的基础上进一步完善提高,避免重复建设。

3.3.2　建设目标与任务

3.3.2.1　建设目标

引退水信息采集系统的开发建设目标是在线监测干流引水的 90%。引水闸监控系统在通信传输和计算机网络建设的基础上,采用先进成熟的计算机、自动控制和传感器技术,通过现地监测、控制等自动化设施建设,实现水量调度重要信息的快速采集传输,实现对重要引水口闸(泵)远程控制。通过决策支持系统的建设,对水调情势的正确分析预估,方案编制功能完善合理,超计划引水得到有效监控,突发水量及水污染事件得到及时处置,依法履行好黄河水资源管理与调度职责。

3.3.2.2　建设任务

为了实现对全河引退水信息和运行状态的远程实时监测、监视和控制,《黄河水量调度管理系统初步设计报告》明确了系统的建设任务,采用新建和改造相结合方式建设黄河引退水远程监控系统。系统的建设任务如下:

建设 10 个重点引水闸(泵)现地监控站。其中,包含河南及黄委 2002 年建设的 7 座引黄涵闸自动监控现地站的接入、技术整合和改造。

改造接入 2 个常规引水闸,改造视频系统,接入监测系统(马渡闸、王集闸)。

建设 8 个简单引水闸(泵)现地监测站。

引退水口现地监测、监控站统计见表 3-1。

表 3-1　引退水口现地监测、监控站统计

<table>
<tr><th>功能</th><th>类型</th><th>河南</th></tr>
<tr><td rowspan="2">监测</td><td>简单引水闸</td><td>4</td></tr>
<tr><td>简单引水泵站</td><td>4</td></tr>
<tr><td>监测、监视</td><td>改造(闸)</td><td>2</td></tr>
<tr><td rowspan="2">监测、监视和监控</td><td>重点引水闸</td><td>2</td></tr>
<tr><td>改造(闸)</td><td>8</td></tr>
<tr><td colspan="2">合计</td><td>20</td></tr>
</table>

3.3.2.3 系统设计方案

引退水信息采集系统的建设方案包括监测、监控子系统和视频子系统的实施建设方案，系统主要由闸站现地监测、监控、视频系统和远程视频系统构成。

3.3.2.4 工程说明

引退水信息系统涵盖数据采集、现地数据处理、现地存储、数据发送和监控信息的接收、监控指令的执行、安全保护等各个环节。

本系统可以通过对引水闸(泵)、退水口的水位、闸位、流量和环境的实时监测，利用通信网络，把监测到的信息上传到各级管理部门；同时接收上级管理部门的控制信息，通过涵闸(泵站)的执行机构——启闭机(水泵机组)的启停，实现引水流量的远程监测和控制。

本工程应有完善的安全保护措施，安全保护设施在任何情况下，能够稳定可靠地工作，从而保护设备、工程和人身安全。

3.3.3 建设规模

3.3.3.1 上中游取水口信息采集

对于取水站点，根据其引水量大小、所处位置、工作方式以及条件的不同，系统的建设的内容也有所差别。

根据建设内容的不同，将现地站点分为三类：简单站点、常规站点和重点站点。简单站点只监测水位或流量，没有控制功能和视频监视功能；常规站点监测水位或流量，还有泵后或闸后视频监视功能；重点站点不仅监测水位或流量、闸门开启高度、水泵机组运行状态、电信息、环境量等信息，还有控制功能和视频监视功能。

根据表 3-2 统计，河南省上中游建设内容为监测、监视、监控的站点 2 个，仅具有监测功能的站点 5 个，共计 7 个站点。在 5 个仅具有监测功能的站点中，有 4 个站点为已建系统，在本系统建设中只考虑将原系统的监测数据接入本系统。

表 3-2 上中游各闸站功能分类

序号	省区	闸站名称	拟建类别	建设形式
1	河南	第三水厂一级站	简单引水泵站	监测流量
2		槐扒提水工程		监测数据接入
3		新安提水工程		监测数据接入
4		引沁济蟒渠	重点引水闸	监测、监控、监视
5		新利进水闸	简单引水闸	监测数据接入
6		广利干渠	重点引水闸	监测、监控、监视
7		广惠干渠	简单引水闸	监测数据接入

3.3.3.2 下游引水口信息采集

整合的涵闸为花园口、杨桥、韩董庄、马渡、柳园、祥符朱、南小堤、彭楼、王集、黑岗口。其中，黑岗口、花园口、杨桥、柳园、韩董庄、祥符朱、南小堤等 7 闸监控设备基本全报废；王集、彭楼以前只建有监测系统,基本上需要全部新建实施。

3.3.3.3　黄河下游新建 3 座涵闸

建设内容和功能选择上遵循以下原则。

1. 简单站点

仅具有监测功能的站点 3 个,包括 1 个非农业供水涵闸中法原水有限公司花园口水源进水厂,该进水厂已建监测系统,本次建设按已建接入实施;2 个农业供水站,分别是桃花峪引黄闸、于店闸。

根据表 3-3 统计,黄河下游河南段需要实现监测、监视、监控的站点 8 个,具有监测和监视功能的站点 2 个,仅具有监测功能的站点 3 个,共计 12 个站点。8 个具有监测、监视、监控功能的站点均为已建系统,在本系统建设中将对原系统进行改造升级后接入本系统。

表 3-3　下游各闸站实现的功能

序号	省区	闸站名称	拟建类别	建设形式
1	河南	中法原水	简单引水泵站	监测数据接入
2		桃花峪引黄闸	简单引水闸	接入流量监测
3		杨桥	改造升级接入系统	改造
4		韩董庄		改造
5		柳园		改造
6		祥符朱		改造
7		南小堤		改造
8		彭楼		改造
9		花园口		改造
10		于店	简单引水闸	只监测闸后水位
11		王集	常规引水闸	改造接入闸位、闸前闸后水位,建设闸前、闸后和闸室视频
12		马渡	常规引水闸	改造接入闸后水位和闸后视频

2. 系统功能

系统主要功能为监测、控制和监视。

1)监测

监测就是采集处理站点的引水数据以及其他相关数据,对于不同类型的站点,需要监测的信息是不同的。

(1)重点引水涵闸需要监测的信息主要包括:闸前水位、闸后水位、启闭状态、开启高度、电流、电压、温湿度、限位保护、荷重保护、相序故障等信息。

(2)常规引水涵闸需要监测的信息主要包括:闸前水位、闸后水位、开启高度等信息(马渡闸只监测闸后水位)。

(3)简单引水涵闸需要监测的信息主要包括:闸前水位、闸后水位、开启高度(上中游小闸仅监测闸前水位,不监测闸门开启高度)等信息。

(4)简单引水泵站需要监测的信息主要包括:泵后水位(或流量)信息。

2)控制

重点引水涵闸和引水泵站通过控制设备,控制闸门启闭或水泵机组的启动、运行、停止工作,实现手动、自动、远程控制功能。

(1)现地控制:现场操作人员能通过一组切换开关实现人工控制方式与自动控制方式的转换。在人工控制方式下,现场操作人员可按原有方式启闭闸门(操作水泵机组)。在自动方式下可以进行远程控制。人工控制方式和自动控制方式也可通过远程监控系统切换,现地控制时,也可将控制信号、运行状态信号送至上级监控部门。

(2)远程控制:根据各级用户通过网络发给现场测控单元的指令,涵闸闸门可自动开启或关闭(水泵机组启动、运行、停止)。各级用户控制协调在 PLC 中完成,PLC 根据用户权限高低来确定控制命令的执行与否。

(3)闸门限位保护:当闸门运行超过上、下限制位时,自动切断启闭机电源,使启闭机停止运行。

(4)低水位保护:泵站前池水位低于一定值时,减少水泵机组的运行台数;泵站前池水位低于下限时,自动关闭水泵机组。

(5)闸门启闭(水泵机组启动)告警:在闸门将要启闭(或水泵机组启动)以及闸门启闭过程当中,在闸门启闭装置(或水泵机组)附近应有相应的声光装置发出告警提示,以提醒在现场的工作人员注意。

(6)相序保护:在启闭机的供电线路里面应串有相序保护器,避免由于三相电源相序混乱所造成的启闭机电机的不正常运转。

(7)过载保护:每个启闭机(水泵电机)的控制电路里面必须配有热过载继电器、过载保护器等,根据不同电机功率要求其有不同的设定值,当电机发生过载或是其他故障时,此继电器能自动切断电机的供电电源,以免烧毁电机。

(8)拉力/荷重保护:闸门启闭时,当所承受的拉力/荷重超过限制值时,自动切断启闭机电源,使启闭机停止运行。

(9)现地手动保护功能:在 PLC 中设置手动/自动位,在一般生产运行期间,可将开关置于手动位置,此时只有现地监控站可以对闸门进行启闭(水泵机组控制)操作,其他各级不能远程操作。在特殊调度时期,应将开关置于自动位置,此时各级均可对闸门(水泵机组控制)进行远程操作。

3)监视

监视是指在监视站点采集动态图像及其控制命令。每个站点一般设三个监视点:闸(泵)前、闸(泵)后和闸(泵)室。因此,每个站点至少有三路视频信息(该部分内容在其他章节中给出)。

每路图像由视频捕获、视频信号传输、视频编码、云台控制等部分组成。

(1)视频捕获。

视频捕获由彩色监控摄像机和摄像镜头完成。监控摄像机采用CCD成像原理,将现场景象转换成视频信号。

为了使摄像机和镜头能在室外正常工作,需要把它们装入室外型护罩。

(2)视频信号传输。

视频信号传输是指把摄像机输出的视频信号传送到视频编码器。根据摄像机和视频编码器之间的距离可以采用同轴电缆直接传送方式或者采用数字光纤视频传输方式。

(3)视频编码。

视频编码是由视频编码器来完成的,用来把模拟视频信号变换成可以利用计算机网络进行远程传送的数字压缩视频流。

视频编码器还接收远程监控终端发送的云台控制数据,并根据云台控制数据,按所用的云台控制协议转换成云台控制指令,采用串行通信方式,将云台控制指令发送到云台解码器。

视频编码单元应具有多路视频处理能力。

视频编码单元应具有语音编解码功能,可进行双向语音通信。

(4)云台控制。

云台控制部分由云台控制解码器、云台组成。

云台控制解码器通过串行接口同视频编码器通信,接收云台控制指令。根据收到的云台控制指令,云台控制解码器采取相应的控制动作,通过云台控制接口控制云台做出指令要求的动作。云台控制解码器通过控制电路接口控制云台和摄像机及摄像镜头。

云台控制部分也要提供辅助控制开关用来实现对护罩雨刷、照明灯、防盗吓阻装置等设备的控制。

4)防雷安全

按照防雷规范要求,为采集设备安装必要的防雷设施,尽量避免雷击对系统造成破坏。

3.3.4　实施方案

3.3.4.1　现地监测、监控子系统

现地监测、监控子系统是黄河水量调度管理系统的重要组成部分,其系统构成可分为三种情况:重点闸站监控系统、常规闸站监控系统和简单闸站、泵站监测系统。监控信息通过通信系统提供的信道,为黄河引退水远程监控系统提供信息支持。

1. 重点闸站监控系统

1)重点闸站现地监控系统结构

鉴于重点引水闸站现地监控系统的监测项目多、控制可靠性要求高、数据存储容量大等特点,现地监控站采用PLC为核心构建各重点引水闸站现地监控单元。

由于重点引水闸启闭机、闸前水位、闸后水位、闸位等采集点和闸房、控制室、监控室相距较近,因此采用集中监测控制的原则。

重点引水闸站现地监控系统的结构示意图如图3-3所示。

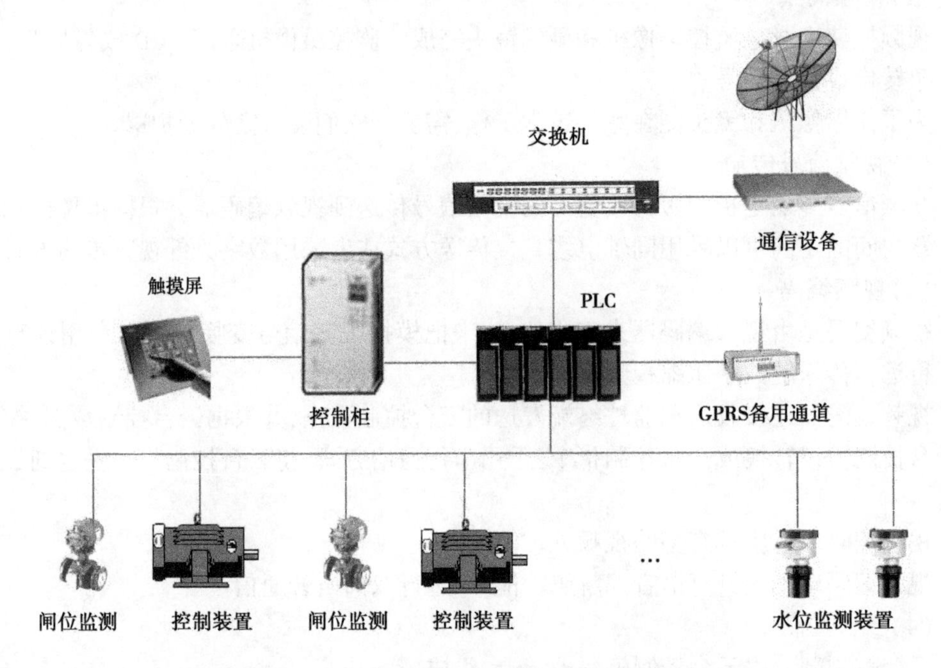

图3-3 重点引水闸站现地监控系统的结构示意图

2)重点闸站控制模式

(1)现地手动:指通过现地动力屏(柜)上的控制按钮控制闸门的启闭,现地手动必须先将动力屏(柜)上的“自动/手动”开关置于“手动”位置。手动控制方式是在脱离PLC情况下的控制模式,仅在PLC故障或闸门检修情况下使用。

(2)现地自动控制:指现地动力屏(柜)上的“自动/手动”开关置于“自动”,“现地/远方”开关置于“现地”位置时,通过现地控制屏(柜)上的触摸屏对闸门的启闭控制。

(3)远程自动控制:指现地动力屏(柜)上的“自动/手动”开关置于“自动”,“现地/远方”开关置于“远方”位置时,通过黄委中心控制权限切换,在闸站监控室、黄委总调中心、各局分调中心或省区分中心等管理单位的监控工作站对闸门的控制。

远程自动控制为在PLC支持下的控制方式,属常规控制模式。

3)启闭机电路设计方案

河南黄河引水口需要监控的重点引水闸10个。根据闸门的类型,启闭机分为两种形式,即卷扬启闭机和电动螺杆启闭机。引水闸一般为1~16孔,相应安装1~16台卷扬机或电动螺杆机。从控制和保护原理上讲,卷扬式启闭机和电动螺杆式启闭机基本相同。

每个引水涵闸均设置LCU单元(现地控制单元),LCU单元由两部分组成,即控制屏(柜)和动力屏(柜)。控制屏(柜)采用单PLC配置,其中包含CPU模块、PLC主机架、电源模块、以太网通信模块、I/O模块、继电器、触摸屏、GPRS模块、工业以太网交换机等;动力屏(柜)主要是启闭机主回路设备,包括断路器、接触器、动力电源监测器件、电机运行保护器件和环境监测器件等。为了使 LCU 单元设备布置标准化,方便运行维护,每个引水涵闸设置控制屏(柜)一面,每3台启闭机设置动力屏(柜)一面。

为确保闸站现地控制的可靠性,作为 PLC 事故情况下的应急备用,每台启闭机设置一套手动操作按钮(把手),以保证当 PLC 事故退出时能够手动方便、可靠控制启闭机动作,手动操作按钮均安装在 LCU 单元的动力屏(柜)上。

(1)主回路设计。

系统的每扇闸门启闭机的主回路相对独立,对于卷扬(螺杆)启闭机通过控制两组交流接触器使启闭机电动机正转或反转,实现闸门的提升或下降。电气过负荷保护由热保护继电器实现;主回路自动空气开关带分励脱扣线圈,可通过手动或自动实现故障时紧急断电。主回路电流和电压量的采集,通过电流变送器和电压变送器把采集到的电流和电压转换成4~20 mA 的模拟量送至 PLC,可实现启闭机运行时电流、电压的远方监视。就地监视采用触摸屏。主回路控制设备均安装在 LCU 单元的动力屏(柜)内。

(2)控制回路设计。

系统的控制回路主要由 PLC 设备、继电器、通信设备、触摸屏等完成控制功能,这些设备均安装在 LCU 单元的控制屏(柜)内。由于卷扬机和螺杆机属一个类型,PLC 的模块接线设计按照同一标准。

由于引水闸站的电源一般为农用供电,电压稳定性较差,停电概率较大,且供电电压、频率不稳,在闸站控制室应配备交流稳压电源和在线式 UPS 电源,交流稳压电源由闸站交流电源供电,UPS 电源输出端向 LCU 单元的控制回路、通信设备、闸站监控室设备和其他重要负荷供电。

由于 LCU 控制单元及其他控制设备安装在闸站启闭机室内,气候及环境条件较差,故应在 LCU 控制柜内设置温湿度传感器,可根据现场条件自动启动加热驱潮设备,以免柜内电气设备受潮、受冻影响性能和造成损坏。

闸站配置 GPRS 模块[安装于 LCU 单元的控制屏(柜)内],建立备用传输通道,把重要引水信息、闸门运行状态信息实时传送到黄委总调中心。图3-4为电机控制主、控回路示意图。

4)自动化元件功能设计

(1)PLC 监控功能。

闸站监控信息采集系统功能设计主要是指 PLC 系统功能设计。PLC 作为闸站测控系统的中枢,起着承上启下的作用。PLC 系统应具有监控数据采集与处理、闸门控制、安全保护、控制切换等功能。其功能组成如图3-5所示。

①数据采集与处理。

数据采集与处理主要包括水位、流量、水量、闸位、温度、电流、电压、UPS 工况,以及各种状态值的采集与处理。

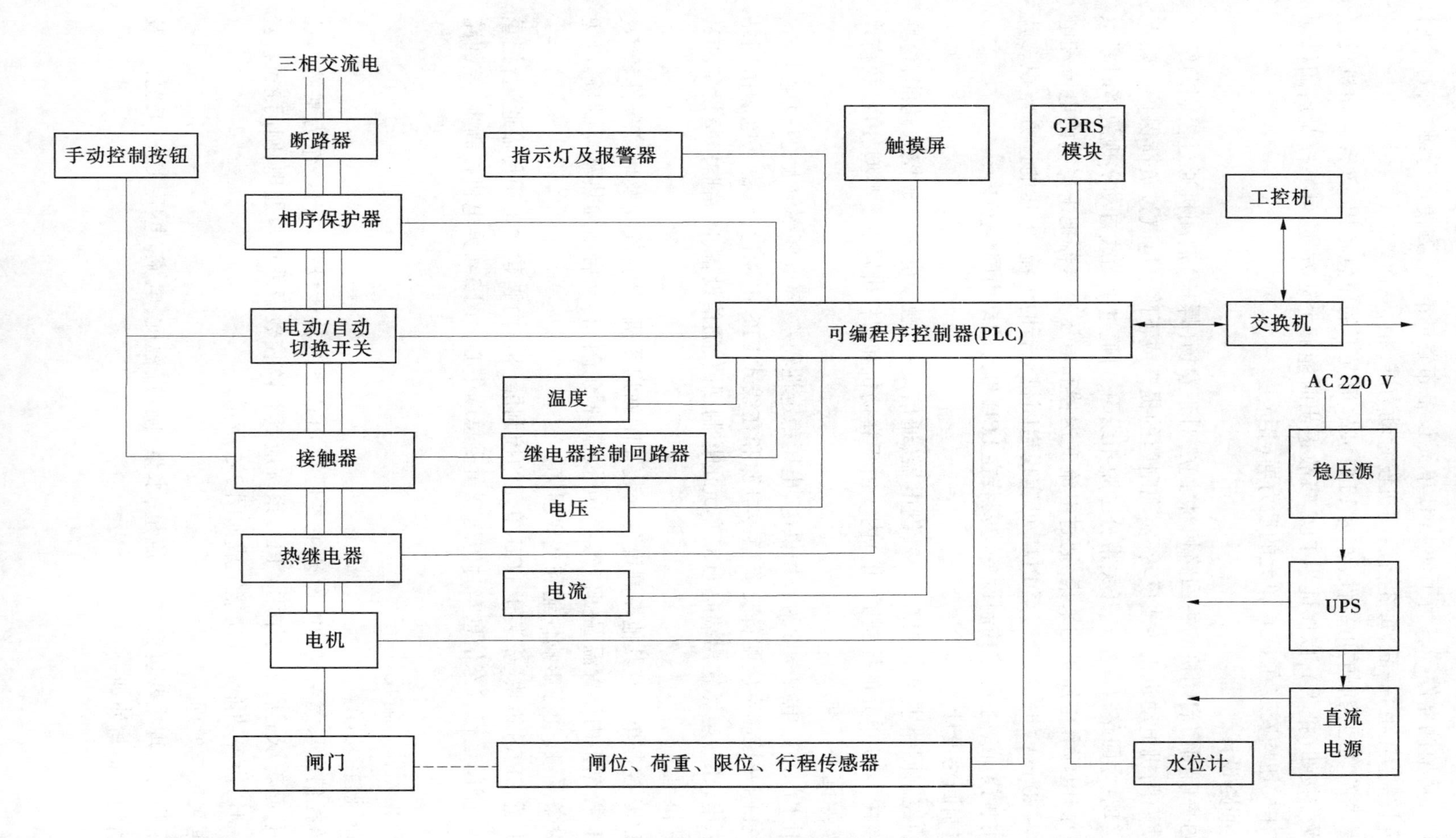

图 3-4 电机控制主、控回路示意图

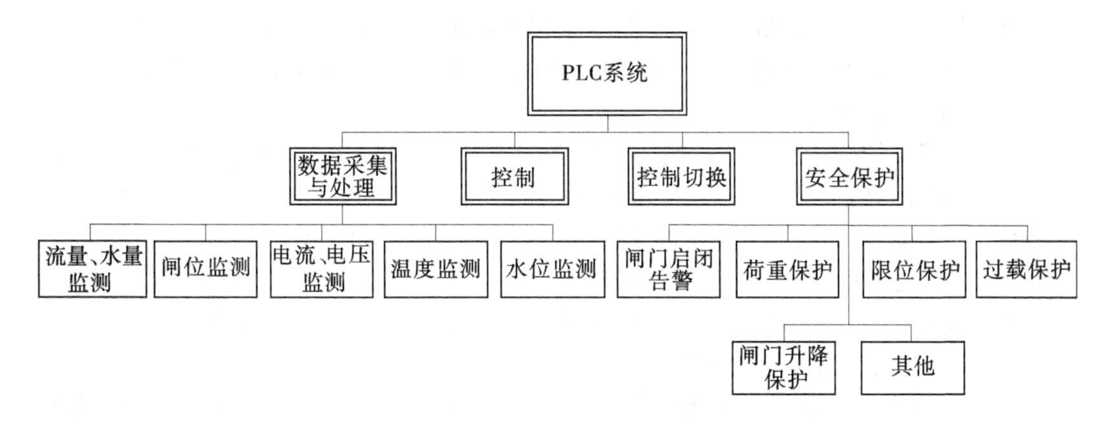

图3-5 PLC系统功能组成

闸位监测。无论闸门动作与否,安装于闸门启闭机传动装置上的闸位计都应能实时监测闸门的高度值,并上传给现场直接测控级设备的测量单元,通过分析、计算,然后存储。

电流和电压监测。在启闭机供电线路里面还配置了电流、电压变换器,应能实时监测启闭机的电流和电压的稳定性,包括欠压和过压情况,为闸机的启闭操作提供参考数据;电流的变化量同时反映了监测启闭机的工作状态。

温度监测。在闸机房中装有温度等传感器,用以实时监测启闭机的工作环境状况,要能采集温度数据。

水位监测。在涵闸前后都安装有水位传感器,应能实时采集涵闸闸前及闸后的水位数据,并给予相应的处理和存储。

状态监测。包括闸门的上升、下降、全开、全关、启闭告警、荷重保护、限位保护、过载保护等状态。

②控制。

根据各级用户发送的控制指令,实现闸门的自动开启或关闭,并能进行自动闭锁和解锁。

在接收各级用户的控制指令时,如果发生控制冲突,能够判别用户权限高低,执行权限高的用户指令。

③安全保护。

安全保护主要包括闸门启闭告警、荷重保护、限位保护、过载保护、闸门升降保护等。

闸门启闭告警。在闸门启闭机开机、闸门上行和下行过程中,应能控制在闸门起闭机附近相应的声光装置发出告警提示,以提醒在现场的工作人员注意。

荷重保护。在启闭机构承受重力的地方安装有荷重传感器,应能实时监测启闭机传动机构的工作状况,一旦出现异常,将及时切断电机电源,使闸门启闭机得到有效的保护,避免受损。

限位保护。在闸门启闭机构的最上面和最下面安装有启闭机运行范围的限定开关,一旦启闭机构运行到这两个位置,则这两个限位开关应能立即动作,切断启闭机电源,以避免启闭机超出运行范围。

过载保护。每个启闭机的控制电路里面都配有热过载继电器，根据不同电机功率要求其有不同的设定值，当电机发生过载或是其他故障时，此继电器要能自动切断电机的供电电源，以免烧毁电机。

闸门升降保护。在闸门升降期间，后续命令不能立即中止闸门升降，需要在一定的时间延迟后，保证闸门升降操作安全的情况下，才能执行后续操作。

其他。手动方式下，只有在现地，通过手动装置能够进行闸门控制。自动方式下，又分为远方和现地，现地方式下，只能通过现地工控机或现地手动装置进行闸门控制；远方方式下，总调中心、分调中心、分中心、管理处、管理所、现地闸站均可进行闸门控制。

(2)闸门开度传感器和荷重传感器。

对于卷扬机，闸位计可采用光电式多圈绝对型轴角编码器，测量闸门开度；由于卷扬式启闭机在闸门启闭过程中可能存在着上部或下部被卡现象，为此在每台启闭机定滑轮组的受力点安装荷重传感器。闸位开度信号和荷重信号均送入 PLC；闸位计输出的开关量信号经 PLC 设置有上、下极限位置，检修位置，预置位置等开度信号和提升过程中110%过载、下降过程中 10%欠载信号。输出的多路闸门开度开关量引入 PLC 控制回路，与安装在闸门体的上、下限位开关配合使用，更可靠地实现闸门上、下限位置的自动停机；输出的 110%过载及 10%欠载信号的常闭接点引入常规控制回路，常开接点引入 PLC 控制回路，作为闸门启闭机的机械保护。

(3)水位及流量测量装置。

水位计采用雷达水位计，雷达水位计输出信号为 4~20 mA，送至现地 PLC 模拟量输入模板。

(4)限位开关。

每台卷扬机设置 2 套机械式限位开关，当闸门运行至全开或全关位置时，触动限位开关或接近开关，接点动作，全开、全关限位接点应有常开/常闭两组接点，常闭接点接入手动控制回路，常开接点接入 PLC 控制回路，当限位信号动作时，手动控制回路、PLC 控制回路均能断开主回路，使闸门可靠停机。在上、下极限位置，PLC 还可通过开度传感器测定的开度值整定出的上、下限位置，共同作用，确保控制的可靠性。

5)已建站点监控设备接入或系统改建

根据已建站点现有设备情况，拟对不兼容设备、损坏设备更换，配备必要的软硬件设施，通过改建接入，把原已建重点站纳入本系统。

已建重点闸站接入或改建，本着节约经费的原则，保留已建闸站与新建闸站技术指标相同的完好设备，其他建设项目和方案同新建重点闸站。

2. 常规闸站监控系统

1)常规闸站现地监控系统结构

常规引水站点可以采用 RTU 或 PLC 为核心构建各现地监控单元。马渡闸只监测闸后水位与闸后视频，故采用 RTU 即可；王集闸监测闸前水位、闸后水位和闸位，以及闸前、闸室、闸后视频，采用 PLC 作为核心。

马渡闸现地常规引水站监控系统无控制装置，系统结构与简单引水站监控系统的结构相似。

王集闸现地常规引水站监控系统无控制装置,系统结构与简单引水站监控系统的结构相似。

2)常规闸站控制模式

常规闸站监测和简单闸站监控模式监测部分基本相同,每个闸站设置 RTU 主控单元或 PLC。

3)设计方案

河南黄河引水口需要监测的常规引水闸有2个:马渡闸和王集闸。该闸已建闸上水位、闸下水位、闸位等自动控制系统,现设备已丢失和损坏。

在本次改造中,马渡闸拟建闸下水位计,利用根据流量率定的曲线计算该闸的引水量;王集闸改造闸上水位、闸下水位和闸位计,利用根据流量率定的曲线计算该闸的引水量。

4)水位及流量测量装置

常规引水口水位计采用雷达水位计,雷达水位计输出信号为4~20 mA,送至现地 RTU 输入模块。

3.简单闸站、泵站监测系统

简单闸站、泵站监测方式基本相同。根据现地引退水口情况,简单引水闸监测闸位、闸上闸下渠道水位,对于渠道规整的仅监测闸下渠道水位来计算引水流量;简单泵站通过监测管道流量或渡槽、渠道水位等来推算引水量。

1)简单闸站、泵站现地监测系统结构

简单引水站点仅具有远程监测功能,采用 RTU 为核心构建各简单引水点和退水点现地监测单元。监测信息通过 GPRS 无线通信方式发送到黄委的数据库中,为黄河引退水远程监控系统提供信息支持。

简单引水站点监测系统结构示意图如图3-6所示。

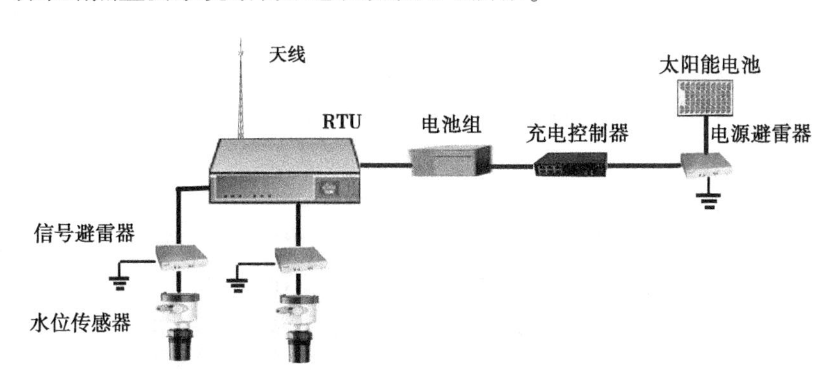

图3-6 简单引水站点监测系统结构示意图

2)实施方案

河南黄河引水口需要监测的简单引水闸4个、简单引水泵站4个。简单引水口拟采用 RTU 作为现地测控单元,读取水位数据或流量实时数据,经 RTU 进行简单计算,按一定格式通过 GPRS 通道,向黄委总调中心传送实时数据,黄委总调中心设置一台具有供网 IP 的服务器,实时接收监测数据,并完成数据的解码、校验、加注时标、格式化、显示和写入数据库。

(1)简单引水闸。

由于简单引水闸闸下均为标准渠道,因此仅监测闸下水位即可推算流量,对于闸下渠底宽度不大于 10 m 的渠道,设置 1 个水位计,对于渠底宽度大于 10 m 的渠道,设置 2 个水位计;每座涵闸配备一套 RTU、一块 485 扩展模块,RTU 通过 485 总线控制水位计工作,采用 GPRS 通道把实时监测数据发送到黄委总调中心。

现地监测系统采用一套太阳能供电系统。

RTU 及模块安装在现场控制柜。现场控制柜布置于启闭机旁,以利于设备布置标准化,方便运行维护。

(2)简单引水泵站。

简单引水泵站设置管道流量计或水位计,每座站设置一套 RTU、一块 485 扩展模块,RTU 通过 485 总线控制水位计或管道流量计工作,采用 GPRS 通道把实时监测数据发送到黄委总调中心,黄委总调中心设置一台具有供网 IP 的服务器,实时接收监测数据,并完成数据的解码、校验、加注时标、格式化、显示和写入数据库。

由于管道流量计能耗相对较大,且泵站运行时均由电源供给,因此设置流量计的简单引水泵站,控制室配备蓄电池组和交流充电控制器,电源输出端向 RTU、GPRS 模块和流量计等设备供电;设置水位计的简单引水闸站,安装太阳能电池和蓄电池组,对设备供电。

3)水位及流量测量装置

简单引水口水位计采用雷达水位计,RTU 通过采集模块控制雷达水位计工作;管道流量计采用电磁流量计,流量计输出接口为 RS-485,通过 485 扩展模块接入 RTU 相应输入单元。

4)已建站点监测设备接入

根据已建站点现有水位、流量监测设备情况,拟对已建设备接入,把原已建简单站点纳入本系统。

已建简单站点接入或改建,本着节约经费的原则,保留已建闸(泵)站与新建闸站技术指标相同的完好设备,其他建设项目和方案与新建简单闸(泵)站点相同。

5)供电系统设计方案

(1)太阳能供电系统。

简单站现地监测系统中雷达水位计、采集模块、专用通信模块的电源均采用太阳能电池供电系统,该供电系统避免了引、退水闸上交流电源不可靠及人为因素的影响。只要太阳能电池板的功率和蓄电池容量选择合理,即可保证数据采集设备常年稳定、可靠的工作。

根据各设备日耗电量和太阳能电池的输出电压、设备各种状态的耗电量和各种设置条件下的日耗电量、平均日照时数,估计最多连续无日照天数,选择太阳能电池的功率和蓄电池容量。本项目选定 100 Ah 的免维护电池和 40 W 太阳能电池。

其依据是,根据有关资料统计黄河上中游地区的月平均日照时间 1~12 月分别为 126.0 h、135.2 h、160.2 h、174.7 h、185.2 h、205.3 h、260.9 h、258.4 h、184.5 h、174.5 h、132.7 h、110.5 h,总计 2 108.1 h。蓄电池按连续 20 d 阴天计算,蓄电池的容量按 70%计

算,根据各设备日耗电量计算得出。

为避免蓄电池过充电,蓄电池和太阳能板之间应加装太阳能电池充电控制器,稳压装置的输出应为15 V。

(2)简单泵站监测设备交流供电系统。

简单引水泵站现地监测系统由于管道流量计能耗相对较大,且泵站运行时均由电源供给,因此管道流量计、RTU、GPRS通信模块的电源采用交流供电方式,通过交流充电控制器和蓄电池组向设备供电,蓄电池采用100 Ah的免维护电池。

4.无线网络数据通信

黄河水调业务和水文监测规范每6 min采集一次现地水位、流量、闸位数据,一个月每个闸(泵)站7 440条,一个站按最多20个点算,计148 800条,按流量计算30 M可以传输60万条记录,GSM卡包月仅需要12元。

GPRS具有速度快、使用费用低的特点,具有组网灵活、扩展容易、双向通信、运行费用低廉、维护简单、性价比高等优点。

通过上述的比较,根据设备的运行环境与特点,在本系统内拟采用GPRS数据传输方式作为备用传输通道,以保证在网络中断时引退水信息能实时发送到黄委总调中心。

本组网设计以数据采集设备的数据采集、传输、处理为主线,GPRS数据传输设计的重要条件是依附于中心站的选取。数据的传输特点主要以多点(水位采集点)对单点(中心站)的形式出现。

数据主要经过数据采集发送,数据经GPRS网络传输、数据接收、数据处理几个过程。

数据的采集发送主要通过测控单元中的数据采集模块或现地PLC来完成,并进行编码处理。数据经编码后采集模块或PLC控制GPRS模块进行数据传送。数据的传输是经过移动的网关送到以太网上,然后黄委总调中心具有公网IP的数据服务器通过数据接收软件接收数据并解码存储。数据处理软件负责数据的处理,根据基值计算水位、流量并存储进数据库。

3.3.4.2　视频子系统

1.系统结构和数据流程

1)系统结构

系统设计总体上应该充分考虑既要满足各相关部门的使用要求、注重实效,又要做到稳定、可靠,操作简单,维护方便。为此,根据系统网络的现实情况,构成五级组织结构:总调中心、分调中心、调度分中心(市局)、管理处(县局)、现地闸站,一个管理层次(总调中心)的系统,其组成如图3-7所示。

监视系统的用户为黄委总调中心、河南分调中心、各市局、各县局和各现地站。各级用户只能查看和控制其所管理下的各现地站。

现地闸站主要由网络视频编码器、本地硬盘存储、监控摄像机、云台及云台解码器等组成。

下游各市局由视频转发服务器等组成。

河南分调中心由视频转发服务器组成。

总调中心由数据管理服务器、数据转发服务器、编解码设备、视频工作站等组成。

2)数据流程

视频监视系统的数据首先由用户发出视频控制请求,监视系统通过管理服务数据库对用户进行身份验证,确认后向现地闸站的编码器发出控制指令,现地闸站的设备应答后做出相应的响应,实时图像即可向上传输,用户可以看到实时图像并对图像进行控制,如果用户要看历史图像,可以到图像数据库中检索和回放。用户的登录、控制信息存入相应的数据库中,以备将来使用。

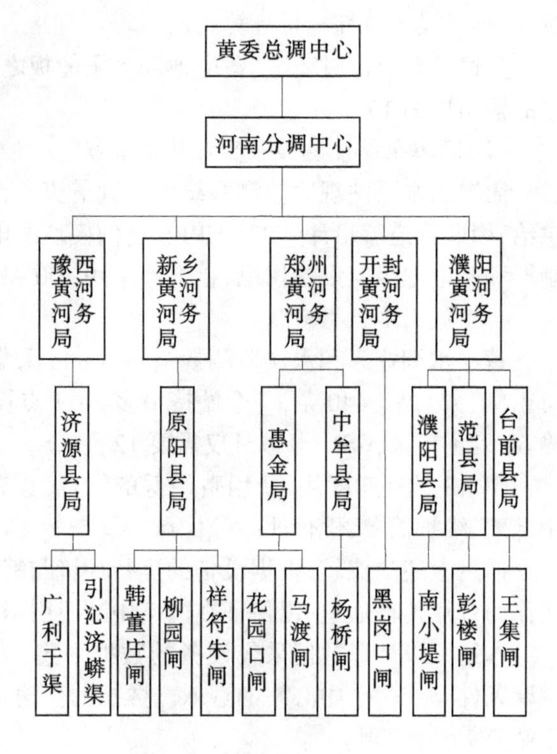

图 3-7 河南站点组织结构框图

2. 总体技术方案

第三代全数字化网络视频集中监控模式以网络视频服务器为核心,以网络为依托,综合利用数字视频处理技术、网络传输技术、自动控制和人工智能等技术,不仅具有第三代准数字化本地视频监控模式所具有的计算机快速处理能力、数字信息抗干扰能力、便于快速查询记录等优点,而且依托网络,真正发挥了宽带网络的优势,通过 IP 网络,把监控中心和网络可以到达的任何地方的监控目标组合成一个系统,真正适应了目前对视频监控系统远程、实时、集中的需求。对于黄河流域视频监视系统这么大规模的视频监视需求,更需要采用第三代全数字化网络视频集中监控的模式。

1)图像压缩技术方案

图像压缩编码技术是视频监控系统的关键技术之一。

图像信号的数字化在制作、复制、存储/传输、发射等方面具有一系列优点。然而数字化的图像数据量却相当庞大,所以就必须对图像信号进行压缩(压缩就是去掉信息中的冗余,即保留不确定的东西,去掉可预见的确定东西,用更接近信息本质的描述来代替原来有冗余的描述)。

本系统采用视频质量与分辨率高、技术成熟、产品稳定,而数据率相对较低的 H. 264 图像压缩技术。图像分辨率不小于 528×384。

2)图像传输技术方案

对于一个以计算机网络连接的视频监控系统,一个需要解决的问题是多个站点视频监控的网络通信问题,要求做到传输时延迟尽可能小,尽可能少地占用现有的网络带宽,并具有较好的站点数为量规模化特性。

在本系统中,由于受到广域网络带宽的限制,为了更好地传输视频数据,采用视频转发方式的图像传输模式和三级服务器转发模式。在黄委总调中心、河南分调中心、山东分调中心和下游的各市局分别配置一台视频转发服务器,负责各自区域内现地站点的视频数据的转发。对于卫星传输的视频数据,在黄委总调中心设置一台卫星视频专用转发服务器,专门用于对卫星视频数据的转发。卫星视频数据的转发方向与其他站点相反,为自上到下的转发。

3)图像存储技术方案

(1)存储容量。

视频编码器采用 H.264 压缩技术,它本身的动态范围相当大,因此存储容量需要依据码流统计各个通道每小时生成文件大小的估值。本系统中共有 35 路视频,按常规单路视频每小时压缩存储容量约为 200 M 计算,35 路视频存储 30 d 的容量为 35×24 h×200 M×30 d=5 040 G,因此存储服务器总容量约为 5 T,如需存放更长时间,依次类推。

(2)存储策略。

本系统监视各现地站的室外、室内的实时图像,实时图像存储时间要求不少于 30 d。如果集中存储在调度中心或调度分中心势必引起计算机网络的严重阻塞,这就要求采用分布式存储策略,一方面在现地站的视频编码器上增加本地硬盘来实现前端存储功能,另一方面在总调中心可根据实际的需要对重要站点的视频图像在数据库中进行存储,当需要查看某一站点的历史图像时,如果总调中心数据库中没有该站点的视频录像,可在系统中从在站点设置的硬盘中下载历史图像数据,这种分布式的存储架构能充分地保证数据的安全性,一旦网络出现拥塞或其他问题,数据可在前端保存下来。

对于单路图像按照 CIF 格式存储数据,那么 30 d 的数据量为 200 M×24 h×30 d=144 G。

4)系统视频流分析

(1)视频流。

视频流指现地闸站采集的视频信息的数据流。由于需要对 11 座现地站进行四级视频远程监视,一般每座站设 1~6 个视频监视点,而每一级都可能有多个用户同时对闸站进行远程监视,网络上的视频流将会占用大量的网络资源,使通信信道带宽难以适应用户的需要。

因此,为了减小网络上的视频流量,有效地减少对带宽的占用,保证视频图像的质量,并能在特殊情况下,采取一定的访问策略,获取所需视频信息,如可采用多级转发及 LDAP 的访问控制方式。由于引沁济蟒渠采用的是卫星通信方式,为了更好地利用网络带宽,所以对卫星站点做了单独的视频流处理。

采用 LDAP 方式,可以对访问用户在事先做出合理的规划,建立访问列表,标明对各种数据的访问权限,并通过匿名、基本认证(用户名及密码)、授权管理的方式来对用户进行限制,避免出现访问流量失控的情况。

(2)视频控制流。

视频控制流指各级对云台、镜头及相关的照明设施的控制信息的数据流。通过安全完善的用户帐号密码管理和严格的控制权限分级,授权用户根据控制权限可对云台、镜头等进行控制。

正常情况下,调度中心、分调中心、管理处的视频控制流通过各级视频管理服务器,流向现场视频控制单元(视频编码器),通过网络视频编码器实现对云台、镜头的控制。

3. 系统功能设计

1)视频监视

视频监视功能是监视系统的主要功能,由视频监视工作站、网络视频编码器中相关软件功能协同完成。视频监视主要包括视频压缩编码、视频连接控制、视频远程分发、视频解码回放等。

通过网络视频压缩传送技术实现各级管理机构对所监视站点的室内外的远程图像监视功能,并具有较好的红外夜视功能,可以实现对所监视站点 24 h 不间断地监视。每路图像的分辨率不低于 528×384。

2)视频控制

各级管理机构通过远程监控终端对所监视站点的摄像机云台及镜头的远程控制,来实现云台的上、下、左、右等旋转动作,实现镜头控制中的变焦(Focus)、变倍(Zoom)、变光圈(Iris)等效果。对于室外机还可实现对摄像机防护罩雨刷的远程控制。

根据宽带 IP 网络系统的特点及视频监控业务方面的要求,我们采用网络化分布式视频接入、多级分布式客户机/服务器架构、控制权限集中管理、分布式存储与共享的策略来实现。

网络化分布式视频接入是指采用专用的视频接入设备就近将监控视频接入计算机网络。

多级分布式客户机/服务器架构:在总调中心、水调分中心和各管理处设置管理服务器,调度管理各级用户的请求。各级视频工作站只需通过网络连接到视频管理服务器,通过视频数据的复制与转发,既可以避免网络因视频流量的增加而造成整个网络系统拥塞发生,保证整个网络系统的运行安全;又便于各级管理部门对监控视频的共享访问和分布式控制管理。

控制权限集中管理:指网络中各级用户统一接受权限管理,引入多用户优先级管理机制,避免控制冲突,保证各监控点控制的唯一性。

分布式存储与共享:基于 IP 网络的分布式存储使得海量存储成为可能,并能够满足多用户的共享需求。

视频流数据在视频管理服务器的统一调度管理下,向提出视频申请的视频客户端发送相应的视频流。如网络中的某一节点出现故障,系统会自动生成新的路径。视频的控制采取统一的多优先级管理机制,系统设置全局统一的优先级别,各级视频客户端自动判断当前用户的优先级别,从而保证某个摄像机在特定时刻只有一个用户能够拥有控制权。优先级的判断与控制权的转换均为自动方式,即当有更高级别用户申请时,会自动获得摄像机的控制权;当前有控制权的用户退出时,系统自动选择下一个用户,并发生控制权的转移。为防止某个级别高的用户长期占用系统的控制权,系统采用控制权锁定机制,即对具有控制权的用户系统自动锁定一个特定的时间段(缺省锁定时间为 30 min,锁定时间系统可设定),在该锁定时间内,该用户具有控制权,锁定时间到或观察完成后,控制权锁定自动释放。

控制权设置:在整个系统中,总调中心设置有最高控制权;其他级别用户仅在本级和下一级视频服务中有控制权。系统控制权的管理由主服务器承担。

3)管理维护

(1)用户管理。

提供安全完善的用户帐号密码管理功能和严格的控制权限分级制度。只有经过授权、拥有帐号密码的用户才能浏览或控制摄像机。

根据控制权限分级制度,限定某些权限等级用户可以控制摄像机;某些用户仅能浏览而无权控制,或者不能看到管理权限以外的其他摄像机。

(2)密码保护。

系统采用严格的操作密码保护机制。

现场监控设备——视频服务器,有用户级密码保护。维护人员如需修改设备设置,必须输入授权的用户名和密码。

(3)远程配置:具有对监控前端进行远程配置、远程复位、远程升级以及IP地址更改等功能。通过网络接口进行参数设置与控制。本地视频输出屏幕上提供多级字符菜单,便于用户设置与操作。

(4)各监控设备可按名称、IP地址等分组进行管理。

(5)可配置视频图像的对比度、亮度、饱和度、色度、编码帧率、帧数、信号制式和图像格式(QCIF、CIF、2CIF、4CIF)等参数。

(6)摄像机管理:可远程调用摄像头菜单,实现对摄像头参数的远程设置。

(7)对网络视频编码器、多媒体交换单元、摄像头以及其他设备的配置、启用/停用、故障进行管理。

(8)提供设备故障和视频丢失告警。

4)视频编码

视频压缩编码的核心是视频压缩。压缩就是从时域、空域两方面去除冗余信息,即将可推知的确定信息去掉。

在IP视音频通信应用中,编码方法的选择不但要考虑压缩比、信噪比,还要考虑算法的复杂性。太复杂的编码算法可能会产生较高的压缩比,但也会带来较大的计算开销,软件实现时会影响通信的实时性。目前,在众多视频编码算法中,影响最大并被广泛应用的算法标准是ISO/IEC MPEG和ITU-T H.26x。

根据视频压缩技术的发展趋势和主流技术,本系统采用的算法标准是H.264。

5)视频查询

(1)多画面监视和浏览。

系统具有在同一客户终端上同时监视1路、4路、9路、16路前端图像的功能。当用户监控点较多时,可按照地点分成地点组,每个组内最多为16路视频,地点组可无限扩充。用户可对某一路图像单图实现最大化,单图最大化时,鼠标点击处处于画面中央位置。

(2)画面全屏功能。

系统可将单画面、4画面、9画面、16画面全屏放大显示,单画面全屏时,可通过鼠标(或键盘)移动和左右键控制云台转动及摄像机变焦。

(3)多画面轮巡。

监控用户可将一个工作组内的所有监控现场在特定的时间间隔内按顺序轮流切换，也可在一个图像框内轮巡显示全部的摄像机画面。不同监控客户可以轮巡相同或者不同工作组的监控现场，画面切换间隔时间可灵活设置。画面间隔时间可任意调节。

6) 视频存储

提供录像功能和分布式存储，支持多种条件检索。

(1) 录像存储与管理。

系统录像可以提供多种录像模式：可根据用户预置的时间表进行定时录像；按照用户的实时控制指令进行录像；由系统中事件（预设置状态、图像运动）触发的录像。

同时应有预录机制，预录时间可灵活设置，预录时长不小于 2 min。录制时间也可灵活设置，时长不小于 5 min。

实现录像的策略管理、定时删除、额定空间的循环覆盖等，可根据用户的需求保存相应时间段的文件，过时的记录将被自动删除。

(2) 录像检索及回放。

媒体数据检索/回放，支持客户按时间、地点、报警事件等信息检索并回放视频；支持客户实现播放、快放、慢放、单帧放、拖曳、暂停功能；支持任何情况下，客户能随时回放 1 min 前的录像；支持客户对录像文件边下载边回放；录像文件支持通用播放器；可支持客户端多路视频同步回放功能。

录像记录可以在所有监控终端上以具有检索权限的用户名登录后进行检索。录像检索可以根据不同的查询条件（如日期、监控地点等类型）检索录像记录。

用户在监控终端上检索到相应的录像文件后，可以选中文件直接用软件内置的播放器进行播放。图像播放速度可手动调节。

用户采用手动录像方式时，可采用本地图像播放器，打开录制在本地的图像文件播放记录，录像速度可手动调节。

(3) 数据安全。

所有视频记录数据全部加密封装，只能用专用播放软件。

(4) 手动抓图。

在系统实时监控时，提供手动抓图的快捷键。用户可以在监控的同时，将一些重点情况保存成 jpeg 文件。

4. 系统软件设计

视频监视系统是一个基于专用计算机广域网络的分布式系统，系统的视频数据访问、用户申请、控制权的切换，全是靠系统应用软件来进行支撑的。软件进程交互和数据交互是整个软件系统的主要特点。

视频监视系统软件结构示意图如图 3-8 所示。

图 3-8 中描述了监视终端和视频服务器中的软件实体，以及它们之间的交互关系。视频编码器中的软件功能实体在系统软件设计中较少涉及，所以没有详细画出。

视频客户端中的软件实体主要有：用户登录、视频连接、视频检索/回放、用户控制操作、录像等。

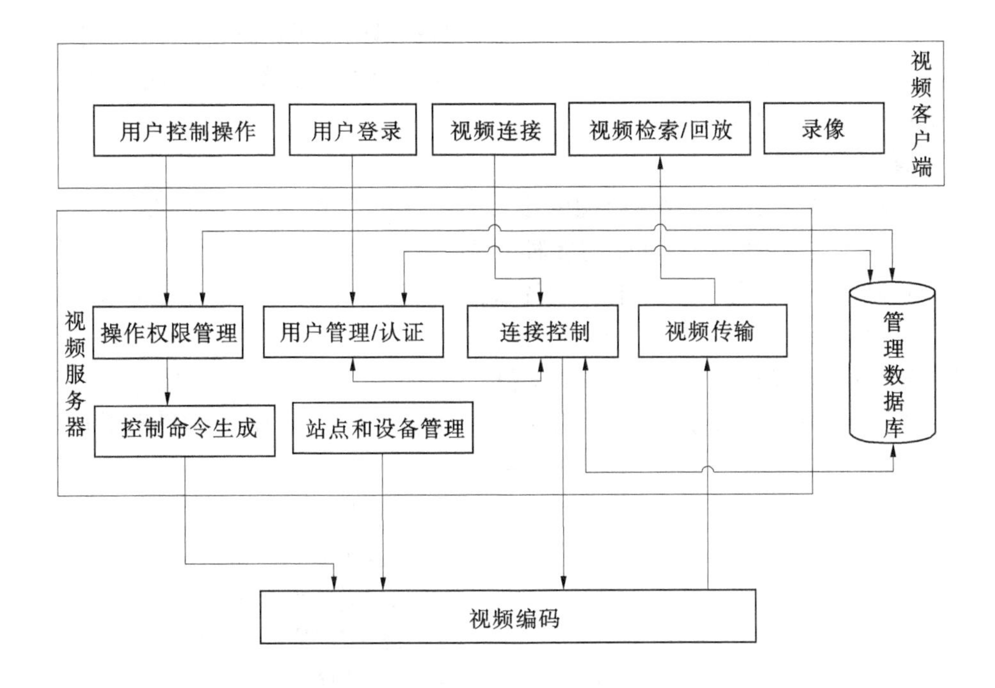

图 3-8　视频监视系统软件结构示意图

视频服务器中的软件实体主要有:用户管理/认证、连接控制、操作权限管理、控制命令生成、站点和设备管理等。

数据库建在视频管理服务器中,主要用来保存站点和设备信息、用户信息、系统管理信息等。

1)软件系统组成

整个系统依托于专用计算机广域网络,由网络视频接入终端(视频编码器)、视频管理服务器、网络视频接出终端(视频解码器)、网络视频客户端(包括监控业务台和分控终端)组成。

其系统软件由以下四部分组成:系统配置维护管理系统、网络视频服务调度管理系统、网络视频监视客户端系统、网络视频接出控制管理系统。

(1)系统配置维护管理系统。

系统配置维护管理系统是系统管理员对监控站点、摄像机、云台解码器、网络视频接入终端(视频编码器)、视频服务器、用户等进行配置管理和维护,并可进行远程设备测试、故障诊断、参数配置修改等操作。系统配置维护管理系统运行于总调中心视频管理服务器上,运行环境为 Windows 2000/Windows 2003/Windows XP 等。

系统配置管理分为三大功能:系统管理功能、配置管理功能、视频设备管理功能。

①系统管理功能。

口令更改:更改网络客户端用户口令。

锁定:管理软件启动时,为防止非法用户更改系统设置,可进行系统锁定。

授权数据更新:系统可以向多级服务器授权数据更新,更新内容包括用户信息更新、站点信息更新、接入终端信息更新、摄像机信息更新等。

数据日志查询:系统具有完备的操作日志查询和用户使用日志查询功能。日志查询内容包括用户的登录与退出、图像视频请求与关闭、图像视频切换、云台与镜头的控制、灯光与雨刷的控制、用户口令更改等。

②配置管理功能。

接入终端类型配置:设置多种类型的接入设备,视频编解码格式支持 Mpeg4、Mpeg2、Mpeg1、H. 261、H. 263、H. 264、Mjpeg 等多种视频格式。

云台控制器类型配置:设置多种类型的云台控制解码器,云台解码器协议支持多种解码协议。

视频矩阵配置:设置多种类型的视频矩阵。

分组配置:实现了对摄像机的分组分部门管理。对于不同的用户只能观看所分配的摄像机。设置摄像机分组序号、摄像机 ID 等。

用户配置:设置用户登录 ID、用户名称、用户优先级、用户类型等。

视频服务器配置:分为调度中心视频服务器、调度分中心视频服务器、管理处视频服务器。设置视频服务器 ID、名称、类型(级别)、IP 地址、端口号、最大视频流量等。

网络视频接出控制终端配置:网络视频接出控制终端实现对站点监控视频通过网络视频接出终端(视频解码器)传送至大屏幕显示,并可实现前端监控点摄像机的切换以及摄像机镜头和云台的控制。设置接出控制终端名称、接出控制终端 IP 等。

接入终端配置:设置接入终端名称、接入终端 IP、命令端口号、串口功能、波特率、校验标志、视频传输方式(AUTO、TCP、UDP、IGMP)、所属站点等。

摄像机配置:设置摄像机 ID、摄像机名称、方向属性、变倍属性、光圈属性、灯光属性、雨刷属性、所属站点等。

③视频设备管理功能。

系统管理员可远程配置和管理网络视频接入终端(视频编码器)、网络视频接出终端(视频解码器),并能自动诊断、自动恢复视频设备的工作状态。其主要功能如下:显示所有在线设备:根据端口和 IP 地址搜索设备;设备网络参数配置与维护:设备 IP 地址、子网掩码、网关、端口号等参数的配置和维护;设备视频属性配置与维护:视频传输速率、帧率、视频制式(NTSC/PAL)、视频数据格式(QCIF、CIF、2CIF、4CIF)、标准亮度、对比度、色度、饱和度等参数的配置与维护;控制接口参数配置与维护:控制接口 RS422/485 的波特率、奇偶校验类型等参数的配置与维护;透明数据串口参数配置与维护:透明数据串口 RS232 的波特率、奇偶校验类型等参数的配置与维护。

(2)网络视频服务调度管理系统。

网络视频服务调度管理系统是整个系统实现视频分布式访问共享的核心,主要实现整个系统网络视频接入、用户访问控制管理、视频调度管理等功能。网络视频服务调度管理系统运行于各级视频转发服务器上,运行环境为 Windows 2000 Server/Windows 2003 Server。

网络视频服务调度管理系统主要功能如下:

①视频流的调度:分布式客户机/服务器架构:在调度中心设置视频服务器,调度视频

流、管理用户的请求。在分调中心和管理处设置视频服务器负责转发所需视频流，既可以避免网络因视频流量的增加而造成整个网络系统拥塞现象发生，保证整个网络系统的运行安全；又便于各级管理部门对监控视频的共享访问和分布式控制管理。

对于卫星站点的视频流，平时保持断开状态，只有当有权限的用户提出该站点的视频请求时，才连通卫星站点现地的视频编码器，进行视频的转发。

多种传输协议的支持与选择：支持多种网络传输协议（UDP、TCP、IGMP），并根据网络实际状况，可自动/手动选择合适的传输协议，从而达到既能够减少网络负担，又能保证清晰、流畅的图像效果。

视频流传输路径的选择：通过三级服务器进行视频数据的转发，中间一级服务器出现问题后，可跳过该服务器直接访问下一级。

②用户管理机制：系统采用LDAP建立树状层次管理结构，逐级分配管理权限和系统功能。调度中心视频管理服务器完成全部用户和所有站点的建立、权限管理工作，调度中心系统管理员有最高级别的管理权限，可管理调度中心、调度分中心、各管理处用户的控制权限。

全局统一的权限管理功能：网络中各级用户统一接受权限管理，引入多用户优先级管理机制。系统设置全局统一的优先级别，各级调配服务器自动判断当前用户的优先级别，避免控制冲突，保证各监控点监控可靠，从而保证某个摄像机在特定时刻只有一个用户能够拥有控制权。优先级的判断与控制权的转换均为自动方式，即当有更高级别用户申请时，会自动获得摄像机的控制权；当前有控制权的用户退出时，系统自动选择下一个有控制权的用户，并发生控制权的转移。

用户登录认证：对登录用户进行密码校验与身份验证。

响应多用户的并发请求，协调处理其间的各种申请。

③控制命令的生成与发送。

兼容多种云台镜头控制协议，根据不同类型的控制器生成相应的控制命令，并发送给前端设备，完成对摄像机的控制。

④设备运行状态的监视。

系统主要设备运行状态的实时侦测与显示。

⑤录像功能。

提供多种录像方式：连续录像、定时录像、事件触发录像。

⑥录像文件的检索与回放。

支持多种条件检索：时间、监控点、事件等条件；支持多种回放模式：提供慢放、快放、单帧回放等功能。

(3)网络视频监视客户端系统。

网络视频监视客户端系统是各级授权网络用户实现视频共享访问的客户端系统。系统可运行于各级网络工作站之上，运行环境为常用操作系统。

网络视频监视客户端系统主要功能如下：①用户认证及口令修改：用户登录认证及用户口令修改；②监控点及摄像机选择：根据所授用户权限，选择监控点及摄像机；③显示功能:单画面、多画面(1、4、9、16 画面)以及编组轮巡显示监控点视频;④控制功能:按控制权限级别控制云台、摄像机镜头及灯光雨刷等辅助设备;⑤录像功能:可选择定时录像、即时录像、事件触发录像等不同的录像方式;⑥录像回放:对已录图像进行检索和回放;⑦画面捕捉:可根据需要随时捕捉重要的现场画面,作为资料存盘。

(4)网络视频接出控制管理系统。

网络视频接出控制管理系统主要实现网络视频的接出控制管理,即控制网络视频接出终端(视频解码器)解码指定监控视频流,实现其在大屏幕或电视墙(电视机)上的显示。该系统可运行于调度中心、调度分中心的任意网络终端上,其运行环境为常用操作系统。

网络视频接出控制管理系统主要功能如下:①用户认证及口令修改:用户登录认证及用户口令修改;②监控点摄像机、视频解码器选择:选择指定监控点摄像机监控视频从指定视频解码器输出;③轮巡显示功能:以编组轮巡显示监控点视频;④控制功能:按控制权限级别控制云台、摄像机镜头及灯光雨刷等辅助设备;⑤录像功能:可选择定时录像、即时录像、事件触发录像等不同的录像方式;⑥录像回放:对已录图像进行检索和回放。

2)数据库设计

视频监视系统数据库主要功能是对用户信息和用户基本资料、权限等进行管理,对系统中的摄像机系统、云台控制系统、网络视频接入系统进行分类、分级管理等;对录像文件、用户日志进行管理。视频数据实体关系见图 3-9。

5. 各级系统方案设计

系统总体设计上应该充分考虑既要满足各相关部门的使用要求、注重实效,又要做到稳定、可靠,操作简单,维护方便。为此,根据系统网络的现实情况,构成四级组织结构(调度中心、调度分中心、管理处、现地站)、一个管理层次(调度中心)的系统。

1)现地站设计

本系统共有 11 个现地站的建设,包括新建站点、接入站点和改造站点。

系统主要由网络视频接入终端(视频编码器)、监控摄像机、云台及云台解码器等组成。

现地站监视点的摄像镜头加云台控制信号经云台解码器解码后接入网络视频编码器;视频信号直接接入网络视频编码器。通过网络视频编码器的以太网接口接入黄河水调专网,上传给上一级用户。

每个视频点安装有一体化彩转黑可感红外摄像机,实现多倍光学变焦和数字变焦,水平 360°旋转,垂直 99°旋转。

现地闸站现场网络视频编码器自带一个 10/100 M 以太网接口,配合相应的网络接口适配器,可支持的网络接入方式有 ADSL、LAN、WLAN、光纤、E1/2M 等。本系统采用 IP 网络传输方式。监控点和监控中心之间有宽带 IP 网络连接的情况下,优先选用宽带 IP 网络来进行视频流信号的传输,通过 TCP/IP 网络协议传输到上级管理单位。

(1)新建重点闸站设计。

重点闸站包括引沁济蟒渠(沁河)、广利干渠(沁河)等共 2 座。其系统组成结构如图 3-10 所示。

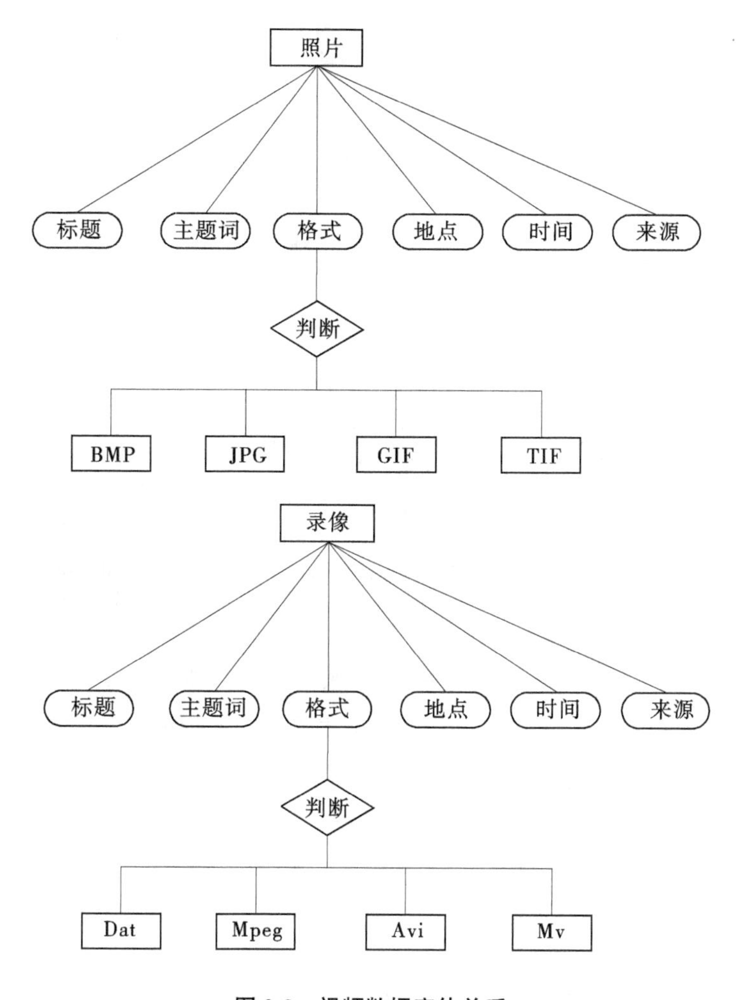

图3-9　视频数据实体关系

室内摄像点根据闸房或泵房的大小和具体情况,分别配置1~2个摄像点,具体数量见系统配置表。

(2)改建闸站视频设计。

视频改建闸站包括杨桥、马渡、韩董庄、柳园、祥符朱、彭楼、王集、花园口、黑岗口和南小堤等10座引黄涵闸,其中马渡、南小堤闸、杨桥、韩董庄、柳园、祥符朱、黑岗口和花园口这8座涵闸以前已建有视频监控系统,但均已损坏或报废,基本需要重新建设;彭楼和王集以前均没有安装视频监控系统,本系统将对其新建视频系统。

除马渡闸外,在其余每个闸站的闸前、闸后和闸室分别配置一个视频点。其系统组成结构如图3-10所示。

由于马渡闸引水较少,不再进行远程控制,只在闸后采集水位,故只改造接入一路闸后渠道的视频监视点,闸室和闸前的视频监视点不再改造接入。

2)分中心设计

河南共有5个分中心,分别是豫西局、新乡局、郑州局、开封局和濮阳局。

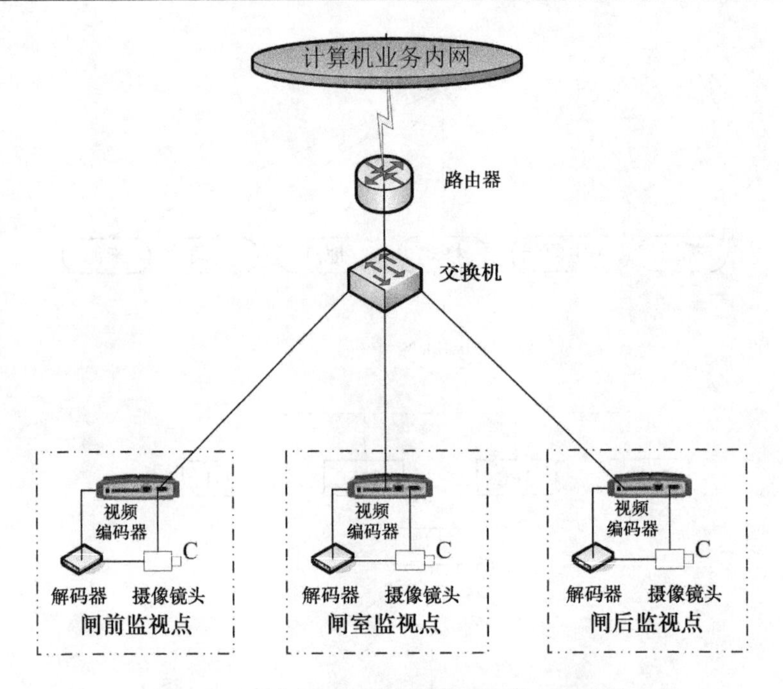

图 3-10　重点闸站现地视频监视系统组成结构

在每一个分中心配置一台视频转发服务器用于本区域视频数据的转发和管理。

3) 分调中心

在河南黄河河务局分调中心配置一台视频转发服务器用于本区域的视频数据的转发和管理;配置一台视频终端,用于对本区域站点的视频监视。

6. 系统集成

1) 服务器部分

需要对原视频转发服务器进行升级,使原黄河水调一期系统中的视频转发服务器可以使用转发管理本系统中使用的视频接入终端。黄河水调一期监控系统中使用的视频接入终端是 2002 年的产品,视频接入终端在这几年里进行了几次升级,在视频数据调配、视频编码优化、网络传输及功能上进行了较大的优化改造,所以在新旧设备兼容时需做比较大的改动,才能使原有系统可以兼容新的视频接入终端。

2) 前端控件部分

监控端组态软件使用的视频控件需要升级。因视频接入终端编码方式和优化及通信协议有了比较大的改动,所以原控件需要开发增加新的解码算法及通信协议。因新增加了一些功能,所以与组态软件的接口协议部分也需要重新制定及修改调试。为保证用户操作的习惯性与延续性,所以用户使用控件方法与黄河水调一期系统相同。

3) 需要更换新的视频编码器

对于黄河水调一期系统已经损坏无修复意义的视频接入终端直接更换新的视频接入终端,在一定时期内新老视频接入终端同时使用。

对于已建系统中的摄像机、云台及云台解码器,也需要更换新的视频编码器,所有更换视频编码器后的视频点都需要重新调试云台控制协议。

3.3.4.3　接地与防雷

引退水监控系统的防雷和接地是设备安全运行的保证,系统设施的雷击过电压及电磁干扰防护,是保护通信线路、设备及人身安全的重要技术手段,是确保通信线路畅通、设备安全运行不可缺少的技术环节。

一个完整的雷电防护系统是一项系统工程,应包括直接雷击的防护、雷击感应过电压、雷电电磁脉冲、地电位反击的防护四个方面,缺少任何一方面都是不完整的、有缺陷和有潜在危险的。因此,现地闸(泵)站应充分考虑建筑物防雷、交直流电源防雷、室外设备防雷、信号防雷、等电位防护等。

1. 直击雷防护

直击雷防护主要是运用接闪、传导和接地等技术措施。

对闸(泵)房、控制室、值班室房顶应装设避雷针、避雷带、避雷网;视频杆等室外设备顶端装设避雷针;避雷针、避雷带、避雷网均与地网进行连接(除视频杆外,其他避雷设施在土建基础工程中装设,不包含在本方案)。

电源高(35 kV、10 kV)、低压(380 V)侧安装阀型避雷器或保护间隙(由供电部门装设,不包含在本方案)。

2. 雷击感应过电压防护

雷击感应过电压防护主要是运用多级分流、滤波、屏蔽和接地等技术措施。

系统电源采用3级防护,按照电源系统3级防护原则进行设备配置。

重要设备前端加装串联型多级保护,保护等级为D和F级,重要设备包括工控机、PLC、视频、通信、采集终端等。

3. 雷电电磁脉冲防护

雷电电磁脉冲防护主要运用滤波、屏蔽和接地等技术措施。

室外信号线、控制线、电源线分别用镀锌钢管保护并地埋,镀锌钢管应与接地网等电位连接。

室内闸(泵)房、监控室和值班室的电源、信号、控制线路根据其特性分别用金属管或金属屏蔽线槽进行屏蔽,屏蔽管、屏蔽线槽应与接地网等电位连接;管、槽要求用镀锌材料。

4. 地电位反击的防护

地电位反击的防护主要运用等电位和接地等技术措施。

闸(泵)房、控制室、值班室距离较近,可采用一个接地网;视频杆在闸(泵)前池、渠道断面附近,与控制室大于30 m应单独敷设接地网,每处接地网电阻不大于1 Ω,接地网之间采用镀锌扁钢等电位连接,室内采用紫铜带或接地线与室外接地网端子相连。

室外穿线管、室内各类线槽分别采用镀锌扁钢、接地线与接地网等电位连接。

电源避雷器、信号避雷器、浪涌抑制器均采用接地线、接地排与接地网等电位连接。

以上等电位连接可采用星行或网栅形结构,严禁串行连接。

5. 黑岗口涵闸安全保护示范典型建设

按照“整体防护、综合治理、层层设防”原则，对黑岗口涵闸进行综合防雷系统设计。综合运用泄流、等电位、屏蔽、接地和防雷器保护等技术，构成一个完整的防护体系。

现场勘察时对涵闸各接地的接地电阻值进行了测试，部分接地电阻值虽符合规范要求，但多已锈蚀严重，接地可靠性降低，故对闸室、监控机房、微波塔、摄像头/水位计的接地均需进行改造，考虑到涵闸使用的金属接地极容易腐蚀，接地极采用非金属低电阻接地模块，以保障接地的长期可靠。接地系统按照《通信局(站)防雷与接地工程设计规范》(YD 5098—2005)和国家规范要求，采用综合接地设计。

直击雷防护主要针对闸室、监控机房、摄像头/水位计的避雷针(带)进行完善补充设计；微波塔塔顶已有避雷针，未另行设计。

闸室供电线路主要对闸室配电柜、启闭机控制柜、PLC 控制柜交流 220 V 和直流 24 V、设备电源插板处进行多级防护，逐级泄放；监控机房供电线路主要对电源进线、设备电源插板处进行多级防护。防雷器提供了遥信报警接口，可供用户接入监控系统来监测防雷器的工作状态。

室外摄像机/水位计的传输线路上易感应出雷电过电压，损坏两端设备，故加装相应的防雷器保护。

宽带无线接入、2 M 线、天馈线、电话线均从户外监控机房，为避免雷击打坏监控机房设备，故在监控机房对各线路的接口处安装相应的防雷器保护。

闸室 380 V 电源线、监控机房 220 V 电源线、监控机房宽带无线接入的双绞线均为架空引入，这增加了雷击风险，方案中对这些架空线路采取了地埋穿金属管的改造措施。

闸室和监控机房设置环形等电位连接带，用以消除各邻近设备、系统间可能产生的危险电位差，保护人身安全及设备正常工作。

雷电不仅可以在线路上产生出危险过电压，亦可通过空间电磁场的形式直接对设备造成危害。鉴于河边本身雷击概率较高，本方案对雷电的空间电磁场的侵入同时做了相应的防护，即对闸室和监控机房采用镀锌铁板进行空间屏蔽。

为了实现用户远程监控防雷设备的运行情况、雷害情况等，方便用户管理和维护防雷设备，配置了雷电记录仪和防雷集中监控管理系统。

1)直击雷防护与接地

闸室：按第二类防雷建筑物进行设计。闸室屋顶四周敷设一圈避雷带，避雷带材料采用Φ10 热镀锌圆钢，利用水泥墩支撑，支撑柱间距 1 m，拐角处 0.5 m，屋顶金属广告牌与避雷带可靠焊接。引下线采用Φ10 热镀锌圆钢，在房屋四角敷设 4 根，引下线上端与避雷带焊接，下端与基础接地内钢筋焊接，并与闸室原有接地可靠连接形成综合接地系统。

2)供电线路 SPD 配置

闸室：闸室供电线路由变电所架空引入闸室配电柜，供电制式为 TT 系统。闸室配电柜主开关处安装 1 套一级三相复合型防雷器。启闭机控制柜交流 380 V 电源安装 1 套二级三相电源防雷器，PLC 控制柜交流 220 V 输入端安装 1 套二级单相电源防雷器，PLC 控制柜直流 24 V 控制电源安装 1 套 24 V 直流电源防雷器进行二级保护。PLC 控制柜内网络交换机、视频编码器电源插板处加装设备终端电源防雷器做精细保护。

监控机房:220 V 供电线路架空引入机房,无配电箱。在此加装 1 台 8 回路明装配电箱,内设 1 组 32 A/2 P 空气开关作为电源进线的总开关,总开关后端安装二级单相电源防雷器及其保护空开。

3)视频监控系统 SPD 配置

室外前端摄像机位于闸前、闸后河边金属杆顶,容易遭受直击雷(已防护)和雷电感应,同时可通过传输线路(电源线、视频线、控制线)将雷电引入闸室,损坏后端设备,破坏控制系统。因此,为保护摄像机及闸室视频设备,在其传输线路两端加装相应的 SPD 进行保护。

摄像机侧:摄像机电源处安装 220 V 电源 SPD;视频信号线上安装 BNC 接头的视频 SPD;云台控制线上安装控制线路 SPD。摄像机处 SPD 均置于防雨箱内。

闸室侧:摄像机电源线安装 220 V 电源 SPD;视频信号线上安装 BNC 接头的视频防雷器;云台控制线上安装控制线路 SPD。

4)水位计 SPD 配置

超声波水位计与摄像机同处于闸前、闸后的金属杆上,水位传感器易受雷电感应损坏,并可通过其信号线路将雷电引入闸室,损坏后端设备。水位计是整个自动化监控系统的重要基础设备,常遭雷击,对其进行防护十分必要。

在其信号线两端分别安装信号线防雷器,以保护线路两端连接的超声波水位计传感器及闸室设备。

同样,闸后水位计可在其信号线两端安装信号线防雷器进行保护。

5)网络通信系统 SPD 配置

宽带无线接入:宽带无线接入通过超五类双绞线自微波塔顶引下架空进入监控机房,致使其更易受雷击。应在监控机房宽带无线接入设备处加装 RJ45 接口以太网防雷器。

光纤传输:闸室与监控机房以太网通过光纤传输,光纤本身是以 SiO_2 为原料做成的,它的绝缘性能很好,并且光信号的频率远远高于雷电电磁波的频率,因此光信号不会受到雷电电磁波干扰;需要注意的是,光缆的金属挡潮层、加强芯线入室时接头处应做接地处理。

6)雷电记录仪配置

在闸室接地引入线上安装 1 套雷电记录仪。雷电记录仪是一台专门用于记录雷电发生情况的设备,能全面记录雷电流的大小、发生的日期及具体的时间的智能化设备,它可以准确记录各种导线(电源线、信号线或地线)上出现雷击或其他浪涌电流的情况,主要安装于防雷器设置的区域,对防雷器所起到的防护效果进行监测,为用户准确掌握当地雷击发生的规律和特点提供了一种非常有效的数据采集和处理的手段,为科学决策及合理设计提供了可靠的依据。该设备同时提供有 RS232 通信接口,可接入监控系统实现远程监视。

7）防雷集中监控管理系统配置

为了实现用户远程监控防雷设备的运行情况、雷害情况等，方便用户管理和维护防雷设备，对涵闸配备了防雷集中监控管理系统。

带有 FM 遥信触点的防雷器、雷电记录仪均可接入该监控管理系统，实现远程计算机的集中监控。

监控管理软件主要功能包括各站点防雷安装内容、防雷器的运行情况、雷击计数次数、雷电流大小等信息。

3.3.4.4　管理所环境设计

由于系统闸（泵）站较多，站点实际情况各不相同，应根据每个站点的具体情况设计监控设备的环境。

1. 监控用房

一般情况下，每个站点都设有监控室，监控室应为监控系统预留不少于 16 m^2 足够空间，放置 PLC、监控终端等设备。

2. 电源

闸门启闭机室（泵房）：三相交流 380 V±15%、50 Hz±2%、中性点接地电源；单相交流 220 V±15%、50 Hz±2%电源。

现地站控制室：单相交流 220 V±15%、50 Hz±2%电源。

3. 网络

由于通信设备在监控室内，监控设备直接接入交换机，连接通信设备传送数据。

3.3.4.5　安装构件和基础工程

1. 闸位计安装

本系统启闭机分为两种：卷扬启闭机和螺杆式启闭机，两种启闭机闸位计的安装方式不同，以下给出 3 种不同的安装方式，根据启闭机的形式和启闭机的规格，选择不同的安装方式。

1）卷扬式启闭机使用偏心连轴器连接

通常闸位计编码器通过连轴器与卷扬机主轴或减速机上的减速杆连接安装方法如下：

（1）将偏心连轴器其中带固定孔的一端固定在被测齿轮轴的正中心位置。

（2）将偏心连轴器另一端固定在编码器轴上，并调整 L 支架位置，使编码器轴处于被测齿轮轴的正中心位置。

（3）固定 L 支架（支架与底板间有间隔时，加垫填充物以确保编码器轴处于被测齿轮轴的正中心位置）。

2）卷扬式启闭机使用齿轮连接

通常闸位计编码器通过齿轮与卷扬机主轴或减速机上的减速杆连接安装方法同卷扬启闭机使用偏心连轴器连接相似。

3）螺杆式启闭机使用齿轮或钢丝绳连接

（1）齿轮连接：①将齿轮固定于闸位计编码器轴上；②将齿轮靠近螺杆，使两者齿咬合在一起;③固定L支架(支架与底板间有间隔时,加垫填充物以确保编码器齿轮与螺杆的咬合)。

(2)钢丝绳连接(自动收缆装置)。直接测量螺杆的伸长量,根据螺杆伸长的变化和闸门开度的关系计算闸门的实际开度。

2. 水位计安装构件和基础工程

全黄河河段引退水口、涵闸、渠道各不相同,用于涵闸上、下游及渠道水位观测的雷达水位计一般都位于涵闸上、下游50~300 m处,原水位断面水尺杆结构简单,常遭自然和人为破坏。为保证本系统的可靠运行,应建设永久性的用于固定雷达水位计(也可用于人工观测水尺的固定)的基座和安装构件。

水位计安装基础和构件分为两种,对于渠道较窄的测量端面,基座和安装构件安装在渠边;对于渠道较宽的测量端面,基座和安装构件安装在渠中。雷达水位计基座和安装构件示意图见图3-11。

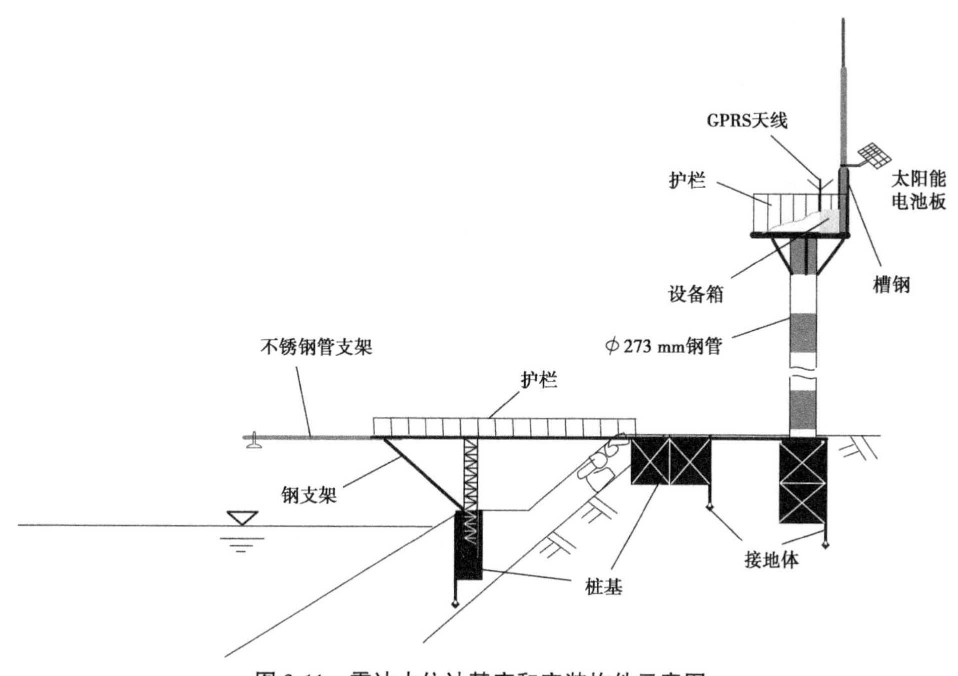

图3-11　雷达水位计基座和安装构件示意图

安装支杆根据实际情况选择,一般采用:① 直径203 mm、壁厚6.0 mm、高3.3 m无缝钢管,架总高4.1 m;②直径219 mm、壁厚6.0 mm、高4.6 m无缝钢管,架总高5.4 m;③直径273 mm、壁厚6.5 mm、高6.1 m无缝钢管, 架总高6.9 m。

根据实际情况,支杆采用:①直径203 mm、壁厚6.0 mm、高3.3 m无缝钢管,架总高4.1 m;②直径219 mm、壁厚6.0 mm、高4.6 m无缝钢管, 架总高5.4 m;③直径273 mm、壁厚6.5 mm、高6.1 m无缝钢管, 架总高6.9 m。

3. 视频杆及基础工程

材质:金属热镀锌、喷塑。

尺寸:不低于 6 m 高立杆,八棱锥形,带 1.5 m 横臂。

基础:1.5 m 深、直径 1 m、水泥加钢筋、含避雷针。

视频杆及基础示意图见图 3-12。

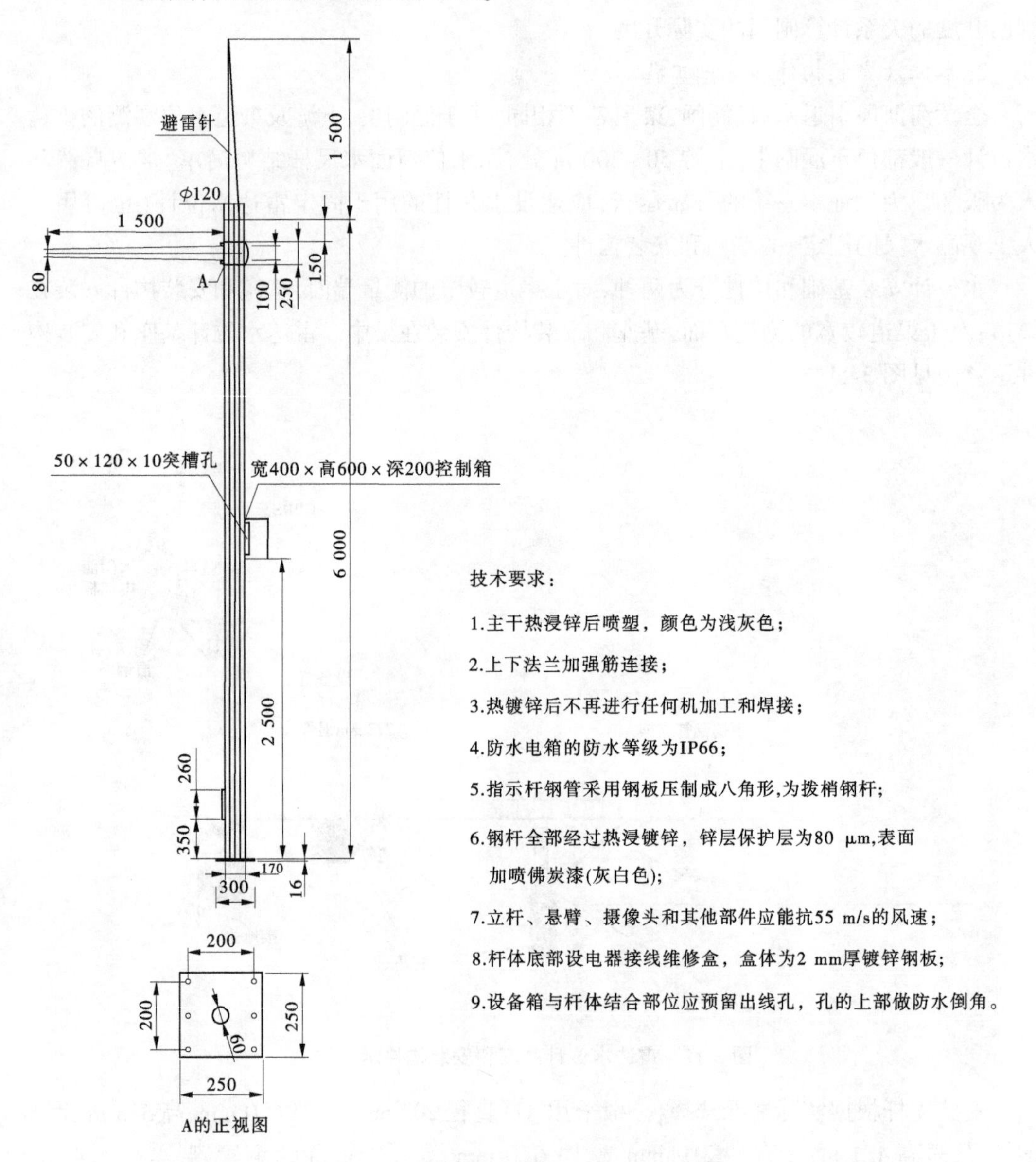

图 3-12 视频杆及基础示意图 (单位:mm)

3.4 通信和计算机网络

河南省区通信系统主要包括公网租用线路、光缆接入系统、微波接入系统以及通信铁塔、机房装修等内容。

3.4.1　公网租用方案

3.4.1.1　工程说明

黄河水量调度管理系统的通信传输系统,利用运营商提供的公网资源,以公网租用为主要传输手段解决黄河水量调度管理系统的信息交互。

3.4.1.2　设计方案

河南省共计租用同城专线 1 路,带宽为 2 M。实现沁阳市河务局与焦作河务局之间的信息交互及上传,如表 3-4 所示。

表 3-4　公网电路租用路由

序号	A 站点	位置	B 站点	位置	带宽
同城专线:					
1	沁阳市河务局	沁阳市仓门街	焦作河务局	焦作市丰收中路 2039 号	2 M

沁阳—焦作的公网 2 M 电路可直接接入本地路由器,不需要再配置设备。

3.4.2　微波接入方案

3.4.2.1　工程说明

微波通信主要是为解决沿黄河地区的重点引水口的通信传输。对于那些引水口所处地理位置偏僻且远离城区、公网电路没有覆盖的站点,不宜采用租用公网线路的方式建设通信传输,或因考虑到建设环境或投资规模,不宜采用自建光缆线路或卫星通信传输的站点,采用微波通信方式并利用黄委已建成的无线通信专网是一种比较经济、快捷的通信手段。

河南省区需要微波通信解决通信传输通道的引水口有 4 个,即广利干渠进水口、韩董庄引黄闸、柳园引黄闸、祥符朱引黄闸。

现地闸站采集的信息传输途径:现地闸站采集的信息,经微波电路传输到该闸站所属的县河务局,然后通过专网电路分别传输到市、省河务局和黄委。

3.4.2.2　方案

微波通信系统建设是为满足黄河水资源调度管理系统工程各级管理部门与引水口之间建立高速、可靠、安全的通信网络,提供调水、运行、控制等各类信息数据传递的传输通道。各类信息数据的通达性和安全可靠性是衡量黄河水资源调度管理系统建设的一个重要指标,为保证引退水信息、枢纽信息等的可靠传递,必须建立一个可靠、实用先进的能够开展各项通信综合业务的通信系统。

通信系统逻辑结构共分为四级结构,即由黄河总调中心为一级节点、省级水调管理单位为二级节点、各市县级管理结构为三级节点和现地管理单位为四级节点组成的四级结构。

1. 通信路由及站点分布

本期微波通信建设的通信路由为：

沁阳市河务局—广利干渠进水口，两站之间相距 24.36 km。

原阳县河务局—韩董庄引黄闸，两站之间相距 23.54 km。

原阳县河务局—柳园引黄闸，两站之间相距 12.49 km。

原阳县河务局—祥符朱引黄闸，两站之间相距 11.50 km。

站址的选择是解决黄河岸边的重要引水口信息的传输通道，将各引水口采集的信息就近传送到传输条件较好、基础设施比较完善的站点，并充分应用站点已有的机房、电源等基础设施，节省工程投资。

2. 建设方案及设备配置

焦作市引沁灌区管理局辖属的广利干渠现地引水口要求具有远程监控功能。在广利干渠进水口与沁阳市河务局之间建设 1 跳数字微波电路，把现地引水口的监控信息传送到沁阳市河务局，再经黄委建设的专用无线通信电路，将信息分别传送到省河务局和黄委。广利渠站需建造一座微波通信铁塔，沁阳市河务局利用原有的通信铁塔。原阳县河务局辖属的韩董庄引黄闸、柳园引黄闸、祥符朱引黄闸要求具有远程监控功能，因此在韩董庄引黄闸、柳园引黄闸、祥符朱引黄闸与原阳县河务局之间各建设 1 跳数字微波电路，把现地引水口的监控信息传送到原阳县河务局，再经黄委建设的专用无线通信电路，将信息分别传送到省河务局和黄委。

本工程共建设 4 跳微波电路，采用点对点微波通信方式。微波设备采用 7 GHz 频段的频率，容量 34 Mbps，PDH(1+0)室外型设备，设备具有 2 Mbps 接口和 LAN 接口。微波天线采用单极化抛物面天线。

微波通信工程主要工作量有：安装微波设备 8 套，安装抛物面天线 8 面，建设微波通信铁塔 1 座。

3. 频率分配和极化配置

本项目采用 L7 GHz 频段进行电路设计，微波电路利用极化方式、不同频点进行隔离以避免相互干扰。微波设备的调制方式采用 16QAM，建设单位需向当地无线电管理委员会申请备案。

微波接力通信系统的工作频段应符合 ITU-R 有关建议和国家有关规定。

L7 GHz 频段的无线频率分配方案是：频率范围：7 125 ~ 7 425 MHz；中心频率：7 275 MHz；边保护带：17 MHz(低波段)和 17 MHz(高波段)；中心保护带：42 MHz；频率间隔：28 MHz；收发间隔：154 MHz。

频率分配和极化配置的原则是最大程度地避免同频干扰和越站干扰，保证电路稳定、可靠运行。

3.4.2.3 电路指标计算成果

电路指标计算成果见表 3-5 ~ 表 3-7。

表3-5　站址参数计算

项目名称:黄河水量调度管理系统

序号	名称	符号	广利渠	沁阳	韩董庄	原阳	柳园	原阳	祥符朱
			HNSD01	HNSD02	HNSD03	HNSD04	HNSD05	HNSD04	HNSD06
1	设站地点		广利干渠进水口	沁阳市河务局	韩董庄引黄闸	原阳县河务局	柳园口引黄闸	原阳县河务局	祥符朱引黄闸
2	地形图号								
3	站址坐标	X							
		Y							
	东经	E	112°41′01.30″	112°56′20.00″	113°43′31.00″	113°58′16.37″	113°51′54.91″	113°58′16.37″	114°04′59.00″
	北纬	N	35°09′17.03″	34°05′43.00″	34°58′52.00″	35°02′41.63″	34°58′24.99″	35°02′41.63″	34°59′50.00″
4	站址高程(m)	H	148	119	89	78	88	78	86
5	站距(km)	d	24.36		23.54		12.49	11.50	
6	标偏角	Q_1							
7	磁偏角	Q_2							
8	通信方位角	α							
9	通信方向	SO	西北—东南 东南—西北		西南—东北 东北—西南	西南—东北 东北—西南		西北—东南 东南—西北	
10	真北通信方位角	N_{12}	105°16′		72°30′	58°18′		117°29′	
		N_{21}	285°25′		252°22′	230°19′		297°24′	
11	磁北通信方位角	β_{12}							
		β_{21}							
12	主天线通信俯仰角	θ_{12}							
		θ_{21}							
	分集天线通信俯仰角	θ'_{12}							
		θ'_{21}							
13	原铁塔高度(m)		30	30	48	57.5		62.5	

表 3-6　天线高度确定计算

项目名称：黄河水量调度管理系统

序号	名称		单位	站号	广利渠	沁阳	韩董庄	原阳	柳园	原阳	祥符朱
				符号	HNSD01	HNSD02	HNSD03	HNSD04	HNSD05	HNSD04	HNSD06
1	站距		km	d	24.36		23.54		12.49	11.50	
2	频率		GHz	f	7		7		7	7	
3	站址高程		m	H_{11}　H_{22}	148　119		89　78		88　78	78　86	
4	天线挂高		m	h_1　h_2	18　62		18　48		18　34	48　18	
5	天线海拔		m	H_1　H_2	166　181		107　126		106　112	126　104	
6	障碍点位置		km	d_1	9.75		7.27		7.78	10.65	
				d_2	14.61		16.27		4.71	0.85	
7	障碍点高度		m	h_r	148		93		90	96	
8	第一菲涅尔半径		m	F_1	15.83		14.67		11.21	5.81	
9	自由空间余隙		m	F_0	9.13		8.47		6.47	3.35	
10	障碍点实际余隙	$K=K_{min}$	m	H_c	5.37		4.39		10.75	7.41	
		$K=2/3$			7.25		5.95		15.43	8.56	
		$K=4/3$			15.62		12.91		17.58	9.09	
		$K=\infty$			24.00		19.87		19.74	9.63	
11	余隙比	$K=K_{min}$		μ	0.34		0.30		0.96	1.28	
		$K=2/3$			0.46		0.41		1.38	1.47	
		$K=4/3$			0.99		0.88		1.57	1.57	
		$K=\infty$			1.52		1.35		1.76	1.66	
12	干涉瓣数判定				9.13		8.47		17.12	8.87	
					20.42		18.93		21.46	11.11	
	干涉瓣数（$K=4/3$）			m	1		1		2	2	
13	菲涅尔区（$K=4/3$）				1		1		3	3	
14	K_{min} 取值				0.6		0.6		0.32	0.32	
15	断面类型				B		B		B	B	

表 3-7　传输电平计算

项目名称:黄河水量调度管理系统

序号	名称	单位	站号	广利渠	沁阳	韩董庄	原阳	柳园	原阳	祥符朱
			符号	HNSD01	HNSD02	HNSD03	HNSD04	HNSD05	HNSD04	HNSD06
1	站距	km	d	24.36		23.54		12.49	11.50	
2	工作频率	GHz	f	7		7		7	7	
3	天线海拔高度	m	H_1　H_2	166　181		107　126		106　112	126　104	
4	分集天线高度	m	Δh_1　Δh_2							
5	天线挂高	m	h_1　h_2	18　62		18　48		18　34	48　18	
6	馈线长度	m	L_1　L_2							
7	馈线损耗	dB	L_T　L_R							
8	馈线总损耗	dB	L_f							
9	自由空间损耗	dB	L_S	137.04		136.74		131.23	130.52	
10	分路器损耗	dB	L_B							
11	馈线接头损耗	dB	L_0	1		1		1	1	
12	总损耗 $K=4/3$	dB	$\sum L$	138.04		137.74		132.23	131.52	
13	天线类型		T_1　T_2	Φ1.2　Φ1.2		Φ1.2　Φ1.2		Φ1.2　Φ1.2	Φ1.2　Φ1.2	
14	天线增益	dB	G_T　G_R	36.6　36.6		36.6　36.6		36.6　36.6	36.6　36.6	
15	总天线增益	dB	$\sum G$	73.2		73.2		73.2	73.2	
16	发信电平	dBm	P_t	27		27		27	27	
17	正常接收电平($K=4/3$)	dBm	P_r	−37.84		−37.54		−32.03	−31.32	
18	门限电平($BER=1\times10^{-3}$)	dBm	P_{th}	−75.5		−75.5		−75.5	−75.5	
19	干扰恶化量(假定指标)	dB		0.5		0.5		0.5	0.5	
20	平衰落储备	dB	FFM	37.16		37.46		42.97	43.68	
21	瑞利衰落概率		PR	0.054 11		0.050 59		0.014 61	0.012 43	
22	平衰落瞬断率		P_d	$1.039\ 4\times10^{-5}$		$9.076\ 3\times10^{-6}$		$7.378\ 1\times10^{-7}$	$5.320\ 1\times10^{-7}$	
23	电路允许中断率		X	$7.308\ 0\times10^{-5}$		$7.062\ 0\times10^{-5}$		$3.747\ 0\times10^{-5}$	$3.450\ 0\times10^{-5}$	
24	瑞利衰落深度	dB	F_d	28.69		28.55		25.91	25.57	
25	最小输入电平	dB	P_{rm}	−67		−66		−58	−57	
26	电路衰落余量	dB	S_m	8.97		9.41		17.56	18.62	
27	电路质量判定			合格		合格		合格	合格	

3.4.3　微波设备介绍

3.4.3.1　微波设备

为保证数字微波电路的开通和开通后的高质量、高可靠性、高安全性运行，除应做好整个电路传输指标的计算外，在设备招标时应充分重视设备选型的重要性，数字微波设备质量的好坏对整个电路的开通和可靠运行有着至关重要的作用。微波设备的选型应遵循如下原则：微波设备应具有较高的品质、可靠的稳定性，在国内和国外具有较高的市场占有率，在市场上有良好的信誉，具有优秀的服务与支持能力，具有良好的性价比。在技术上设备应能有效地抵制多径衰落和频率选择性衰落，系统增益高。整个系统应具有维护方便、功耗低、电源电压适应范围广和运行环境要求低的优势。整个系统还应具有可靠、有效和易于使用的监控系统，应能实现所有微波站的无人值守运行，监控软件应满足国际有关专门组织的建议。微波设备应具有数字电路接口和 LAN 接口，配有路旁业务和勤务（话音、数据）通道。另外，微波设备的性能指标、容量系列、工作频率、接口指标等应符合国家有关标准和国际有关专门组织的建议。

3.4.3.2　主要设备配置

1. 电源系统

微波系统中的广利渠、韩董庄闸、柳园闸、祥符朱闸为新建微波站点，没有专业的供电系统。为了保证通信系统的可靠运行，需要根据微波设备的用电量，配备相应的供电电源设备，包括开关电源和 48 V 蓄电池组（见表 3-8）。

表 3-8　微波站电源设备配置

序号	微波站点	高频开关电源			开关电源蓄电池组(48 V)		
		容量	单位	数量	容量	单位	数量
1	广利渠	2×30 A	套	1	100 AH	组	2
2	韩董庄	2×30 A	套	1	100 AH	组	2
3	柳园	2×30 A	套	1	100 AH	组	2
4	祥符朱	2×30 A	套	1	100 AH	组	2
合计			套	4		组	8

2. 防雷和接地系统

各微波站的防雷和接地系统符合《通信局（站）防雷与接地工程设计规范》（YD 5098—2005）的要求。广利渠、韩董庄闸、柳园闸、祥符朱闸新建站点应各新建一套接地系统。

微波通信传输系统的防雷和接地是设备安全运行的保证，系统设置的雷击、过电压及电磁干扰防护，是确保通信畅通、设备安全运行不可缺少的技术环节。防雷设计内容主要包括供电设备的防雷和微波通信传输系统防雷两部分。微波设备室内外单元配套防雷器由微波设备供应商提供。

3.4.4　机房装修

河南省区机房装修主要包括广利干渠进水口和引沁济蟒渠卫星地面站 2 个闸站通信机房装修。

为了保证通信设备正常工作的运行环境,需要在建设通信系统的涵闸配备专用的通信机房,并对房屋进行修缮和装修,具体要求如下:

站点的机房、供电、防雷和接地系统建设应达到国家标准和规范。未达到要求方面应进行装修和改造。

机房应具有防静电措施, 电缆布放要规范。机房还应有防尘措施, 要求机房能防止尘沙侵入, 严格要求屋顶不漏雨、不掉灰, 门、窗应为塑钢或铝合金加密封条, 窗户最好是双层。

机房要求安装空调,保证机房温度为 15~25 ℃,地面承重应大于或等于 450 kg/m^2。

机房主要装修内容应包括:①屋面防水,采用 3 mm 高聚物改性沥青卷材;②门、窗更换,采用成品铝合金固定窗;③铺设防静电地板;④墙面粉刷,两遍乳胶漆粉刷;⑤室内电气线路及开关等更换;⑥室内接地电网改造等。

3.4.5　计算机网络

3.4.5.1　建设目标

通过本次水调计算机网络的建设,改善现有网络环境,实现黄委总调中心与河南各级水调分中心和相关水量调度单位计算机网络安全、可靠、可管理的广域互联,实现水调信息快速、准确、安全的传输。基本满足水调业务对计算机网络的需求。

3.4.5.2　建设任务

建设和完善黄委河南黄河河务局,以及河南局所属 6 个地市局 16 个县局等单位的计算机网络与黄委总调中心的广域连接。

3.4.5.3　建设方案

为保证黄河水量调度计算机网络系统与原有网络系统的一致性、开放性和可扩展性,网络互联协议采用 TCP/IP。

黄河水量调度计算机网络系统采用 Internet/Intranet 运行模式。

黄河水量调度计算机网络系统的局域网内则可以用 TCP/IP、IPX/SPX、NetBEUI 等协议作为通信协议。

3.4.5.4　工程说明

在充分利用现有网络资源的条件下,通过对黄委河南黄河河务局及下属 6 个市局更新核心网络设备、网络安全设备,改善黄委河南黄河河务局及下属单位接入交换等网络设备完善网络结构,增强网络的承载能力,改善基础网络性能,提高网络的安全性和可用性,满足调度系统正常运行的需要。

3.4.5.5　建设规模(工作量)

建设规模见表3-9。

表3-9　建设规模

单位名称	施工内容
黄委河南黄河河务局	更换原有核心交换机,提高网络数据处理能力;部署接入交换机,提供水调系统网络终端用户接入
黄委河南黄河河务局所属6个市局	替换原有核心交换机;部署防火墙;部署入侵防御系统;扩展网络管理系统
黄委河南黄河河务局所属16个县局	部署水调系统专用接入交换机

3.4.5.6　网络设计

根据对黄委河南黄河河务局计算机网络系统的实际分析,为保证水调业务安全、稳定地运行,需要配置核心交换机、接入交换机等网络设备以及流量控制、入侵防护等安全设备。

(1)配置一台核心交换机替换原有核心交换机,提高网络交换能力、吞吐能力。配置一台接入交换机实现水调业务终端用户的接入。

(2)“近期防洪非工程措施项目”配置的路由器转发能力、路由功能都满足黄河水调业务的需求,所以仍利旧使用不需更换。

(3)在黄委河南黄河河务局办公楼部署接入20台交换机,改善网络的基础环境。

3.4.5.7　河南省局所属6个市局局域网设计

河南省局所属6个市局濮阳河务局、豫西河务局、郑州河务局、开封河务局、新乡河务局、焦作河务局的网络拓扑如图3-13所示。

根据对河南省局所属6地市局计算机网络的实际分析,为保证水调业务安全、稳定地运行,需要配置核心交换机、防火墙、入侵防护系统。

(1)替换原有核心交换机,提高网络交换能力、吞吐能力。

(2)在互联网出口增加防火墙,将防火墙串连接在互联网出口的前端,利用防火墙做地址转换设备。另外,在防火墙上进行策略设置,有效地防止外来入侵,防御3~4层的网络攻击。控制进出互联网的信息流向和信息包,提供流量的日志和审计,实现用户的细粒度访问控制,便于河南局所属地市局网络管理。

注意:防火墙为5台,其中一地市局因已购买防火墙,在本项目中设计利旧使用。

(3)在互联网的出口防火墙后串接部署入侵保护系统(IPS),监视并记录网络中的所有访问行为和操作,有效防止非法操作和恶意攻击。同时,入侵防护系统还可以形象地重现操作的过程,可帮助安全管理员发现网络安全的隐患。

(4)“近期防洪非工程措施项目”配置的路由器转发能力、路由功能都满足黄河水调业务的需求,所以仍利旧使用不需更换。

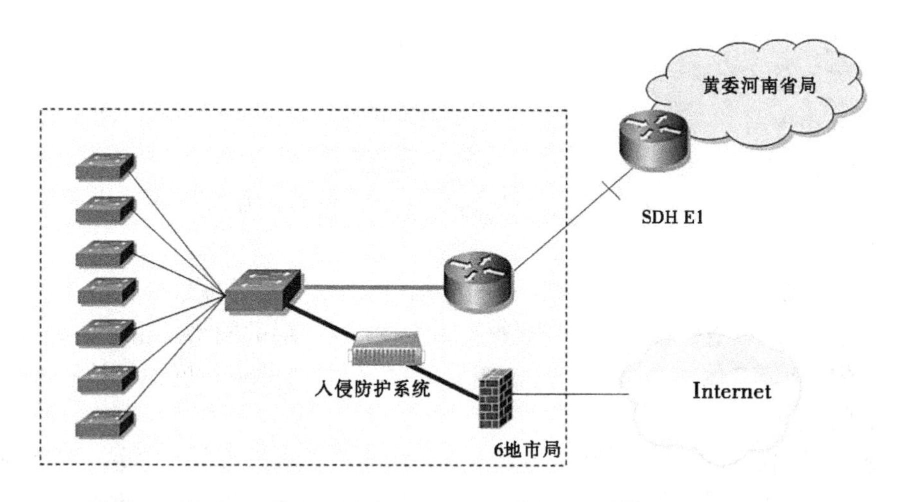

图 3-13　河南省局下属 6 地市局网络结构

3.4.5.8　河南局所属 16 个县局局域网设计

河南局所属 16 个县局利用“非工程措施项目”配置的路由器实现与上级市局的广域互联。配置 1 台接入交换机实现县局水调业务终端的接入，现地站引水口网络通过桥接的模式上联县局河务局。

3.4.5.9　设备配置

主要设备配置见表 3-10。

表 3-10　主要设备配置

序号	产品名称	技术参数	单位	数量
河南省局				
1	核心交换机		台	1
2	接入交换机		台	22
河南省局所属 6 个市局				
1	核心交换机		台	6
2	中端防火墙		套	5
3	入侵防护系统		套	6
4	网络管理系统		套	6
河南省局所属 16 个县局				
1	接入交换机		台	16

3.4.6　网络实施方案

3.4.6.1　河南省局

1. 河南黄河河务局网络

更换原有核心交换机,提供数据传输、处理速度。部署水调系统接入交换机。

2. 安全实施方案

防火墙:将防火墙串接在互联网出口的前端,利用防火墙做地址转换设备。另外,在防火墙上进行策略设置,有效地防止外来入侵,防御3~4层的网络攻击。控制进出互联网的信息流向和信息包,提供流量的日志和审计,实现用户的细粒度访问控制,便于河南局网络管理。

入侵保护系统:可以在互联网的出口防火墙后串接部署入侵保护系统(IPS),通过入侵保护系统可以实时阻断各种网络层的攻击、应用层的攻击以及蠕虫病毒的传播,对内部网络的系统实现免疫防护。即使内部系统存在相应的风险漏洞,也可以由入侵保护引擎来实现先于攻击达成的防护,同时对内部网络资源提供内容管理,可以有效检测并阻断间谍软件。

流量控制系统:在入侵保护系统后串接流量控制设备,流量控制设备可以对P2P、网络游戏、炒股软件流量进行限速或拦截,大大提高了办公用户的工作效率及正常应用对带宽使用率。

3. 网络管理实施方案

对原有网络管理系统进行升级,增加部署1台分布式采集服务器(DMS)。

3.4.6.2　河南省局所属6个市局

黄委河南黄河河务局所属濮阳、豫西、郑州、开封、新乡、焦作6个河务局网络实施方案和安全实施方案完全相同,下文合并叙述。

1. 网络实施方案

替换原有核心交换机,提高数据处理、传输能力。

2. 安全实施方案

防火墙:将防火墙串接在互联网出口的前端,利用防火墙做地址转换设备。另外,在防火墙上进行策略设置,有效地防止外来入侵,防御3~4层的网络攻击。控制进出互联网的信息流向和信息包,提供流量的日志和审计,实现用户的细粒度访问控制,便于河南局网络管理。

入侵保护系统:可以在互联网的出口防火墙后串接部署入侵保护系统(IPS),通过入侵保护系统可以实时阻断各种网络层的攻击、应用层的攻击以及蠕虫病毒的传播,对内部网络的系统实现免疫防护。即使内部系统存在相应的风险漏洞,也可以由入侵保护引擎来实现先于攻击达成的防护,同时对内部网络资源提供内容管理,可以有效检测并阻断间谍软件。

3.4.6.3　河南省局所属16个县局

网络实施方案:配置的路由器实现与上级市局的广域互联。配置1台接入交换机实现县局水调业务终端的接入,现地站引水口网络通过桥接的模式上联县局河务局。

3.5 总　结

黄河水量统一调度对黄委来说是一项全新的开创性的工作,因此尽快建立黄河水量调度管理系统对提高黄河水量统一调度和管理水平、减少黄河断流、合理配置黄河水资源、提高黄河水资源的有效利用率等方面必将产生巨大的经济效益、社会效益和环境效益。第一,可大大增加水量调度所需各类信息的数量,提高信息的传输速度,全面提高水量调度决策的科学合理性。第二,促进计划用水、节约用水,实现黄河水资源合理配置,提高黄河水资源有效利用率。第三,提高监控手段,化解水事矛盾,减少水事纠纷。第四,提高调度管理水平,减少黄河断流损失,为沿黄地区的经济社会服务。第五,改善黄河下游生态环境,春季保持了一定的入海水量,为近海鱼类的生长、洄游、繁殖提供了有利条件,防止了生态环境的恶化。特别是给河口自然保护区的野生动植物生存创造了一定的条件。另外,水量调度对防止海水入侵、土壤沙化,改善河口湿地自然保护区的生态环境等也将起到一定的作用。

第4章　引黄入冀补淀渠首段及北金堤闸工程信息化建设

引黄入冀补淀渠首段及北金堤闸工程渠首段信息化建设项目包含渠首段电气二次及自动监测设备采购安装工程和取水口水质自动监测系统两个部分。

引黄入冀补淀工程(见图4-1)是在保障河南、河北沿线部分地区农业用水的前提下,为白洋淀实施生态补水,沿线受水区灌溉面积465.1万亩[1](河南193.1万亩、河北272万亩),输水渠道总长482 km,为Ⅰ等工程,工程规模为大(1)型。

引黄入冀补淀工程自渠村引黄闸引水,经1#分水枢纽分水入南湖干渠后汇入第三濮清南干渠,沿第三濮清南干渠至金堤河倒虹吸,经皇甫闸、顺河闸、范石村闸,走第三濮清南西支至阳邵节制闸向西北,至清丰县苏堤村穿卫河入东风渠进入河北境内,河南境内全长约84 km。

工程区位于河南东北部、河北中南部,其中河南仅涉及濮阳市,该市位于河南省东北部,黄河下游北岸,冀、鲁、豫三省交界处,辖5县1区,总面积4 263 km^2,耕地面积377.5万亩。濮阳地势平坦,属于黄河冲积平原,气候宜人、土地肥沃、灌溉便利,是中国重要的商品粮生产基地、国家粮食生产核心区和河南省粮棉主要产区之一。

本工程取水方案为新、老渠村闸共用,新渠村闸及配套渠线基本维持现状,通过对老渠村闸及配套渠线的改扩建以满足全部供水要求。

渠首段主要包括老渠村涵闸引渠、老渠村涵闸、老渠村连接渠道、城市供水渠道、1#分水枢纽、南湖干渠渠首闸、濮清南总干渠节制闸、南湖干渠(桩号0+090~2+200.00)、跨渠桥梁及分水口门等渠道和建筑物。

河南环宇通信工程有限公司于2016年12月21日在招标网获悉《引黄入冀补淀渠首段及北金堤闸工程电气二次及自动监测设备采购及安装标》项目,根据招标内容要求和规定,河南环宇通信工程有限公司领导非常重视,立即组织技术人员,根据工程性质及建设要求认真编写投标文件,并在规定的时间内进行了投标。公司于2016年1月16日接到中标通知书。按照招标文件的规定向发包人提交了履约保证金,2016年1月在郑州签订合同,合同编号:YHRJBD-QSBJD/DQ,签订合同发包人:河南黄河河务局供水局引黄入冀补淀工程渠首建管处,承包人:河南环宇通信工程有限公司。

自2017年1月20日,引黄入冀补淀渠首段及北金堤闸工程电气二次及自动监测设备采购及安装标工程开工。2019年12月10日,由建设单位组织,对电气标项目4个单位工程验收,验收评定单位工程质量等级为合格。引黄入冀补淀渠首段及北金堤闸工程渠首段信息化建设基本完成。

---

[1] 1亩=1/15 hm^2,下同。

图 4-1　引黄入冀补淀工程位置

4.1　建设目标和任务

引黄入冀补淀渠首段及北金堤闸工程渠首段信息化建设主要建设任务包括五个板块的建设(通信网络设施、水工建筑安全监测、涵闸远程监控、流量自动化精确计量系统、水质自动监测),以及若干关键技术问题的研究与实践(多泥沙明渠流量智能化精确计量、多泥沙河流水质预处理、信息化监管平台等)。

引黄入冀补淀工程自渠村引黄闸引水,经1#分水枢纽分水入南湖干渠后汇入第三濮清南干渠,沿第三濮清南干渠至金堤河倒虹吸,经皇甫闸、顺河闸、范石村闸,走第三濮清南西支至阳邵节制闸向西北,至清丰县苏堤村穿卫河入东风渠进入河北境内,河南境内全长约84 km。

4.1.1 自动控制与通信

本工程渠首段设计包括老渠村涵闸、南湖干渠渠首分水闸和濮清南总干渠节制闸。老渠村涵闸站参与全线动态调水,南湖干渠渠首分水闸站、濮清南总干渠节制闸站具有分水功能。

本工程按照"无人值班,少人值守"的原则设置自动化系统,能实现"实用、可靠、先进、高效"的建设目标。

自动化系统由监控系统和视频监视系统组成,均采用分层分布式结构,在现地闸站设置现地监控设备和现地视频监视设备,在闸站管理区设置闸站监控中心,现地闸站采集的信息上传至闸站监控中心。

主要建设内容包括视频监控系统、PLC远程控制系统、UPS电源系统、流量监测系统以及通信传输系统。

老渠村闸闸前及闸后开挖视频杆基础2处,立杆2根,包括闸室共安装视频监控设备3台,敷设视频传输线缆550 m,制作防雷接地系统1处。

老渠村闸闸室安装PLC控制、动力柜集成3套,安装现地监控计算机1套,安装UPS电源1套,对现地站机电及电源设备进行联合调试。

老渠村闸闸后主干渠道安装四声道超声波流量计1套,闸后工业渠道涵管内安装一声道超声波流量计1套,荷重计安装12套,闸位计安装6套,以及对监测系统平台进行联合调试。

渠村通信站至老渠村闸闸室开挖光缆沟及敷设光纤1.26 km,安装SDH光通信设备2套,安装高频开关通信电源1套,综合机柜及配线架安装6台。

濮清南干渠节制闸、南湖干渠渠首闸闸前及闸后开挖制作视频杆基础4处,立杆3根,包括闸室共安装视频监控设备6台;敷设视频传输线缆600 m;制作防雷接地系统2处。

濮清南干渠节制闸、南湖干渠渠首闸闸室各安装一控三PLC控制、动力柜集成2套,安装现地监控计算机1套,安装UPS电源2套,对现地站机电及电源设备进行联合调试。

濮清南干渠节制闸闸后主干渠道安装二声道超声波流量计1套,南湖干渠渠首闸闸后主干渠道安装二声道超声波流量计1套,荷重计安装12套,闸位计安装6套,以及对监测系统平台进行联合调试。

渠村通信站至南湖干渠渠首闸闸室开挖光缆沟及敷设光纤1.26 km,安装SDH光通信设备2套,安装高频开关通信电源1套,综合机柜及配线架安装6台。

在自动控制与通信部分,针对黄河多泥沙渠道流量计量的历史难题,信息中心组织技术人员进行科研攻关,巧妙地利用"走行"系统解决了渠道断面冲淤变化快、难以实时测量的关键难点，完成"流量自动化精确计量系统"整套解决方案，实现了多泥沙渠道流量的自动化精确计量。相关成果获得发明专利1项，实用新型专利1项。多泥沙渠道断面冲淤变化智能化检测装置，通过设置三大系统（太阳能供电系统、走航系统、淤积监测运算系统），采用现代化测量设备及自动控制技术配合现有流量计，解决了渠道淤积测量问题，实现了含淤积河道流量智能化精确计量，且装置结构简易，操作便捷，可以有效解决流量计量中的问题。

为达到上述目的，采用了下列技术方案：多泥沙渠道断面冲淤变化智能化检测装置，包括淤积层、渠水层和河道两侧的河岸。所述河岸之间的河道底部为淤积层，淤积层上方为渠水层，其中一侧河岸上设置有太阳能供电系统，太阳能供电系统包括设置在其中一侧河岸上的固定杆，固定杆的顶端侧表面设置有太阳能电池板，且固定杆内部设置有太阳能蓄电池，太阳能电池板通过光伏控制器与太阳能蓄电池电性连接，固定杆的侧表面从上到下依次设置有配电箱和控制箱，控制箱内分别设置有PLC控制器、光电转换模块和模数转换模块，PLC控制器的输入端与太阳能蓄电池的输出端电连接，模数转换模块与PLC控制器双向电连接，且PLC控制器与光电转换模块双向电连接，光电转换模块与淤积监测运算系统电连接。

淤积监测运算系统包括数模转换模块和淤积监测运算仪，淤积监测运算仪与数模转换模块双向电连接，且所述淤积监测运算仪与光电转换模块双向电连接。

河岸的上表面以河道中心为对称轴对称设置有两个固定桩，固定桩上设置有走航系统，走航系统包括设置在固定桩上表面的支撑架，支撑架上转动连接有定滑轮，其中一个固定桩内部设置有电机，电机的输出轴上轴承连接有第一皮带轮，靠近电机的定滑轮上设置有第二皮带轮，第一皮带轮和第二皮带轮通过皮带连接，两个定滑轮之间设置有缆绳，缆绳上设置有水位检测机构。

在上述的多泥沙渠道断面冲淤变化智能化检测装置中，所述水位检测机构包括设置在缆绳上的固定块，固定块的下表面通过挂绳连接有压力式水位计，压力式水位计的输出端电连接PLC控制器的输入端，且所述缆绳上还设置有限位机构。

在上述的多泥沙渠道断面冲淤变化智能化检测装置中，所述限位机构包括设置在缆绳上的两个撞块，两个撞块以挂绳为对称轴对称设置在固定块的两侧，固定桩靠近河道的一侧表面设置有安装板，安装板的端部上表面设置有限位板，限位板的侧表面设置有限位开关，所述限位开关的输入端与PLC控制器的输出端电连接，且所述限位开关的输出端与电机的输入端电连接。

在上述的多泥沙渠道断面冲淤变化智能化检测装置中，所述限位开关设置在限位板靠近河道的一侧表面，且限位开关与撞块位于同一水平线上。

在上述的多泥沙渠道断面冲淤变化智能化检测装置中，所述安装板的上表面限位板侧面依次设置有安全开关和急停开关，安全开关的输入端和急停开关的输入端均与PLC控制器的输出端电连接，且所述安全开关的输出端和急停开关的输出端均与电机的输入端电连接。

在上述的多泥沙渠道断面冲淤变化智能化检测装置中，所述固定杆的端部设置有连接杆，连接杆的端部下表面设置有远程监控摄像头，远程监控摄像头的输出端电连接PLC

控制器的输入端。

流量计实时监测系统:在南湖干渠渠首分水闸、濮清南总干渠节制闸前各设置1套水位计,南湖干渠渠首分水闸安装二声道时差式流量计,用于测量水位和流量,流量计采用RS485接口接入多串口服务器转换为以太网接口接入交换机联网;濮清南总干渠节制闸安装二声道时差式流量计,用于测量水位和流量,流量计采用RS485接口接入多串口服务器,转换为以太网接口接入交换机联网。

4.1.2　通信系统

为满足生产调度的需要,在老渠村涵闸管理区通信机房、南湖和濮清南总干渠节制闸管理区通信机房和新渠村闸各设置1套622 Mb/s SDH光端机,沿渠道敷设24芯光缆,构成老渠村闸管理区—南湖和濮清南总干渠节制闸管理区—新渠村闸—老渠村闸管理区的光纤环网,为生产调度提供安全的通信通道。

4.1.3　安全监测系统

引黄入冀补淀工程线路长、建筑物较多,基础存在不均匀变形问题。主要对建筑物的不均匀沉降、渗流进行监测。在关键性的部位和有代表性的部位选择监测断面(部位),以便能及时发现隐患和收集到各建筑物工作状况的信息。施工期观测和永久观测相结合,为及时、准确判断工程的安全状况提供依据,对整个工程实现在线监控和离线分析。本工程布置一套自动化监测系统,从施工期就为运行期实现自动化监测创造条件。

监测自动化系统包括两部分:自动数据采集系统和工程安全监测信息管理系统。根据自动化系统的要求并结合本工程的具体特点,在引黄入冀渠首闸布置安装一套自动监测站设备;在1#分水枢纽闸布置一套人工监测站设备。工程场区位于黄卫冲积平原,地形基本平坦,西南低、东北高,地震基本烈度为Ⅶ度,工程区地层分布稳定,均为第四系全新统冲积层,场区以轻粉质壤土和轻粉质黏土为主。

在蓄水池顶面布置沉降标点18个,监测蓄水池的不均匀沉降。

在蓄水池基础布置渗压计11支,对蓄水池的基础扬压力进行监测。

在1#分水枢纽闸及蓄水池开挖回填影响范围外,布置一组水准基点。

人工巡视检查是安全监测的重要环节,是对数据采集的有效补充,应定期由熟悉工程且有工程实践经验的工程技术人员负责进行。

引黄入冀补淀渠首段及北金堤闸工程电气二次及自动监测设备采购及安装标项目,安全自动监测项目施工比较特殊,是紧密结合涵闸的主体建设进度施工,要求施工时间短,不能影响涵闸的主体建设进度,而且现场施工环境复杂,增加施工难度也是本工程主要项目施工的重点,因此精心合理地安排施工工序才能确保工程质量和工期,项目部针对以上问题,制定了采集设备进场验收及设备安装埋设施工程序管理及方法,有效地保证了主要施工项目的完工。

4.1.4　水质自动监测系统

本工程水质自动监测系统是一套含水质自动分析仪及采水系统、配水系统、预处理系统及数据采集、控制、远程监控于一体的在线全自动监控系统。系统具有监测项目超标及子站状态信号显示、报警功能;自动运行,停电保护、来电自动恢复功能。它应结合现代通信技术,并利用现有通信网络,实时地将仪器的测量结果、系统运行状况、各台仪器的运行状况、系统日志、系统故障、仪器故障等信息经过子站控制管理系统自动传送到监控中心,并可接收监控中心发来的各种指令,实时地对整个系统进行远程设置、远程清洗、远程紧急监测等控制。监控中心可随时取得各水质自动监测站的实时监测数据,统计、处理监测数据,可打印输出数据、各种监测与统计报告及图表,并可输入中心数据库或上网;收集并可长期存储指定的监测数据及各种运行资料、环境资料以备检索。

在渠村引黄入冀渠首闸、南湖渠首闸和渠村新闸安装在线监测系统各1套,以实时监测黄河水质。

4.1.5 信息化监管平台

根据项目实施和建设管理需要,信息中心(河南环宇通信工程有限公司)开发了引黄入冀渠首信息化监管平台,使用软件平台,将自动化控制、通信工程、水质自动监测、涵闸安全监测和流量精确计量五个分项系统的软件管理进行整合,实现了高效、集约管理,取得了良好效果。信息化监管平台逐步升级完善,可在全河推广应用,发挥更大作用,产生更大效益。

4.1.6 服务器工作站及电源供电

在南湖干渠渠首分水闸设有监控系统,室内设有监控工作站1套、通信服务器1套、工业以太网交换机等监控设备。监控系统通过通信服务器将水量信息、水质信息和泥沙信息上传工程管理中心及濮阳站管理房。闸室设置UPS电源1套,保证在交流断电时设备能维持正常工作。

4.2 项目建设实录

4.2.1 安全自动监测系统

(1)设备或钢管、电缆送达用户现场,由用户技术人员、设备(资产)管理人员联合承建方有关技术人员、工程监理,共同到现场检验设备包装是否完整、运输损坏情况等。

(2)开箱检查设备、电缆型号是否与合同相符,并检查线缆的有关资料及合格证、附件等是否完整。

(3)设备、材料要进行清点数量,由建设方、承建方、工程监理、供货商进行联合验收。

(4)参加工程的管理和技术人员,对工程各类材料必须严格管理,各类材料必须有产品合格证。

(5)材料分设在施工现场,收工时材料专职员应及时督促施工人员收回并点清,材料管理人员必须做到验收及进出材料严格把关,健全登记手续。

在施工中要严格按照相关技术规范及设计要求操作,对采集设备埋设位置及设备安装位置依照设计图纸进行定位安装。由于本项目采集点多,所以组织了两个施工小组,在施工中采用循环、交替施工的方法,依次按照设计图纸安装到位,各类信息采集设备、线缆均布放安装到位,进行线缆测量并粘贴识别标签进行保护,以备下道工序使用。由于事先制订了周密的施工计划和科学的施工方法,做到了在时间紧、任务重的情况下,按照合同要求内容完成了任务。具体安装工序标准要求如下。

4.2.1.1　渗压计埋设要求

1. 准备

沉降基点安装前外壳及透水石在清水中浸泡 24 h,使其充分饱和,并在钢膜片上涂一层黄油以防生锈。

2. 埋设

开挖 400 mm×300 mm 渗压计预定位置,底部铺设 10 cm 厚粗砂铺垫,渗压计用土工布包裹,保持干净,外层采用砂囊(土工布和粗砂)包裹,并用扎带将砂囊固定在渗压计及电缆上。将砂囊放在砂垫层上,环绕砂囊周围放入 10 cm 厚砂子,然后用普通土回填,在设计与使用填塞工具时特别要小心,以免渗压计的电缆护套在安装时被损坏(见图 4-2)。

图 4-2　1#枢纽闸渗压计土工布包裹埋设照片

3. 保护

埋设完成后,做好警示标志,电缆每隔 10 m 用防水标签做好标记,放入 PVC 管进行保护,并引出施工现场。

在施工中严格遵循工序施工:设备进场验收→定点→划线→开挖→测量→校正→自检→测量合格后→埋设→进行管线保护(见图 4-3)。

4.2.1.2　固定测斜仪施工及线缆敷设

1. 埋设

将测斜管按顺序逐根放入预定位置,测斜管与测斜管之间有接管连接,测斜管与接管之间用螺丝固定。测斜管在安装中应注意导槽的方向,导槽方向必须与设计要求的方向一致,每节侧斜管至少用两个钢卡固定在混凝土底板上,确保测斜管不晃动、导槽垂直(偏斜不超过 1°)。

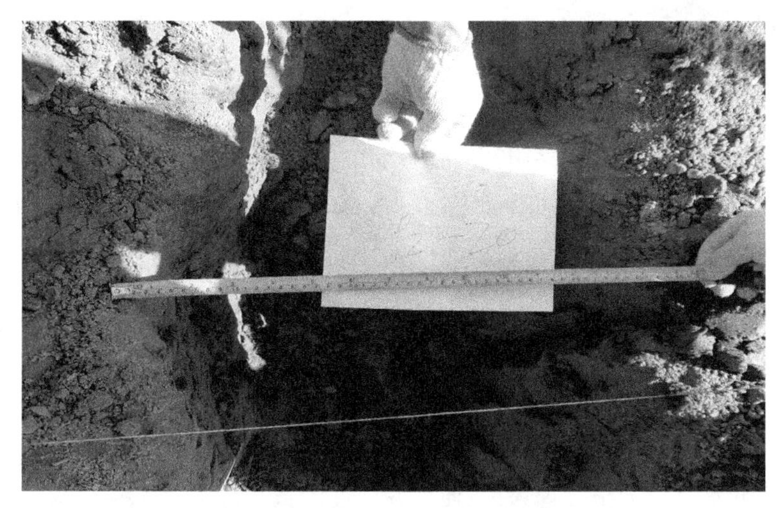

图4-3　渗压计埋设开挖测量照片

2. 敷设

测斜管敷设时管轴线尽量保持水平,确保导槽顺直平滑,在测斜管两端采用管口装置进行封堵。每个测斜管内设置15个测点,每个测点安装一套,间距10 m,涵管接缝预留5 cm空隙,每套之间通过钢丝串接起来,两端采用管口装置固定,确保每套测斜仪都在设计位置(见图4-4)。

图4-4　测斜仪现场测斜管敷设安装施工照片

3. 保护

使用读数仪测量所有设备,确定无误后对测斜管进行保护,依据设计要求采用C20混凝土沿测斜管方向浇筑宽30 cm、高20 cm、长150 m的混凝土。浇筑混凝土时采用人工振捣。

在施工中严格遵循施工工序:材料进场验收→监理签字→定点→划线→安装敷设→测量→自检→合格→管线敷设→贴识别标签→混凝土包封。

测斜仪现场测斜管敷设安装施工照片见图4-4。

4.2.1.3　MCU设备安装

闸室安全监测系统信息采集MCU设备安装,安全监测系统的结构为分层分布式监测结构,第一级为监测站,监测站设置在监控中心;第二级为数据采集站,采集站共有 2 个,包括渠首段 1#分水枢纽和老渠村涵闸,其中渠首段 1#分水枢纽为人工采集,老渠村涵闸为自动采集。

监控中心的安全监测系统采用开放式数据采集系统,运行方式为集中控制方式,可命令数据采集仪每通道按设定时间自动进行巡测、存储数据,并向安全监测中心报送数据。系统的网络通信采用有线联接的方式。设备设施的工序:测量→复校→安装→自检。

4.2.1.4 监测成果的初步分析

在上述工作基础上,本项目将对整编的监测资料进行分析,采用常规分析方法,分析各监测物理量的变化规律,预测发展趋势,分析各种原因量和效应量的相关关系,研究其相关程度。

根据分析成果对工程的工作状态及安全性做出评价,并预测变化趋势,提出处理意见和建议。发现异常及时上报监理人,以便采取处理措施。

1. 监测资料分析流程

工程安全监测资料分析一般包括(但不限于)下列步骤:

第一步:数据入库。将现场采集的数据通过键盘输入、便携式记录仪等手段录入原始数据库。然后将模拟量转换成相应的物理量,存储在整编数据库内。同时,将人工采集的各类工程数据资料输入系统的数据库中。

第二步:数据初步检验和现场核实。监测数据入库后,首先应对各仪器的数据进行初步校核,对变化较大的数据应单独做出记录,还应到现场对有异常测值的仪器工作状态、环境条件及施工情况进行勘查和考证。

第三步:图表生成。对各种实测资料绘出必要的图形来表示其变化关系,包括各种过程线、分布图、相关图及过程相关图,并根据要求生成各种成果表及报表。

第四步:初步分析。对每个监测项目的各个测点都应做初步分析,包括:①对各测点的实测值集合进行特征值统计;②采用对比法,初步判断测值是否正常;③对各监测值的空间分布情况、沿时间的发展情况、测值变化与有关环境原因及结构原因之间的关系加以考察分析,对各测点测值的合理性、可信性做出判断。

2. 常规分析方法

监测资料分析的常规方法可分为比较法、作图法、特征值统计法、测值影响因素分析法和统计回归分析法等五类。

1) 比较法

比较法通常有监测值与技术警戒值相比较;监测物理量的相互对比;监测成果与理论的或试验的成果(或曲线)相对照。工程实践中则常与作图法、特征值统计法和统计回归分析法等配合使用,即通过对所得图形、主要特征值或回归方程的对比分析做出检验结论。

(1) 监测物理量的相互对比,即将相同部位(或相同条件)的监测量做相互对比,以查明各自的变化量的大小、变化规律和趋势是否具有一致性和合理性。

(2) 监测成果与理论的或试验的成果相对照,比较其规律是否具有一致性和合理性。

(3) 警戒界限法,在施工初期可用设计值作为技术警戒值,有足够的监测资料后,警戒值应为经过长系列的监测资料来分析所求得的允许值(允许范围)。

2)作图法

根据分析的要求,画出相应的过程线图、相关图、分布图以及综合过程线图等。由图直观地了解和分析安全监测值的变化大小和其规律,影响观测值的荷载因素和其对观测值的影响程度,观测值有无异常。

3)特征值统计法

特征值包括各监测物理量历年(或指定时段)的最大值和最小值(包括出现时间)、变幅、周期、年(或指定时段)平均值及年(或指定时段)变化趋势等。

通过特征值的统计分析检查监测物理量之间在数量变化方面是否具有一致性和合理性。

4)测值影响因素分析法

事先收集整理并估计对测值有影响的各重要因素,掌握它们单独作用下对测值影响的特点和规律,并将其逐一与现有大坝监测资料进行对照比较,综合分析,往往有助于对现有监测资料的规律性、相关因素和产生原因的了解。

5)统计回归分析法

统计回归分析是目前大坝安全监测中应用最多的一种数值计算分析方法,它的主要功能是:

(1)分析研究各种监测数据与其他监测量、环境量、荷载量以及其他因素的相关关系,给出它们之间的定量相关表达式。

(2)对给出的相关关系表达式的可信度进行检验。

(3)判别影响监测数据各种相关因素的显著性,区分影响程度的主次和大小。

(4)利用所求得的相关表达式判断大坝的安全稳定状态,确定安全监控指标,进行安全监控和安全预报,预测未来变化范围及可能测值等。

常用到的统计回归分析法有多元回归分析、逐步回归分析和差值回归分析。

3.资料分析报告的内容

监测资料分析成果包括施工期各年度监测资料汇总分析报告和各阶段性监测资料分析报告。报告内容和格式以及输出图表的格式按照发包人、监理人和设计的要求进行。报告内容应包括:①测仪器的布置情况;②观测数据的测值变化过程线(相关图、分布图等);③观测时相关部位的土建工程施工形象;④相关部位的施工活动情况;⑤水位、气温、降雨等水文、气象和环境资料;⑥仪器设备的运行情况;⑦观测过程中的异常情况及处理记录;⑧观测数据分析和简单评价;⑨其他需要说明的问题。

1)监测资料年度分析报告

监测资料年度分析报告主要反映当年各部位的主要监测成果,对全年的观测成果进行汇总分析,并评价各部位的安全性态。

2)监测资料阶段性分析报告

监测资料阶段性分析报告主要为阶段性的工程验收提供全面的资料分析报告,为工程验收提供安全评价的依据。

4.提交的资料分析成果

工程安全监测资料分析需提交的成果资料包括:

(1)施工期监测资料年度分析报告。

(2)竣工验收资料分析报告。

(3)专家评审、咨询所需监测分析资料等。

(4)需要提交的其他资料等。

观测资料常规分析主要是通过作图法、比较法等,定性分析涵闸、涵管、堤防、蓄水池沉降变化规律及其发展趋势。

作图法主要是通过绘制各观测物理量过程线及特征原因量下的效应量(如变形量、渗流量等)过程线图,考察效应量随时间的变化规律和趋势;绘制各效应量平面或剖面分布图,以考察效应量在空间的分布特点(必要时加绘相关物理量,如填筑过程、蓄水过程等);绘制效应量与原因量的相关图,以考察主要影响因素及其相关程度、变化规律等。比较法即比较同类观测量的变化规律和发展趋势是否具有一致性、合理性,与历史极值、技术警戒值、设计值比较,判断工程状态是否异常。

渗流监测常规分析主要绘制各断面仪器的渗流变化过程线图,对各断面进行时空分析、位势分析,确定坝体、坝基内渗流压力分布和变化情况,以便确定产生渗透变形的可能性,及时了解渗流状态,并在出现异常状况时提前采取必要措施予以防范。

图 4-5 是 L0+059.500 断面上 P2-17、P2-18、P2-19、P2-20 四支渗压计观测数据计算的渗压计过程线,可以看出:

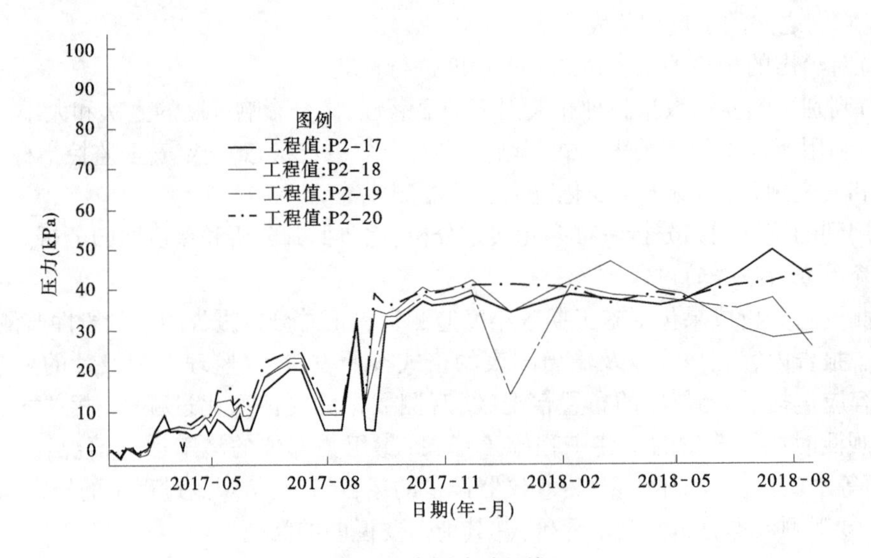

图 4-5 渗压计过程线

(1)观测数据趋势连续、稳定、真实、可靠、没有出现异常,能够反映当前各个测点及相关断面的实际情况。

(2)各个监测点埋设渗压计运行状态良好,没有异常,仪器完好。

(3)涵管扬压力渗流观测点在埋设后观测的渗流压力过程线迅速变化为正值,说明仪器埋设位置处于渗流状态(饱和状态),也验证了涵管基础渗流监测孔埋设时满孔水位的实际情况,同时说明了埋设渗压计灵敏度和符合性良好。从图 4-5 中可以看出四支渗压计从埋设到 2017 年 9 月数值一直在增加,变化一致;9 月之后数据逐步稳定,这和施工阶段相吻合,目前 P2-18、P2-19 数值维持在 30 kPa,P2-17、P2-20 维持在 42 kPa。这是因为 P2-18、P2-19 在涵管基础下方,P2-17、P2-20 在涵管基础外侧,数值大,符合实际情况。说明各渗压计的变化趋势符合工程设计要求,渗压计工作状况良好,测值准确可靠。

对涵管的不均匀沉降,是通过在涵管轴线上部布置 2 套固定测斜仪,每套 15 支,监测管身不均匀沉降。

图 4-6、图 4-7 是 H12-02-01、H12-02-15 沉降过程线。H12-02-01 是在涵管出口,沉降量趋于稳定;H12-02-15 是在大堤下方,由于涵管上方覆土较厚,沉降量较大,目前沉降量基本稳定,观测积累一定的数据后进行相关过程线分析。

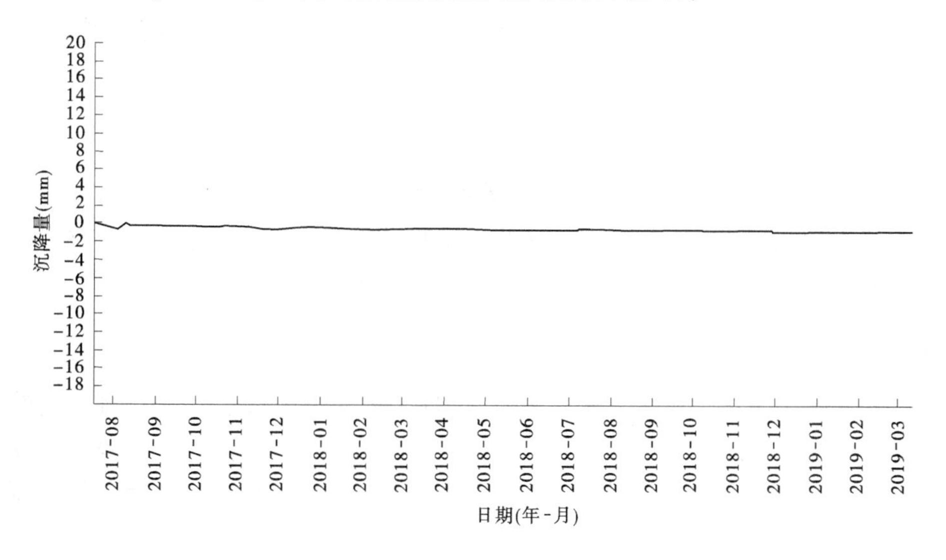

图 4-6　H12-02-01 沉降过程线

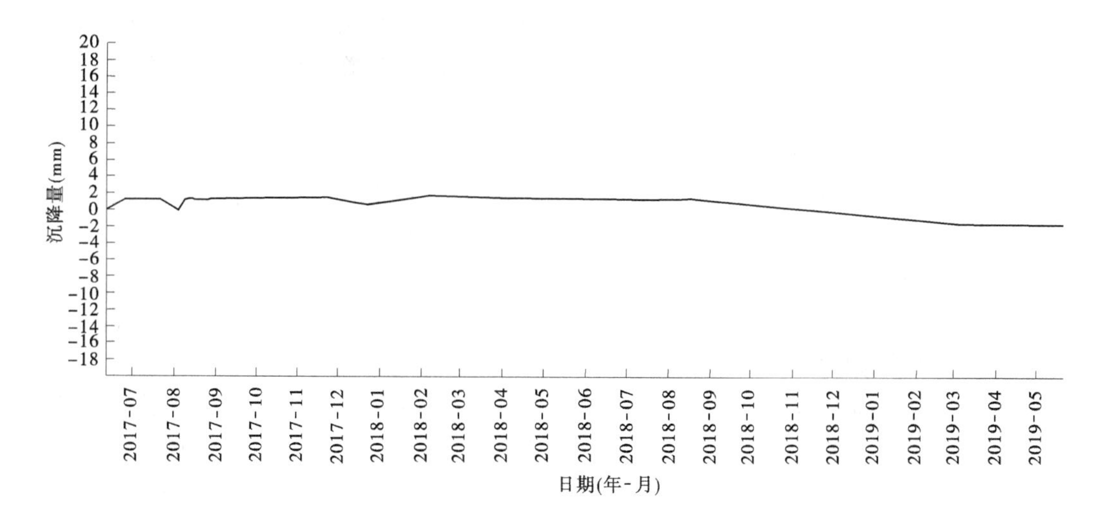

图 4-7　H12-02-15 沉降过程线

从固定测斜仪过程线可以看出,仪器设备运行良好,观测数据稳定、可靠且有效。

4.2.2 光缆、视频安装及线缆敷设

线缆敷设前要进行线缆测试,粘贴识别标签,在进行敷设时严格按照相关技术规程操作,线缆敷设弯曲半径大于或等于10倍线缆直径,布放时线缆的拐角处要留专人看管,以免损坏线缆,敷设完后,再测试线缆的完好性,以备下道工序使用。

摄像机安装高度:室内宜距地面2.5~5 m;室外应距地面3.5~10 m,不得低于3.5 m。摄像机的云台转动,镜头、光圈的调节、调焦、变倍,图像切换、防护罩等功能应符合产品技术要求;当监视器安装在梁、柱、墙、天花板时,支吊架应做负荷试验,当有抗震要求时,应按设计要求加固。监视器的安装位置应使屏幕避免外来光直射;从摄像机引出的电缆宜留有1 m的余量,不得影响摄像机的转动,摄像机的电缆和电源线均应固定,不得利用插头承受电缆的自重。

4.2.3 UPS电源设备

安装UPS电源时按照技术标准,箱体水平度偏差小于或等于5 mm、垂直度偏差小于或等于2 mm,要注意蓄电池正负极,应进行电压测量和正负极的确定,经工程技术人员进行检查确认后,方可加电开机,然后在电源线上粘贴正负极标识签。

4.2.4 水质自动监测系统

在新渠村闸、老渠村涵闸和濮清南干渠节制闸建设水质在线监测系统,能对各配置分析仪器按要求进行集成,能对水质进行在线测定,按要求进行数据处理及传输;集成辅助设备及系统,包括压缩空气系统、防雷系统、稳压系统、除藻系统等支持系统运行必需的其他设备及系统。

4.2.4.1 采水、配水单元

采水、配水单元包括水样预处理装置、自动清洗装置及辅助部分。配水单元直接向自动监测仪器供水,具有在线除泥沙和在线过滤,手动和自动管道反冲洗及除藻装置;其水质、水压和水量应满足自动监测仪器的需要。

4.2.4.2 分析单元

分析单元由一系列水质自动分析和测量仪器组成,包括五参数[水温、pH、溶解氧(DO)、电导率、浊度]、氨氮、高锰酸盐指数及自动采样器等。

4.2.4.3 控制单元

控制单元包括系统控制柜和系统控制软件;数据采集、处理与存储及其应用软件。

4.2.4.4 子站站房与配套设施

水质自动监测系统是一套含水质自动分析仪及采水系统、配水系统、预处理系统及数据采集、控制、远程监控于一体的在线全自动监控系统。系统具有监测项目超标及子站状态信号显示、报警功能;自动运行,停电保护、来电自动恢复功能。它应结合现代通信技术,并利用现有通信网络,实时地将仪器的测量结果、系统运行状况、各台仪器的运行状况、系统日志、系统故障、仪器故障等信息经过子站控制管理系统自动传送到监控中心,并可接收监控中心发来的各种指令,实时地对整个系统进行远程设置、远程清洗、远程紧急

监测等控制。监控中心可随时取得各水质自动监测站的实时监测数据,统计、处理监测数据,可打印输出数据、各种监测与统计报告及图表,并可输入中心数据库或上网;收集并可长期存储指定的监测数据及各种运行资料、环境资料以备检索。

水质自动监测系统由采水和配水单元、现场监测仪器单元、数据采集通信单元、上位机控制单元及水质监测信息管理软件及其他辅助系统等组成。监测因子包括 pH、化学需氧量、氨氮、石油类、总砷、挥发酚、生物毒性、流量等,根据不同监测水体可进行扩展。可扩展因子包括高锰酸盐指数,生物毒性、叶绿素,氨氮、总氮、硝酸盐、亚硝酸盐,总磷、磷酸盐,硫化物,重金属砷、铅、镉、六价铬、铜,氰、酚、氟等。

每个子站是一个独立完整的水质自动监测系统,一般由 6 个子系统构成,包括采样系统,预处理系统,监测仪器系统,PLC 控制系统,数据采集、处理与传输子系统及远程数据管理中心,监测站房。各单元通过水样输送管路系统、信号传输系统、压缩空气输送管路系统、纯水输送管路系统实现相互联系。该系统集采样、预处理、仪器分析、数据采集及存储的综合功能于一体,实现水质的在线监测(其系统结构见图 4-8,虚线部分为自动站组成内容),并且系统具备扩展功能,可根据需要增加监测项目和对软件升级。

一个可靠性很高的水质自动监测系统,必须同时具备 4 个要素,即高质量的系统设备、完备的系统设计、严格的施工管理、负责的运行管理。

1. 基本功能

(1)具有仪器基本参数贮存、显示、断电保护与自动恢复功能。

(2)具有时间设置功能,可根据需要任意设定监测频次。

(3)具有仪器故障自动报警、异常值自动报警及试剂液位报警功能。

(4)具有自动清洗功能。

(5)具有定期自动校准功能。

(6)具有密封防护箱体及防潮功能。

(7)仪器状态远程显示功能。

(8)具有双向数据传输功能。

(9)输出信号采用 4-20 mA 和 RS-485/232 或 MODBUS 标准接口,并提供标准协议。

(10)具有密封防护箱体及防潮功能。

(11)具有标样核查,自动校准功能。

(12)仪器配备加标回收模块,实现自动加标功能。

(13)仪器采用模块化设计,根据水质实际情况可切换监测参数,达到水站扩项监测的功能。

(14)用键盘唤醒子程序,从而使操作者和微处理机器进行人机对话。

(15)可兼容现有自动监测站的数据采集和传输,具有安全设计,可实现无人值守。

(16)采用高度集成的设计,安装调试方便,运行费用低。

(17)主要自动分析仪提供可靠的聚四氟乙稀废液收集桶,对环境具有二次污染的废液定期妥善处置。

2. 主要仪器仪表技术参数及特点

水质自动监测系统主要设备为湖南力合科技提供的水质分析仪,仪器采用合适的监

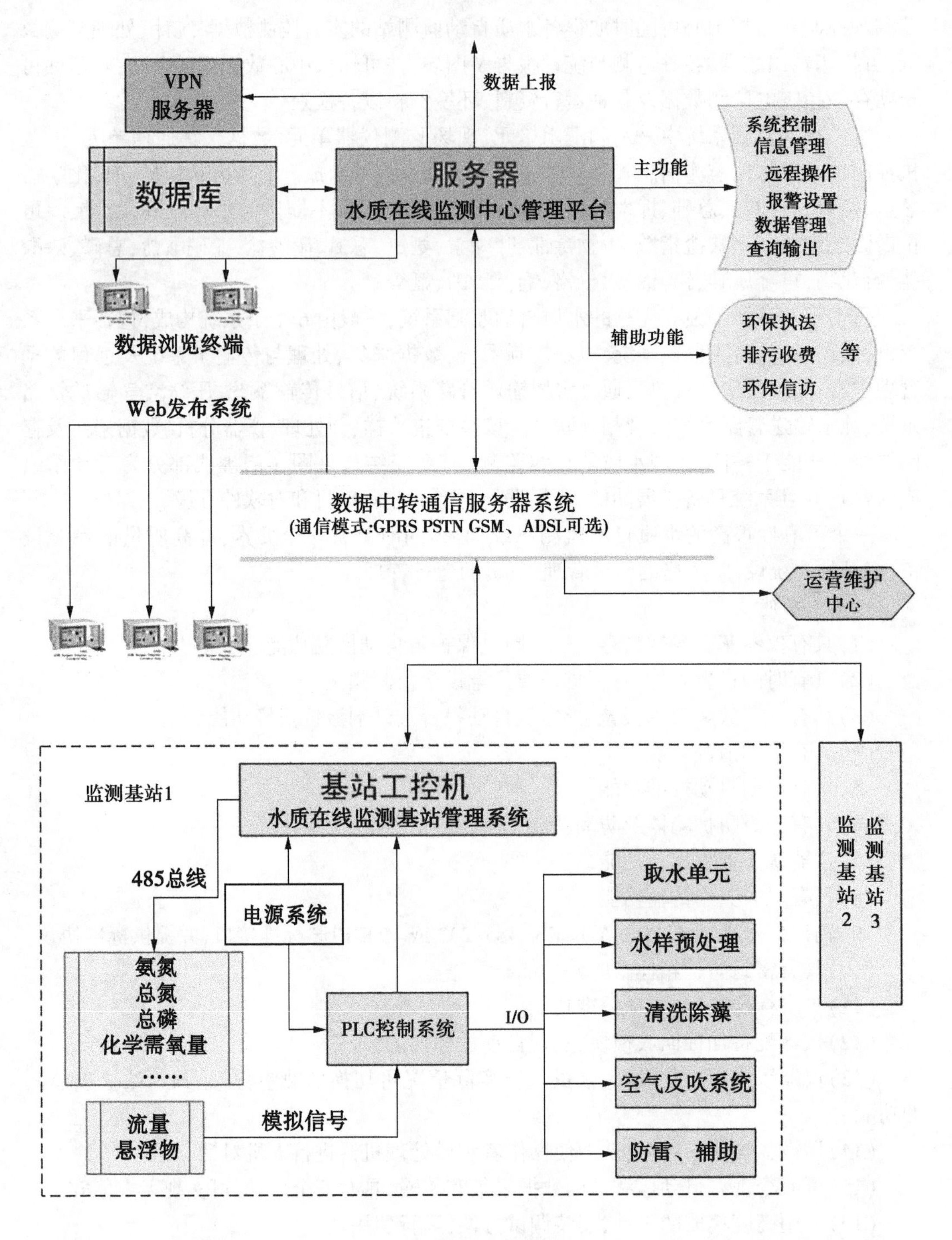

图 4-8 水质在线监测系统解决方案

测分析方法,对样品的消解等预处理和各种检测部件等进行了合理配置,能适应水质的多样性、复杂性,仪器性能稳定,全面保证了水质监测数据的准确性、可比性、完整性。智能化水质监测仪器的检测灵敏度、精度和运行成本要求均能完全满足应急监测的需要。

水质自动分析仪器的主要特点包括:

(1)快速、准确、轻便、全自动。

(2)具有远程通信功能,能对仪器进行远程控制。

(3)根据实际水样浓度,自动切换到最佳测试量程。

(4)仪器具备数据有效性审核功能,完整的日志状态输出功能、标准样品自动核查和校准功能。

(5)试剂配制方便、消耗少、仪器检测周期短。

(6)配备冰箱式的专用试剂箱,携带方便。

(7)报警功能:浓度超标报警、故障报警、缺试剂报警。

(8)检测模块的可更换式改造。

值得说明的是,仪器的模块化功能设计是本项目水质分析仪的突出特点之一。依据水质分析原理及需求,把水质在线分析仪器由相互依赖性的复杂系统转变为模块化系统。湖南力合科技开发的水质分析仪内部采用模块化设计。检测分析模块主要包括单片机控制模块、电源模块、流路控制模块、反应监测模块、采样/预处理模块接口、通信模块接口、废液处理模块接口等,能适应水质自动的多样性、复杂性,全面保证水质监测数据的准确性、可比性、完整性。水质在线分析仪同时作为水质自动监测系统的一个功能模块,通过系统设计规则和接口设计实现与水质自动监测系统的无缝联接。模块化多参数水质在线分析仪实现了一台仪器能检测多种参数。仪器具备通用的控制传输模块,可以更换任意的流路检测模块,方便现场监测所需参数。分析仪内部采用双层支架固定,各模块间连接都采用螺丝固定,电源和信号的线路插座上用胶固定。模块化多参数水质在线分析仪能有效地减少在线监测购置成本,能方便地监测不同场合下所需的参数,满足了用户的不同需求。

4.3　水土保持和环境保护

4.3.1　水土保持

系统建设点位十分分散,有相当部分隐蔽工程。因此,每处占地对水土保持影响很小。其中,通信光缆线路敷设会导致局部轻微水土流失。

通过分析可知,本次水土保持易于产生水土流失的环节主要发生在通信系统建设中光缆敷设等方面,会扰动原地貌、破坏土壤植被、损坏水土保持设施,降低表层土壤的抗蚀性,造成水土流失。

根据《中华人民共和国水土保持法》和"三同时"制度要求,工程施工过程中应合理安排,减少开挖和废弃量,对施工开挖、填筑、堆置等裸露面,采取临时拦挡、排水、沉沙、覆盖等措施。

当主体工程土建完工后,对工程临时占地采取土地整治措施,逐步恢复其使用功能。

运行期间,各项水土保持措施将逐步发挥防护效益,逐步消除项目建设带来的不利环境影响,为工程的安全运行和当地经济的可持续发展服务。

4.3.2 环境影响分析评价

工程由于占地面积较小,对周围生态环境基本没有影响。需要敷设光缆工程量较少,对周围生态环境基本没有影响。

4.4 节约能源

本项目的能源消耗主要为水、电,施工维修用车辆燃油及发电机耗油等。本节能方案考虑在项目设计、建设过程中的节能和建成后运行期间的节能。在项目设计和建设过程中,将严格遵守国家相关规定,充分利用现有条件(场地、水电供应、生活设施等),控制能耗。在项目设计方面要采用合理的设备配置方案,使建成后系统长期运行期间能够达到降低能源损耗,实现节能减排的目的。设备供应、工程施工、监理、业主等单位应密切配合,采取有力节能措施,使节能效果真正地实现。

4.4.1 节能措施

为降低建设和运行成本,系统多个单项工程采用绿色能源——太阳能电源供电。现地站的位置选择、设备配置、基础工程建设等在设计过程中,均应充分考虑投资与运行成本和能耗的关系问题,使系统建设合理可靠,既兼顾投资成本又能够有效降低运行费用和能源损耗。

4.4.2 太阳能电池在系统中的应用

在系统工程的多个单项工程中,采用自然能源——太阳能供电系统。

4.4.3 环境建设的节能措施

(1)站房的照明选用高效节能的荧光灯和电子镇流器。

(2)使用环保、节能型建筑材料。

(3)在冷热气的输送管道上采用隔热性能高的保温材料,以减少冷、热能量的损失。

4.4.4 合理的设备配置

(1)工程将采用能耗小的计算机、视频和信息采集设备,优化设备的运行方案。

(2)通信采用低功耗设备,无线发射采取自动功率控制,在达到性能指标的同时,以较低的功率输出,减少电能损耗,降低电磁波辐射。

(3)系统采用合理可靠的电源配置方案。

(4)在电网上配置无功补偿装置,提高用电设备的功率因数。

4.4.5 施工管理中的节能措施

(1)在项目施工期间加强节能管理和教育工作,水、电设表计量,严格考核,避免浪费。

(2)充分利用现有条件(场地、水电供应、生活设施等),控制能耗。

(3)做到错峰用电施工,大型用电施工机械避开在用电负荷高峰施工。最大限度地提高发、供电设备的利用率,优化资源配置,提高电网安全性和经济性。

(4)设备供应、工程施工、监理、业主等单位密切配合,合理安排工期,避免无用劳动和重复性工作。

4.4.6　运行管理的节能方案

项目运行管理中要明确强化现地闸站和管理单位的节能管理,加强对现地闸站和管理单位节能工作的检查和指导。督促各地制定阶段性节能目标,强化管理措施,加强监测、监控,建立长效监督机制。出台《节能目标责任和评价考核实施方案》。

第5章　专网和信息化应用建设

历经多年建设,河南黄河河务局信息中心主持建设了河南黄河通信专网,逐步建设形成省、市、县三级,由微波、无线接入系统、移动通信、卫星通信及程控交换、光缆等多种通信手段组成的综合通信网,按照"专网为主、公网为辅"原则,网络覆盖了河南境内沿黄市、县局和重要险工、险段及涵闸300余处,是河南治黄防汛工作的主要通信手段,也是全河通信网的重要组成部分,担负着为防汛、抢险、水调、视频会议、电子政务、防洪工程信息化等各项治黄业务提供信息数据传输的重任,在历年的防洪抢险和治黄事业发展中发挥了重大作用。

5.1　省局专网建设

5.1.1　河南黄河河务局一线班组通信网络改建工程

河南黄河防汛通信网是承载河南黄河综合治理开发相关信息传输的基础平台,是治黄体系基础设施的重要组成部分。目前,河南黄河防汛通信网建设已经初具规模,基本覆盖了省局、市局、县局、重要的涵闸以及部分一线班组,具备语音、数据、图像传输等日常综合服务能力的防汛通信网,为治黄事业做出了突出贡献。

近几年来,随着治黄信息化建设和"智慧黄河"工程建设工作的开展,对黄河防汛通信网建设发展也提出了更高的要求,河南黄河防汛通信网不仅要服务于防汛抗旱,还要服务于水利信息化发展的需求。水利信息化建设新的业务需求主要包括决策支持、堤防安全监测、水资源精细化调度管理、水环境保护、水土保持、工程建设管理等,这些新业务的实现都离不开治黄最前沿单位一线班组提供的基础数据。为解决县局以下一线班组的通信问题,本项目根据河南黄河防汛实际情况,充分利用原有铁塔、机房等基础条件,采用宽带无线接入的通信方式,建设河南局县局以下宽带无线接入系统。该系统规划分期建设基站26个、外围接入点108个,设计传输容量(点对点)50 Mbps。系统建成后基本可以满足覆盖河南黄河河务局防汛主要堤段一线班组的网络及语音通信需求。

为保证无线接入用户设备正常运行和通信畅通,在基站及外围接入用户供电条件不好的地点,采用太阳能电池供电,据统计有90%的用户使用的是农电,因供电不稳定,为此配套建设太阳能供电系统。

河南黄河河务局现有窄带无线接入系统设备已运行18年,设备不论是可靠性还是容量上都不能满足当前需求。目前,该系统多数设备已无法正常运行,多数设备已瘫痪停止运行,且设备已无备件不能修复,急需改建为宽带无线接入系统,以满足县局以下防汛工作日趋发展的需要。

为此,利用现有通信资源,采用宽带无线接入新技术,建设县局以下宽带无线接入网,淘汰模拟窄带无线接入系统，最大限度地满足县局以下险工、险点、涵闸等一线班组语音及数据通信需要，从而实现防汛指挥调度灵活、信息传递快捷的建设总目标。

5.1.1.1 宽带无线接入系统

该宽带无线接入系统拟建56个基站、108个外围接入点，各基站利用通信站、涵闸原有的铁塔和通信机房，外围站用户新架设通信天线杆，站内安装宽带无线网桥、网络交换机、VOIP语音网关、电源设备等(见图5-1)。根据设计要求基站需安装AP设备共计56套、16口网络交换机56台；外围站需宽带无线接入终端共计108套、电源系统108套、交换机108台、VOIP语音网关108台。

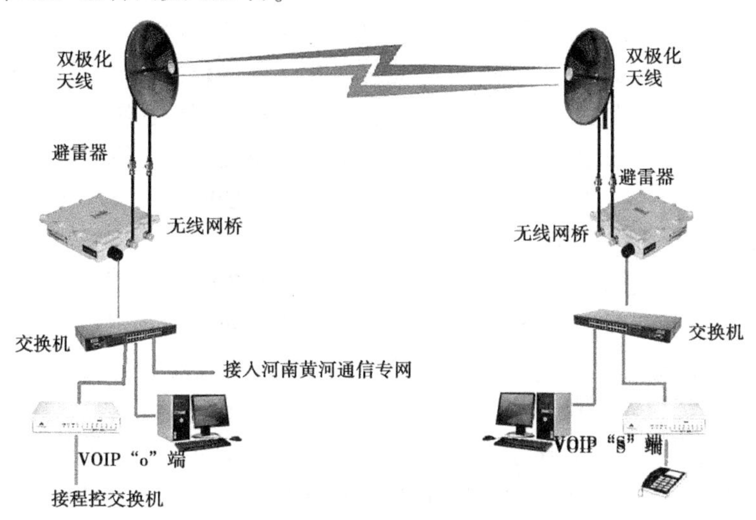

图5-1 宽带无线接入系统

5.1.1.2 光纤接入系统

荆宫堤防管理班、李庄堤防管理班、新乡机动抢险队、官厂堤防管理班、原阳中心仓库、郭庄堤防管理班、长垣中心仓库、花园口管理班8个站点除架空光纤外，还需配置电源系统8套、24口交换机8台、VOIP语音网关8台。

5.1.1.3 传输通道建设

1. 新建传输通道

辛庄闸基站覆盖贯孟堤堤防管理班、李庄堤防管理班、贯台控导工程班、禅房控导工程班、禅房闸、封丘机动抢险队、封丘中心仓库、厂门口闸、封丘机动料物仓库9个外围站点，目前辛庄闸上传中继设备已损坏，无法联网通信，为解决辛庄闸到封丘县局老址中继传输电路，需新建辛庄闸—封丘县局155 M微波1跳。

2. 扩容传输通道

目前，部分宽带无线接入基站到县局都使用水调一期、二期建设的传输通道，带宽只有32 M，带宽已经捉襟见肘，如果再接入宽带无线接入设备，不仅会影响水调系统的正常运行，也会影响一线班组的通信，为此将红旗闸—封丘县局、韩董庄—原阳县局、柳园闸—原阳县局、石头庄闸—原阳县局、祥符朱—原阳县局、杨小寨闸—长垣县局、北坝头—濮阳一局、梨园—北坝头、彭楼—范县局、闵子墓—彭楼、台前滞洪办—影堂、影堂—王集共12

跳微波升级为 155 M 微波。

5.1.2　河南黄河通信网完善建设通信工程

河南黄河通信网完善建设通信工程包括：河南黄河通信管道改建工程（河南局办公楼至政二街），沁阳河务局通信站至局机关、抢险基地光缆敷设开通工程，孟州局机关至局住宅区电缆敷设开通工程，原阳局机关至家属区电缆敷设开通工程，博爱局机关至局住宅区电缆敷设开通工程。建设的任务是：河南黄河通信管道改建工程（河南局办公楼至政二街），解决黄河通信长途线路出市区的路由问题；沁阳河务局通信站至局机关、抢险基地光缆敷设开通工程，解决沁阳局沁河防汛指挥中心与河南黄河河务局、焦作河务局之间沁河水情以及防汛画面的实时传输和办公自动化等各种信息的传递交换通道问题；孟州局机关至局住宅区电缆敷设开通工程，解决孟州局机关与局住宅区之间的通信传输问题；原阳局机关至家属区电缆敷设开通工程，解决原阳局机关与局住宅区之间的通信传输问题；博爱局机关至局住宅区电缆敷设开通工程，解决博爱局机关与局住宅区之间的通信传输问题。项目建设主要内容有：

（1）新建人井 2 座、通信管道 70 m，拆除通信光缆 1.7 km，新敷设通信光缆 2.3 km。

（2）新建沁阳河务局通信站至河务局机关、抢险基地架空通信光缆线路 4.70 km（含整修加固原杆路）。

（3）新建孟州局机关至局住宅区市话电缆线路 1.78 km，光缆线路 2.9 km。

（4）新建博爱局机关至局住宅区市话电缆线路 1.2 km，程控机扩容 48 线。

（5）新建原阳局机关至防汛抢险物资仓库、局住宅区市话电缆线路 0.6 km，程控机扩容 96 线。

5.1.3　黄河防汛通信长途干线传输线路改建工程（黄委办公大楼—北环路）

黄河防汛通信长途干线传输线路（简称通信线路）担负着抗洪抢险、汛险情等信息上传下达，有效实施黄河干流水量统一调度的重要任务。它是各级防汛指挥部以及领导指挥黄河防汛工作，下达各种防汛、抗洪抢险、水量统一调度指令及各级治黄单位信息交互传递的“千里眼、顺风耳”。

通信线路的路由为：从黄委办公大楼沿政一街南侧向西，穿越花园路后（河南饭店东门），沿花园路、郑花路西侧向北至花园口机务站，是黄河防汛通信的咽喉地段。

本段黄河通信线路，其杆路上架挂开通运行 36 芯长途通信光缆各一条，部分区段还架挂开通 48 芯光缆、音频中继电缆和市话电缆。开通电路上通至水利部、黄河防汛总指挥部及河南省黄河防汛指挥部，下达山东黄河防汛总指挥部及沿黄两岸各市（地）黄河防汛指挥部和各级黄河治理单位及水文站。

根据郑州市花园路综合整治指挥部的要求，本次黄河防汛通信线路改建工程设计范围为：从河南局办公大楼至北环路，共计约 5 杆程千米。

本次通信线路改建工程设计方案是：由于全线建设通信管道投资规模太大，市区施工难度也比较大，且建设周期长，为此本次黄河通信线路整体转入地下，原则上是租用运营商的通信管道，部分区段因无管道租赁，保持防汛线路现状。为确保通信线路的畅通，以缩短拆迁及割接引起的电路中断时间，本次改建先将管道光缆敷设到位，然后进行新、老光缆的割接和原杆路的拆除工作。本次共计租用运营商的通信管道约 5 km（需紧临黄河通信线路）；新管道敷设一条 36 芯的长途光缆 5.5 km、48 芯的长途光缆 4.5 km、30 对市话中继电缆 3.0 km；拆除原黄河通信线路约 4.5 杆程千米（含架空光、电缆及吊线等）。

5.1.4　河南黄河防汛通信管道工程

根据郑州市建设规划提出的要求，市区内各种架空线路要逐步转入地下，拆除沿花园路西侧架设的通信线路，自纬一路至北三环段架空线路，同步转入地下，改建为地下通信管道。纬一路北侧至北环路一段，共计 4.2 km；另丰产路处分支线路跨越花园路改建 100 m。

5.1.5　河南黄河防汛语音调度基础建设项目（软交换更新）

黄河防汛及河道管护通信设施是治黄工作进行语音通信、传递治黄信息的主要手段。从中华人民共和国成立初期主要以语音方式传递汛情的几百千米电话线路起步，逐步发展成为以无线通信为主，由微波通信、电话交换、集群通信、短波通信、卫星通信、无线接入等多种手段组成的通信系统，上达黄委，下联 6 个市局，从孟津至台前，贯穿各市、县局以及沿河基层单位四级管理机构，具有快速可靠地完成语音、数据、图形图像等多媒体信息传递功能，为防汛、河道管护、水文、水政执法、水资源调度管理、电子政务等多项治黄业务提供综合通信保障。

黄河防汛电话交换系统是黄河防汛及河道管护通信设施的重要组成部分，已形成覆盖全部河南黄河沿黄地区的大型程控交换系统。目前，全网共有各类设备 30 多台/套，各级程控交换机通过租用公网链路或自有微波链路相互联通，通过 450 M 交换机无线通信延伸覆盖黄河下游沿河基层单位，按照水利部统一的编号标准进行编号，系统内短号免费互拨，为局机关及所属各级单位近万名职工提供电话通信服务。系统上联黄委程控交换机，实现与水利部和其他流域的电话互通，是水利电话交换系统的重要组成部分。

河南黄河防汛电话交换系统在历年的防汛抢险、抗旱救灾工作中发挥了不可替代的重要作用，已成为黄委各级管理单位完成黄河防汛和黄河治理工作不可缺少的基本通信手段。但近年来，防汛电话交换系统覆盖不到基层一线防汛单位、网络结构复杂、维护管理困难、设备老化严重、安全性稳定性下降等问题越来越突出，已成为治黄工作的隐患。

随着治黄信息化的不断深入和通信技术的飞速发展，黄河防汛及治黄业务对通信的需求越来越多样化、个性化，不仅需要支持传统的语音业务，还需要支持多终端的接入、智能语音业务、多媒体业务、调度业务等功能。而目前的系统只能支持传统的电话和传真业务，功能上已远远落后于行业和社会，制约了治黄信息化和现代化的发展。

为了满足黄河防汛及河道管护，尤其是沿河一线基层单位对电话语音通信的需求，亟需对河南黄河防汛电话交换系统从覆盖基层、缩减规模、优化结构、提高可靠稳定性以及扩展服务能力等方面进行更新改造，从而更好地为黄河防汛及河道管护提供可靠的通信保障。

黄河自陕西潼关进入河南，横贯三门峡、洛阳、济源、焦作、新乡、郑州、开封、濮阳 8 市

26县(市、区),河道全长711 km,其中孟津以下464 km为设防河段,各类堤防总长858 km(含沁河),两岸距堤5~9 km,现有险工、控导183处,坝垛、护岸4 824道,有固定办公地点和常驻工作人员的基层治黄管理单位约218个。各防汛单位通过河南黄河通信网络互联互通,各类语音、数据信息在河南黄河专网内上传下达,实现共享,共同担负着河南黄河水资源、水环境、水生态等的治理开发和管理任务。

目前,河南黄河通信网络基本是以郑济微波干线为主、支线微波电路和卫星通信为辅,以防汛电话业务为主,兼顾数据、图像传输等满足日常综合服务的专用通信网络,在历次黄河抗洪抢险过程中,都发挥了至关重要的作用,有力地保障了河南黄河两岸人民群众生命财产安全和国家经济发展。

河南黄河通信交换语音调度系统是河南黄河信息化网络通信设施的重要组成部分,现为三级交换网,河南局为C1级,郑州、新乡、濮阳、焦作、开封、豫西等6个市级河务局为C2级,中牟、惠金、巩义、荥阳、原阳、长垣、封丘、濮阳一局、濮阳二局、台前、范县、滑县、渠村、张庄闸、武陟一局、武陟二局、温县、沁阳、孟州、博爱、开封一局、开封二局、兰考、吉利、孟津、济源等26个县级河务局为C3级,目前除荥阳、滑县2个县级河务局没有交换节点设备外,其余31个防汛单位均安装开通了程控交换机及配线架、供电系统等配套设备设施,各级程控交换机通过租用公网链路或自有微波链路相互联通,通过450 M窄带无线接入固定台将通信延伸覆盖黄河下游沿河基层单位,按照水利部统一的编号标准进行编号,系统内短号免费互拨,为河南局机关及所属各级单位近万名职工提供电话通信服务。系统上联黄委程控交换机,实现与黄委和山东等其他单位的电话互通,是黄委电话交换系统的重要组成部分。

该系统承担着治黄工作中的语音通信,是传递黄河防汛、水资源、水环境、水生态等水利行业监管信息的主要手段。各级交换局担负着本地网内以及与黄委、省局、市局、县局之间的水情、雨情、工险情和调水、引黄灌溉等各种信息及防洪抢险指令传递和汇接任务。其中,县级河务局的交换机为此三级交换网的C3局,处于抗洪抢险前沿以及水情、雨情、工险情等各种信息接收传递的前端,市局、省局担负着治黄工作和防洪抢险指令的传递、汇转接任务,所以作为交换节点,省、市、县级河务局交换机的位置十分重要。而通过450 M窄带无线接入固定台实现语音通信的县局以下一线站点因该设备开通于1997年,使用年限太久,已经停产,无法维修,基本全部淘汰无法使用。

河南黄河防汛电话交换系统在历年的防汛抢险、抗旱救灾工作中发挥了不可替代的重要作用,已成为河南局各级管理单位完成黄河防汛和黄河治理工作不可缺少的基本通信手段。但近年来,防汛电话交换系统因运行年限已久,网络结构复杂、维护管理困难、设备老化严重、安全性稳定性下降等问题越来越突出,已成为治黄工作的隐患。其配套通信电源系统为局、站通信设备提供稳定可靠直流供电。开关电源及蓄电池容量是根据通信设备用电负荷,以及市电停电后蓄电池保证通信设备正常工作时间而定的,目前部分局站交换机配套的电源系统安装于2010年以前,运行8年以上,不能满足系统供电稳定性需求,并且存在火灾等安全隐患。

随着治黄信息化的不断深入和通信技术的飞速发展,黄河防汛及治黄业务对通信的需求越来越多样化、个性化,不仅需要支持传统的语音业务,还需要支持多终端的接入、智能语音业务、多媒体业务、调度业务等功能。而目前的系统只能支持传统的电话和传真业务，功能上已远远落后于行业和社会，制约了治黄信息化和现代化的发展。同时随着新时代对水利行业强监管的要求，现有黄河语音通信系统在功能上已然成为了保障水利行业强监管的短板。

为了满足黄河防汛及各单位对电话语音通信的需求，且为了将来保障水利行业强监管的顺利实施，亟需对黄河防汛电话交换系统从覆盖基层、缩减规模、优化结构、提高可靠稳定性以及扩展服务能力等方面进行更新改造，从而更好地为河南黄河防汛及水利行业监管提供可靠的语音调度通信保障。

本次更新改造建设的语音调度系统在设计原则上是为了从根本上解决河南黄河防汛电话交换网及配套设备设施所存在的设备老化、运维困难、功能单一以及对下游基层单位通信保障率不高等突出问题。为了保证改造建设后的系统不仅能够很好地解决当下河南黄河防汛工作对电话语音通信的需求和对水利行业强监管的要求，而且能够应对具体业务发展可能出现的新的需求，一是在全局市级河务局设置端局，在县级河务局配置用户接入模块及一线班组配置 IP 电话；二是解决部分单位的配线架、电源等配套设备老化问题进行更新改建，以及为其配置缺少的网络机柜、配线架等设备以满足建设需求；三是为了解决郑州河务局至郑州地区语音调度汇接中心的通信传输问题，进行其中部分通信光缆路由及线路改建项目，以下共分为三部分项目建设内容。

5.1.5.1　部分通信光缆路由及线路改建

1. 语音调度系统端局配置及核心设备建设安装

河南黄河河务局此次黄河防汛语音调度基础建设项目共设置 1 个郑州地区汇接中心和开封黄河河务局、郑州黄河河务局、新乡黄河河务局以及濮阳黄河河务局共 4 个市级河务局端局，需要把以上五个站点配置为软交换端局。要在设置的原阳县黄河河务局、封丘县黄河河务局、长垣县黄河河务局、濮阳第一黄河河务局、范县黄河河务局、台前县黄河河务局、濮阳第二黄河河务局、滑县河务局、渠村大闸、张庄闸、开封第一黄河河务局、开封第二黄河河务局、兰考县黄河河务局、中牟县黄河河务局、惠金黄河河务局、巩义黄河河务局、荥阳黄河河务局共计 17 个县局内安装用户接入设备等软交换核心设备。为巩义、原阳、开封一局、开封二局配置共计 5 部 IP 电话。

2. 语音调度系统配套设备建设安装

语音调度系统配套设备建设安装包括郑州市局、新乡局、渠村大闸、开封一局新址、荥阳局、滑县在内的共 6 个站点的配线柜，包括郑州地区汇接中心、郑州市局、新乡市局、濮阳市局、滑县、荥阳共 6 个站点在内的网络机柜，包括新乡、郑州、濮阳、原阳、封丘、长垣、开封一局、惠金、中牟、荥阳、濮阳一局、范县、渠村、张庄闸、滑县河务局共 3 个市局 12 个县局在内的开关电源，包括郑州地区汇接中心、开封一局、兰考、中牟、荥阳、范县、渠村、张庄闸共 1 个汇接中心 7 个县局在内的 16 组蓄电池组。

3. 语音调度汇接中心通信光缆路由及线路改建项目

郑州河务局至郑州地区语音调度汇接中心传输通道，由于顺河路段市政改建，通信管道路由遭到破坏，原通信传输线路中断，需要建设由郑州市顺河路 9 号至金水路 12 号光纤通信管道路由 1 209 m 及 48 芯光纤通信线路 2 420 m。

5.1.5.2　**河南黄河语音调度系统端局核心设备建设**

河南黄河端局建设方案中共包括开封局、郑州局、新乡局、濮阳局及郑州地区汇接中心共计 5 个端局站点建设内容。

河南黄河软交换网络按照组网结构分成核心控制层和业务接入层两级网络。郑州地区汇接中心为核心控制层,市局和县局均属于业务接入层。核心控制层包括软交换核心控制设备、综合网关、中继网关、核心交换机、防火墙、维护终端等设备,业务接入层主要包括综合网关(市局)、IAD、防火墙、网络交换机、各类软终端和 IP 电话等设备。省、市、县用户分别在本站点进行注册,县局以下用户在市局或县局注册。省、市、县采用 2 M 数字专线和办公网进行广域网互联,2 M 数字专线承载语音业务,办公网承载统一通信业务。河南黄河软系统组网结构如图 5-2 所示。

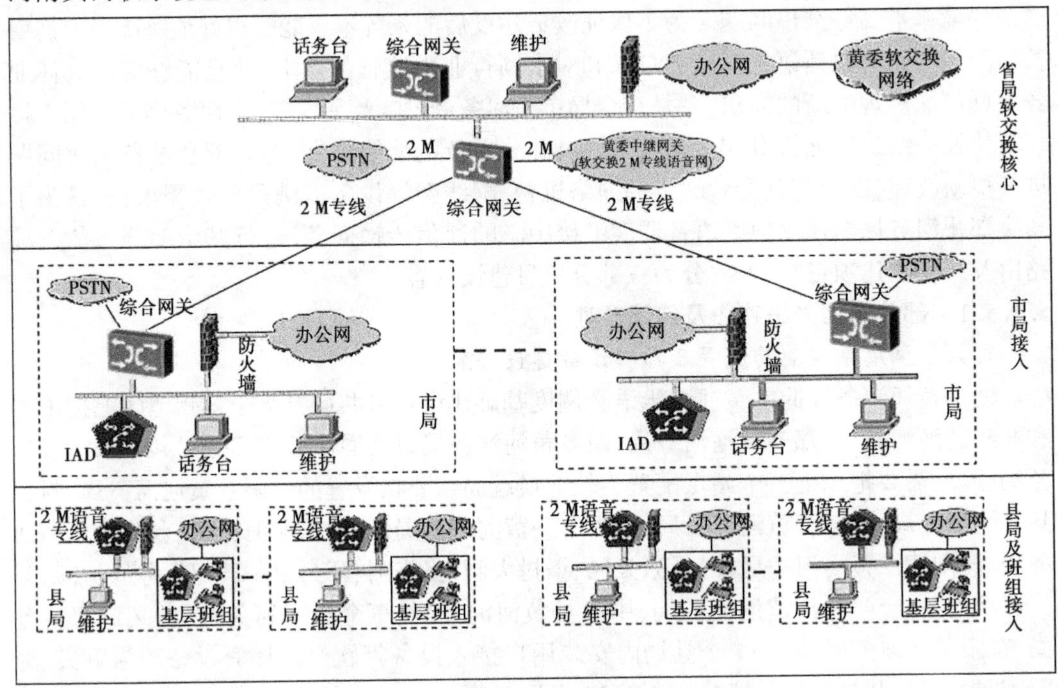

图 5-2　河南黄河软系统组网结构

核心控制层实现对全网设备的管理控制和运维支撑,并完成郑州地区汇接中心用户的呼叫注册、接续控制、中继汇接、路由管理和资源配置等功能。郑州地区汇接中心端局的综合网关通过 2 M 数字专线与黄委、各市局软交换网路互联,构成了郑州地区至黄委和各市局的软交换 2 M 专线语音网。郑州地区汇接中心核心控制设备开通 SIP 中继通过防火墙经办公网实现与黄委软交换、各市局软交换网络的联通,通过办公网的传输链路只承载统一通信业务。

在郑州地区汇接中心配置综合网关、核心交换机、维护终端、防火墙和话务台等设备,综合网关实现市话出中继,以及与黄委和各市局软交换 2 M 语音专网互联。

市局以下软交换网络为业务接入层,主要完成电话用户的接入功能。市局业务接入层包括综合网关、网络交换机、防火墙、IAD、维护终端和话务台等设备,其中综合网关可实现对市局用户的呼叫注册、接续控制和出局中继汇接,同时能开通数字2 M中继与郑州地区汇接中心互联;县局业务接入层包括网络交换机、防火墙、IAD和维护终端等设备,县局用户的呼叫注册在本点完成,防火墙通过办公网实现与汇接中心、市软交换网络的广域网互联;基层单位业务接入主要配置小容量用户接入设备或IP电话,基层单位的用户注册在市局或县局完成。

河南黄河软交换市局组网结构拓扑图如图5-3所示。

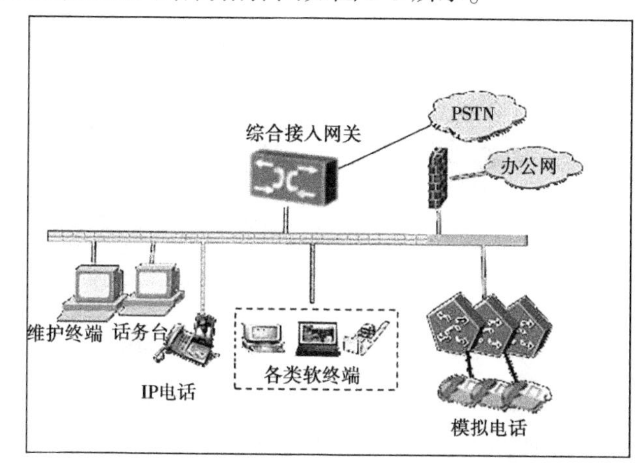

图5-3　河南黄河软交换市局组网结构拓扑图

综合网关完成市局用户呼叫注册、接续控制、中继汇接、路由管理和资源配置等功能。能提供数字2 M中继与PSTN网络汇接,实现注册用户市话出局呼叫,同时能开通数字2 M中继与省局互联。

配置两台网络交换机,完成对承载业务的汇聚交换。

防火墙实现与广域网、办公网的隔离,确保内网可靠运行。同时,通过办公网与省局软交换网络互联,用于承载统一通信业务。

话务台系统具有强插、强拆、监听、呼叫保持、呼叫转接、来电排队、夜服等业务功能。

维护终端完成对市局软交换设备监控管理和原始话单存储管理。

对河南局下属26个县局进行软交换系统改造。在各县局配置用户接入设备、IP电话等设备。县局用户在本地进行呼叫注册接入和出局,能开通数字2 M中继和SIP中继实现与市局软交换系统的双路由互联互通;维护终端用于管理县局软交换设备以及原始话单存储管理;防火墙实现县局软交换网络与市局的广域网互联,用于承载统一通信业务。

河南局下属县局组网结构拓扑图如图5-4所示。

县局软交换网络由IAD、防火墙、网络交换机和维护终端等设备组成。县局用户在本地进行呼叫注册接入,并从本地出市话,能开通数字2 M中继和SIP中继实现与市局软交换系统的双路由互联互通;维护终端用于管理县局软交换设备以及原始话单存储管理;防火墙实现县局软交换网络与市局的广域网互联,用于承载统一通信业务。

为确保黄河通信网络的安全运行和网络畅通,必须保证电源系统的供电能力和质量,向通信设备可靠供电。因此,在本规划方案中设计建设包括新乡、郑州、濮阳、原阳、封丘、

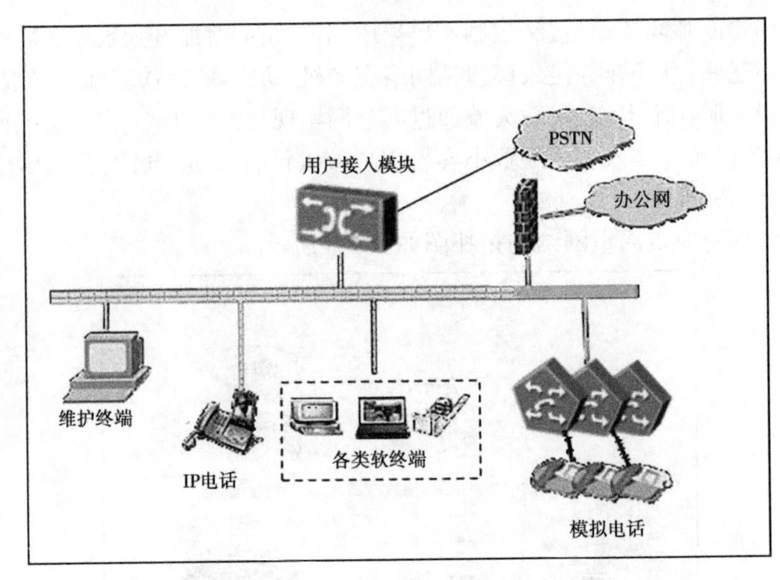

图 5-4 河南局下属县局组网结构拓扑图

长垣、开封一局、惠金、中牟、荥阳、濮阳一局、范县、渠村、张庄闸、滑县河务局在内的共 3 个市局 12 个县局的开关电源,包括郑州地区汇接中心、开封一局、兰考、中牟、荥阳、范县、渠村、张庄闸在内的 1 个汇接中心 7 个县局在内的共 16 组蓄电池组;包括郑州市局、新乡局、渠村大闸、开封一局新址、荥阳局、滑县在内的共 6 个站点的配线柜;包括郑州地区汇接中心、郑州市局、新乡市局、濮阳市局、滑县、荥阳共 6 个站点在内的网络机柜。

郑州黄河河务局至郑州地区黄河防汛语音调度汇接中心通信光缆路由及线路改建项目建设包括一条光纤路由和无源光网络建设。本次改建项目需调整部分光纤路由,采用 GYST-48 芯光纤沿光纤管道敷设一主一备两条光纤,其中光纤全长 2 420 m、管道路由全长 1 209 m,无管道部分采用明线挂杆。光纤网络和接入设备主要包括光传输设备、OLT 设备、ONU 设备、网络交换机和软交换设备等,如图 5-5 所示。

郑州黄河河务局至郑州地区黄河防汛语音调度汇接中心通信光缆路由及线路改建项目主要包括管道路由调整、光纤铺设两部分。

(1)管道路由调整。调整管道路由走向,新建部分管道,埋设 PVC 穿线管和硅芯管。

(2)光纤铺设。采用 GYST-48 芯光纤两条沿新建管道敷设,一主一备配置,两端连接光纤传输设备。

为保证新建的交换系统安全、可靠运行,交换设备要具有可靠的运行稳定性以及故障监测、故障上报、故障定位等系统功能。

电源是通信系统正常工作的保障,为提高系统工作安全性,保证市电停电时通信系统能正常工作,供电系统接入原机房内的直流电源。

为保证各系统设备正常运行,所有新装设备接入原机房通信地网,通信地网采用联合接地方式,接地电阻小于 4 Ω。

调整管道路由,自城东路顺河路口电缆井至金水河桥电缆井修建光缆管道,管道长 1 209 m,自语音调度汇接中心机房引出至弱电井,沿顺河路南侧向西,下穿城东路和顺河

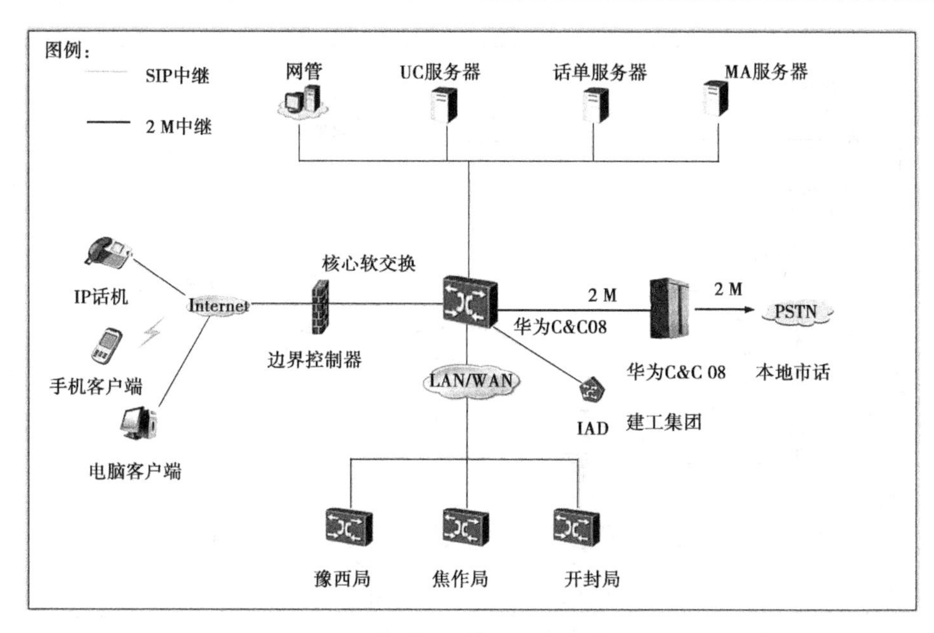

图5-5 汇接中心计算机网络结构拓扑图

东街，自综合楼前手孔处向北，沿顺河北街东侧向北，沿金水河桥下过河，沿原路由向北，黄河勘测规划设计研究院有限公司北门处下穿金水路到达郑州市金水路12号弱电井。线路路由上和城市污水管道、天然气管道、自来水管道、热力管道、电缆管道、其他光纤路由等交叉30余处，均按照相关施工规范采取保护措施进行支撑、保护。管道线路穿过城东路、顺河路、顺河北街、金水路四条市政道路下方，需进行顶管施工，其中城东路和金水路为较大道路。光缆路由如图5-6所示。

5.1.6 河南黄河河务局程控交换网络改造工程

河南黄河河务局程控交换网络改造工程主要工作内容包括以下几方面。

(1)河南局信息中心安装调试开通C&C08——B独立局(32路)程控交换设备1套，本次初装容量2 308线；河南局办公楼安装调试开通C&C08——RSMII(32)交换模块1套，本次初装容量824线；河南局防汛抢险培训中心安装调试开通C&C08——RSP远端交换模块1套，本次初装容量316线。

(2)安装维护终端、话务台和计费系统各1套(含软件)；安装配线架(柜)6个，初装6 000回线；安装调试开通G/MPX09-B数字配线柜1柜(96回线)；光配线柜3个；光端机6端，拆、安装调试开通SDH光端设备1套；高频开关电源3套，电池组4组；5 000 W逆变电源1台；2 000 W发电机组1台。

(3)安装河南局办公楼、信息中心、培训中心机房空调共4套。

(4)敷设光缆线路2 km，市话电缆6 km。

(5)安装敷设地线系统2个系统，技术处理地线系统1个系统。

(6)拆除河南局信息中心(部分安装)程控、配线、光传输、配电、蓄电池、网络等设备30台。

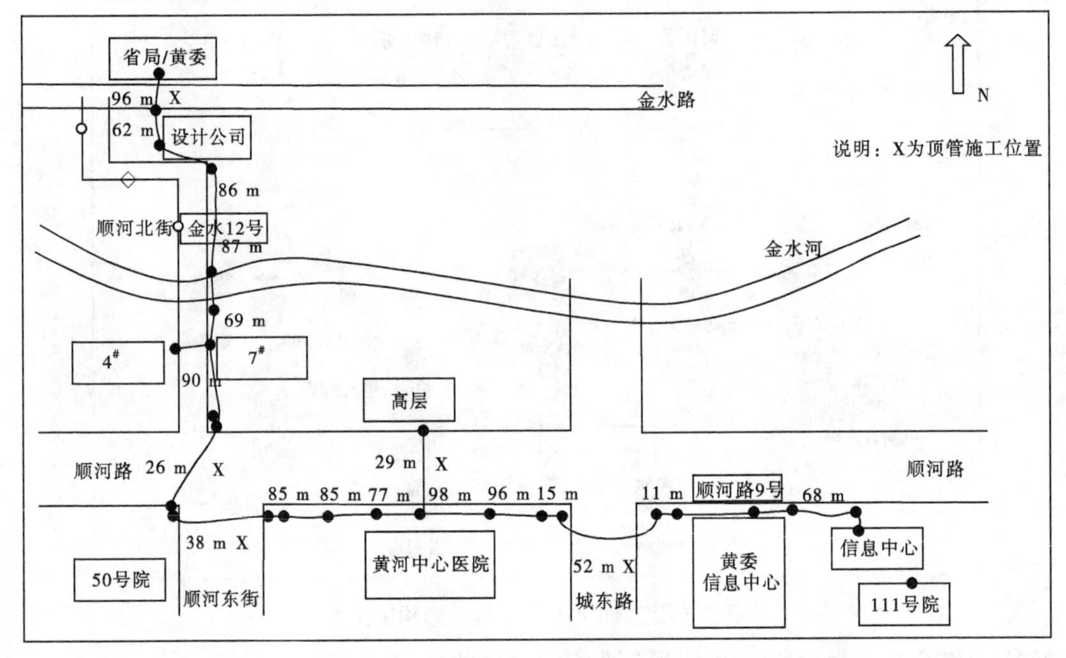

图 5-6　光缆路由

(7)系统集成调试割接中继电路 28 个 E1/12 个局向;系统集成调试割接户配线电缆 24 条/4 200 对;新开通用户电话 1 000 个;系统集成调试割接光缆 8 条,入 200 对适配器。

(8)工程整体系统性能测试集成开通 1 个系统。

通过河南局信息中心建设独立的交换系统,更新原有交换设备,解决黄河防汛以及治黄工作的通信需求;通过黄河通信网实现与河南局所属河务局及黄委、水利部的专网内部联网,承担河南黄河防汛指挥、调度及水情传递等通信任务;与郑州地区公众网联网,实现与公众网通信网络的直联通信问题,为今后向下一代宽带数据信息网过渡打好基础。

5.1.7　河南黄河程控交换机及电源改建工程

5.1.7.1　项目建设的目标

项目建设的目标是解决新乡、濮阳、郑州三个市局交换系统设备老化、备件难购,设备性能低、功能少的问题,提高交换网络接续速度和供电的稳定性,增加多种电信新业务,提高河南局防汛和日常办公的语音通信保障能力。

(1)新乡、濮阳、郑州市局交换机承担各自所辖区域内语音交换,提供主叫号码显示、遇忙回叫、呼叫转移、立即计费等基本业务功能,与公网采用 No. 7 信令汇接,与远端用户模块采用 PRA 信令建立链接,并对远端模块的运行和信息进行实时监控和处理。

(2)远端交换(用户)模块通过传输电路与中心局交换设备建立链路通道,与公网以数字中继联接。远端交换模块在与中心局交换设备的链路通道中断后,仍可进行本模块内部用户信息的处理。

5.1.7.2　性能

(1)新乡、濮阳、郑州市局交换机均采用分级分布式控制结构的局用机,用户容量最大可达到 10 240 线,中继容量最大可达到 1 240 线。用户线话务负荷能力为 0.25 erl/线,中继线话务负荷能力为 0.8 erl/电路。

(2)系统采用 3 级时钟与上级局的时钟同步,系统同步性能稳定。系统具有灵活的组网性能,可实现多级模块组网,中心局具有较强的汇接能力,能提供模拟中继接口和数字中继接口。

(3)系统硬件具有很强的通用性,有效提高系统的可靠性。

5.1.7.3　主要工程量

安装程控交换机 3 套、程控交换远端模块 13 套,总容量为 7 820 线;安装 16E1 光端机 12 台,安装维护终端 7 套、话务台 13 套、计费系统 13 套,安装 VOIP 交换平台 1 套,敷设惠金局至郑州第二机动抢险队光缆 7 km、安装(光)配线柜 20 套,拆除原交换设备 13 台、拆除原配线架 13 架;安装交换机辅助设备及主配电缆接续等。

解决了黄河防汛以及治黄工作的通信需求;通过黄河通信网实现与河南局所属河务局及黄委、水利部的专网内部联网,承担河南黄河防汛指挥、调度及水情传递等通信任务;与郑州地区公众网联网,实现与公众网通信网络的直联通信问题。

5.2　市、县局专网建设

5.2.1　焦作河务局通信汇接中心工程

焦作河务局通信汇接中心工程包括焦作市河务局新址、焦作市河务局老址、博爱县河务局、沁阳县河务局、温县河务局和武陟一局共 6 个通信站点建设。本次通信工程建设规模为 C3 级汇接中心(市局),该中心担负着与省局、黄委、地方通信网及各县局的汇接任务。需建设数字程控交换机 1 套,开关电源 1 套,焦作—沁阳 16E1 数字微波 1 跳、焦作—博爱 16E1 路数字微波 1 跳、焦作—温县 16E1 数字微波 1 跳、焦作原址—武陟一局 16E1 微波 1 跳(将焦作河务局老址端微波拆迁后,安装到新址对武陟一局使用),新址至原址敷设 5 km 的 16 芯光缆 1 条。尽快使新建综合楼投入正常使用,建设焦作地区通信系统,解决新址与所属县局及黄河专网和地方公众网的通信、办公自动化问题,以及新址与原址间通信联系。

5.2.2　新乡河务局通信管道工程

新乡河务局通信管道工程包括通信管道建设、程控交换机扩容系统、通信电缆管道敷设和原通信杆路拆除。建设任务是新乡市东干道联合通信管道建设、程控交换机扩容系统、通信电缆管道敷设和原通信杆路拆除。新乡河务局通信管道工程主要建设内容:新乡河务局程控交换机用户 96 线,新建新乡防汛生活基地至新原线路 599 号杆的通信管道,敷设 200 对管道电缆 1.02 km、100 对管道电缆 1.32 km、50 对管道电缆 1.16 km;与中国联通新乡分公司以联合建设的方式,敷设通信管道 8.37 km。

5.2.3 开封黄河河务局通信工程

开封黄河河务局通信工程包括河务局新址程控交换系统、开关电源供电系统、配线系统和新址至原址通信光缆连接等工程项目。在新址安装交换机 1 套,开关电源 1 套,光端机设备各 1 套,租用新址至原址光纤 2 芯。尽快解决河务局新址防汛指挥、防洪工程管理等工作对通信的需求,满足新址与原址通信设备中继传输的需要。

5.2.4 武陟县第二河务局通信楼工程

建通信楼一栋。工程结构为三层砖混结构,7 度抗震设防,二级耐火等级。平面呈长方形,跨度 7.8 m,长度 19.5 m,共 15 间。室内按标准化机房装修,满足通信设备的搬迁和运行。

5.2.5 兰考县河务局机关搬迁通信工程

兰考县河务局机关搬迁通信工程建设了微波通信工程系统、程控交换机系统、通信电源系统等。尽早解决机关新址通信问题,以满足黄河防汛工作需要,将兰考县局新址程控交换机及网络交换与市局直接联网,能较好地解决语音和网络的联网,并有效地通过新建微波电路接入黄河专网,保证了兰考县局新址防汛通信及网络的畅通,同时为今后开展宽带综合业务、实现集中监控和维护、提高管理水平提供了技术保证。

5.2.6 开封县局通信搬迁工程

开封县局通信搬迁工程主要建设内容为通信机房、铁塔、微波通信工程系统、程控交换机系统、通信电源系统等。尽早解决机关新址通信问题,以满足黄河防汛工作需要,将开封县局新址程控交换机及网络交换与市局直接联网,能较好地解决语音和网络的联网,并有效地通过新建微波电路接入黄河专网,保证了开封县局新址防汛通信及网络的畅通,同时为今后开展宽带综合业务、实现集中监控和维护、提高管理水平提供了技术保证。

5.2.7 范县河务局机关搬迁通信工程

范县河务局机关搬迁通信工程包括程控交换机系统、数字微波系统、通信开关电源系统。建设任务是解决县局机关搬迁新址与原机关间通信联络问题及与所属县局及黄河专网和地方公众网的通信、办公自动化问题。建设内容主要有安装数字程控交换机 1 套,总配线柜 1 台,安装新址至彭楼的数字微波 1 跳,安装微波远程监控系统 1 套,安装开关电源 1 套,安装开关电源远程监控 1 套,建设通信铁塔 1 座。

5.2.8 长垣河务局通信工程

长垣河务局通信工程建设内容为基地综合办公楼室内综合布线工程、程控交换机及配套通信电源安装,室外光、电缆敷设工程等项目。在长垣河务局安装 512 端口程控交换机 1 套、6 000 回线配线柜 1 台、电源 1 套(60 Ah 开关、2 组 48 V 200 Ah 蓄电池);在长垣河务局与机动抢险队等 3 个单位敷设 14 芯、8 芯、4 芯光缆,解决通信传输通道问题。建设任务是建设长垣地区通信系统,解决新址与市局及黄河专网和地方公众网的通信、办公自动化问题。

5.2.9　温县黄河河务局通信工程

拆除并修建数字微波1跳;安装程控交换机1套,初装容量128线,数字中继5×2 Mb;安装400回线配线架1台,24口以太网交换机2台,48 V/120 A开关电源1台,48 V/200 Ah蓄电池2组,UPS 1台,安装16×2 Mb/s光端机2台;敷设通信光缆3 km;修建50 m通信铁塔1座;制作联合接地系统1套;机房环境建设120 m^2等。满足温县黄河河务局对防汛通信的要求,实现黄河防汛指挥调度、防汛信息资源共享、水情传递等,为黄河防汛业务提供安全可靠、稳定高效的语音和数字通信服务。

5.2.10　吉利黄河河务局通信工程

建设PDH微波2跳;安装程控交换机1套,初装容量96线,数字中继2×2 Mb;安装200回线配线架1台,24口以太网交换机2台,48 V/120 A开关电源1台,48 V/200 Ah蓄电池2组,2 kVA逆变器2台;修建15 m通信铁塔1座(楼顶塔);机房环境建设55.76 m^2等。满足吉利黄河河务局对防汛通信的要求,实现黄河防汛指挥调度、防汛信息资源共享、水情传递等,为黄河防汛业务提供安全可靠、稳定高效的语音和数字通信服务。

5.2.11　巩义黄河河务局通信工程

安装程控交换机1套,初装容量80线,数字中继3×2 Mb;安装200回线配线架1台,24口以太网交换机2台,服务器1台,计算机网络综合布线系统1套(48个计算机信息口),48 V/120 A开关电源1台,48 V/200 Ah蓄电池2组;制作联合接地系统1套;机房环境建设120 m^2等。满足巩义黄河河务局对防汛通信的要求,实现黄河防汛指挥调度、防汛信息资源共享、水情传递等,为黄河防汛业务提供安全可靠、稳定高效的语音和数字通信服务。

5.3　信息化应用项目建设

5.3.1　河南黄河防汛实时移动采集会商系统

河南黄河防汛实时移动采集会商系统是“数字黄河”工程的组成部分,是黄河工情采集系统的补充。符合“数字黄河”工程总体框架和技术要求,同时要满足黄河工情采集系统的采集标准和报送机制。其特点是突出实时移动采集和传输、远程会商决策,增强信息的时效性、科学性、共享性。

该系统针对黄河工程的分散性、险情突出性、河势的不稳定性等特点,突破了以往信息的采集手段单一、设施相对固定及传输受天气状况、工程位置等局限。采集车可在沿黄网络覆盖范围内任意漫游,真正实现信息的实时采集和传输,同时可以实现实时移动远程会商。

系统采用宽带无线接入、数字视频处理、IP 数据通信等先进技术,完成移动采集传输功能。信息的采集主要由前端摄像机来完成,摄像机采集的音视频信息通过移动发射机传输到采集车接收系统,音视频信息通过无线网桥上传基站;通过微波传输电路或直接接入各地办公自动化网络,通过广域网上传至省局防汛会商中心。

2004 年黄河第三次调水调沙试验中,在濮阳李桥设立了人工扰沙点,配合调水调沙试验。为了能将现场实况实时地传到省局指挥中心,河南黄河河务局防办和省局信息中心抽调主要技术骨干在极短时间内,研发出一套实时移动图像、语音采集传输系统,赶赴调水调沙试验现场,完成了试验现场图像的实况转播任务。

在调水调沙试验结束后,由于图像的实况转播效果良好,紧接着又被派到小北干流放淤试验现场承担现场图像的采集和传输。该系统在黄河突发事件或抢险实施过程中,能在很短时间内赶赴现场,进行现场信息的采集和传输,具有很强的机动性,受到了领导和专家的好评,在黄河防汛中具有很高的应用价值,河南黄河防汛实时移动采集会商系统正是现场实时移动采集系统和异地会商系统的有机结合,构成了具有河南黄河特色的防汛现场信息采集传输系统。

河南黄河防汛实时移动采集会商系统主要由宽带无线接入基站、现场信息采集车和移动采集点三部分组成(见图 5-7)。分为硬件的选型、组装和整合,还有系统集成软件的研发。

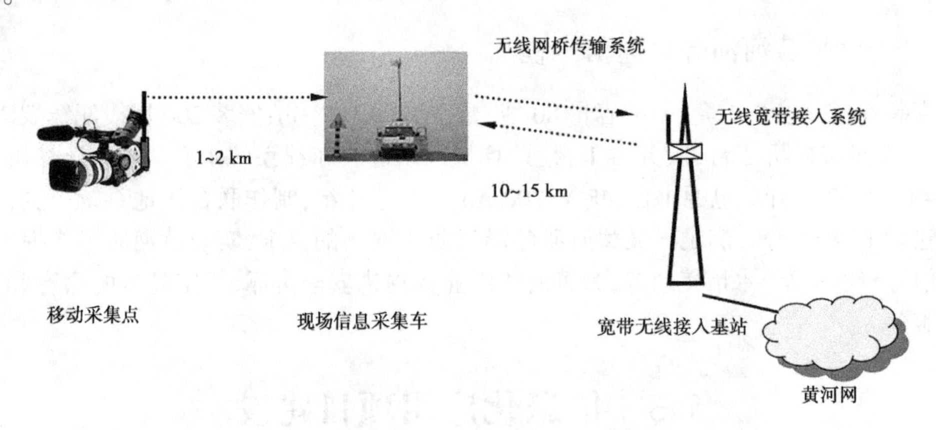

图 5-7 河南黄河防汛实时移动采集会商系统示意图

5.3.1.1 宽带无线接入基站

在河南黄河两岸共安装了 17 个宽带无线接入基站,基站直接和黄河网相连。每个基站的网桥设备拥有一个所在县局的固定的 IP 地址。为了满足所建基站的覆盖范围和使用的灵活性,选用了美国生产的 LP2411 通信设备,设备功能良好,体积小巧,便于安装、调试和维护。

5.3.1.2 现场信息采集车

现场信息采集车是一个综合的通信车,其中综合了许多现代化的通信设备,通过硬件和软件的连接达到所需要的各类功能。全局共研发了 6 辆同样的现场信息采集车。它具有提供图像、IP 电话及宽带服务的功能,采集车所采集的各种数据通过无线设备链路与干线网络相连并传送到各市局、省局、黄委。现场信息采集车主要应用于音视频的转播、宽带及电话交换网络的延伸。各个现场信息采集车采用了GPS全球定位系统和电子罗盘等先进技术,能够准确地对现场信息采集车进行定位和方向的辨别。天线系统具有自动升降、左右转动及俯仰调整的功能。多媒体系统具有将两路视频和两路音频数据压缩的功能,同时能提供两路IP电话和两个宽带数据接口,硬盘刻录机能对多媒体系统的两路音视频数据进行自动备份,用于对音视频数据的备忘和回放。电源系统具有外市电、逆变器和UPS供电三种可选供电方式在不同的情况下使用。整个系统具有架设简单、方便和容易调试、维护的特点。

5.3.1.3　移动采集点

移动采集点主要是无线通道和数码摄像机的有机组合,通过数码摄像机来采集图像和语音信息,再通过1.2 G的无线发射模块将采集到的现场信息发送到现场信息采集车的接收单元。

5.3.1.4　软件方面

在软件平台设计中,采用基于Microsoft Windows DNA的三层客户机/服务器结构。它是目前第一种把Internet、客户机/服务器以及PC计算模式集成为一体的网络分布式应用体系结构,能够充分利用集成于Windows平台之上的各种功能特性,满足对于用户界面、浏览、各种业务处理以及数据存储等现代分布式应用。开发环境为Microsoft的VC++语言等。除整体软件的开发外,还完成了全国电子地图、GPS定位系统、电子罗盘、数字云台控制系统等应用软件的集成。

应急移动通信系统可提供图像、IP电话及宽带服务等功能,现场信息采集车采集的各种数据通过无线设备链路与干线网络相连传送到各市局或省局指挥中心。应急移动通信系统是音视频转播、宽带及电话交换网络的移动延伸。各个信息采集车采用了GPS全球定位系统和电子罗盘等先进技术,能够准确地对现场信息采集车进行定位和方向的辨别。天线系统具有自动升降、左右转动及俯仰调整的功能。多媒体系统具有将两路视频和两路音频的IP压缩功能,同时能提供两路IP电话和两个宽带接口,硬盘刻录机能对多媒体系统的两路音视频数据进行自动备份,用于对音视频数据的备忘和回放。电源系统具有外市电、UPS和逆变器三种供电方式可供选择,以满足在不同情况下使用。整个系统具有架设简便、易操作、维护方便等特点。

河南黄河防汛实时移动采集会商系统结构示意图见图5-8。

5.3.2　黄河下游引黄涵闸远程监控河南5闸通信系统整改

黄河下游引黄涵闸远程监控通信系统(水调一期)是以郑—济微波干线及市、县局的支线微波搭建的四级通信系统,2003年建设的宽带无线接入系统设计定位于解决黄河基层引黄涵闸日常业务用户级通信设备,由于使用年限久、设备故障频发,不能满足引黄涵闸水调系统的特殊要求,为此急需整改支线微波通信系统。

鉴于此,河南黄河河务局信息中心上报了《关于报送黄河下游引黄涵闸远程监控通信系统整改实施方案的请示》(豫黄信〔2011〕58号),河南黄河河务局分批批复了施工方案,分项目名称确定为黄河下游引黄涵闸远程监控河南5闸通信系统整改(柳园口、共产主义、张菜园、杨小寨、邢庙)工程,后来根据闸站翻修改建进度,再次批复了三刘寨、石头庄、红旗闸的现地站系统整改实施方案,两项目于 2013 年实施完成。

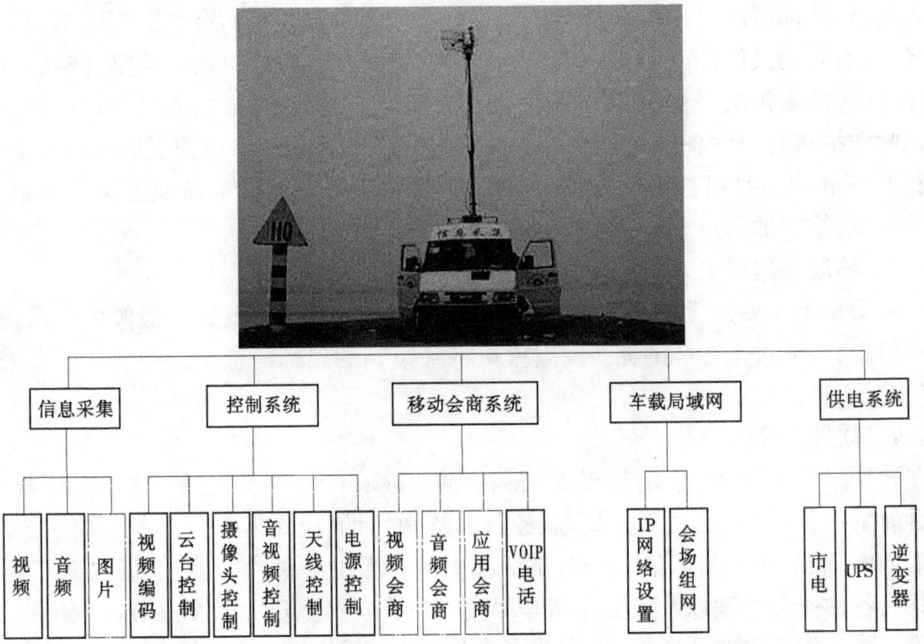

信息采集
视频　音频　图片
控制系统
视频编码　云台控制　摄像头控制　音视频控制　天线控制　电源控制
移动会商系统
视频会商　音频会商　应用会商　VOIP电话
车载局域网
IP网络设置　会场组网
供电系统
市电　UPS　逆变器

注:虚线部分为本系统可以集成的终端设备。

图 5-8　河南黄河防汛实时移动采集会商系统结构示意图

本次通信整改方案采用宽带无线接入系统、光纤通信系统、PDH 微波系统三种通信接入方式,通信系统整改具体任务包括:

(1)采用无线接入方式需要整改的 7 座涵闸,进行系统整改的有共产主义闸、张菜园闸、杨小寨闸、邢庙、三刘寨、石头庄、红旗闸引黄闸。

(2)采用微波接入方式需要整改更换的 4 跳微波:柳园口引黄闸更换 PDH 微波 1 跳(开封一局至老郊区局)、濮阳至台前 PDH 微波 3 跳(濮阳市局至濮阳县局、濮阳县局至北坝头、彭楼闸至闵子墓)。

两项目属微波电路改造工程,新的微波设备必须安装在原有的微波机房内,这样必须将原有的设备移开后才能将 SDH 设备安装到位。处理方法是完全替换、拆除 PDH 微波设备,待 SDH 微波安装调通后,将各种接口复接上去。

由于两组施工队伍分别在两个站进行设备安装,首先给对应 1 跳的设备进行加电,天馈系统的安装也是如此,先安装对应 1 跳的天线,后安装另一方向的天线。这样施工的好处是可以首先调试对应 1 跳的通信电路,待电路调通后,一个组可迁移到下一个站进行设备安装,另一个组可继续安装另一个方向设备。从而加快了施工进度,保证了施工周期。

在通信设备安装之前,我们对各站的电源设备进行了检查,符合通信设备所需的各项输出。这样既保证了通信设备的安全,也保证了施工进度。

5.3.3　河道工程根石探测试验项目

河道工程根石探测试验项目提供一种实时监测黄河河坝坝石坍塌险情的设备和系

统,减少人力巡检所遇到的问题,智能预警、快速传报、自动抓拍视频等为指挥中心防汛抢险决策提供准确、及时、科学的数据信息支持。

由于黄河水流泥沙含量很高,堤坝坝石都高于周边地势,导致堤坝易出险,在抗险方面对时效性和准确性要求很高,根据多地实时情况调研,目前坝石巡检主要依靠人力巡查,存在以下问题:

(1)人力巡检时效性较差,不能保证实时监测。

(2)人力巡检在环境复杂时,很容易发生误判。

(3)人力巡检存在极大的安全隐患。

(4)人力巡检遇到险情时,采集保存险情图片、视频烦琐困难,不能有效地保存险情实时信息并向上级汇报。

为了解决黄河坝石坍塌监测问题,本项目实现了一种黄河坝体根石监测设备及告警系统,包括末端传感设备、终端监测设备、网关转发设备、视频监控设备、数据分析系统、调度告警系统、管理系统,可以实时监测堤坝坝石的走向、位移等信息,及时通知作业人员堤坝险情,抓拍险情视频图片,全面掌握当前黄河堤坝出险情况,并能对险情发生地点、时间等信息进行数据分析,为抢险工作组提供科学、有效的数据支持。

末端传感设备固定在坝石上,分别部署到水下和水上的堤坝上,通过线缆和终端监测设备进行连接,每两个末端传感设备连接 1 个终端监测设备,终端监测设备接收传感设备传输的坝石走失、位移信息,终端监测设备通过自建低频无线网络将信息传输给网关转发设备,终端监测设备和路由网关设备为多对多关系,可以有效保证监测信息传输质量,网关转发设备通过自建内网将数据传输到数据分析系统,数据分析系统根据监测信息情况通知监控设备录像和抓拍,同时通知调度告警系统进行对应级别的告警和告警信息分发,管理系统记录相应的告警生成日志文件。

末端传感设备由载体坝石、固定支架、防水壳体、位移振动传感器、防水接头组成,如图 5-9 所示。位移振动传感器置于防水壳体内,通过固定支架固定在载体坝石上;防水接口连接传感器,将载体坝石分别放置于堤坝的水下根基处和堤坝水上的跟台处。

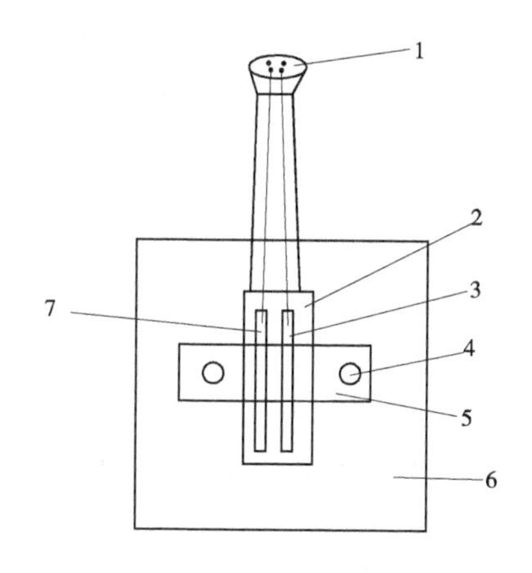

1—防水接头;2—防水壳体;3—状态检测传感器;4—螺栓;5—固定支架;6—载体坝石;7—位移振动传感器

图 5-9　末端传感设备

终端监测设备包括防水壳体、防水接头、电源管理模块、433 MHz 无线通信模块、FPC 内置天线。电源管理模块包括电池及升压模块，433 MHz 无线通信模块包括射频 IC、MCU、传感器信号放大模块以及终端监测服务程序，如图 5-10 所示。防水接头连接末端传感设备，电源管理模块负责将电池电压稳定使设备工作，数据接收模块（射频 IC）负责接收终端监测服务程序获取的末端传感设备数据，数据处理模块（MCU）将接收的数据处理后移交给数据发送模块（射频 IC），数据发送模块（射频 IC）通过传感器信号放大模块将数据传输给网关转发设备。

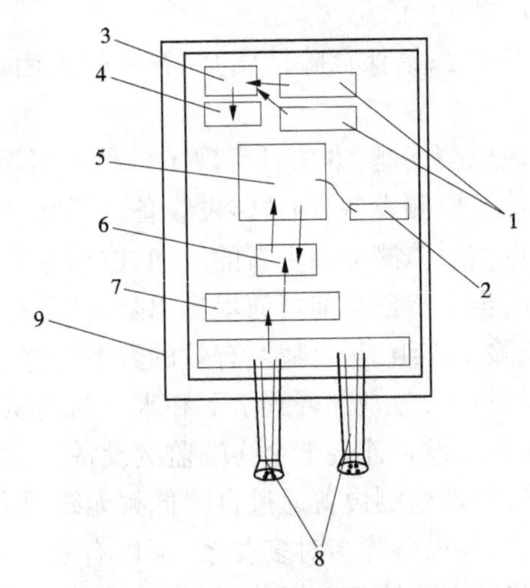

1—电池；2—天线；3—升压模块；4—稳压模块；5—射频接收发送模块；
6—主控 MCU 模块；7—传感器信号放大模块；8—防水快插头；9—壳体

图 5-10　终端监测设备

网关转发设备包括防水壳体、电源管理模块、433 MHz 无线通信模块、互联网连接模块（见图 5-11）。电源管理模块包括 12 V 电源适配器和 DC 稳压模块、低压差线性降压模块及过流过压保护模块；433 MHz 无线通信模块包括射频 IC、MCU 及网络协调服务程序；所述互联网连接模组为可替换模组，包括 2 G/3 G/4 G 通信模组、WIFI 模组及 RJ-45 以太网通信模组。网关转发设备通过射频 IC 接收到终端监测设备发送来的数据，通过 MCU 处理后交给互联网连接模块，通过专网发送给数据分析系统（见图 5-12）。

数据分析系统包括数据传输模块、数据存储模块、数据分析模块。数据传输模块接收到网关转发设备数据后，将原始数据存入数据存储模块（RAM），同时将数据移交数据分析模块进行分析，如果遇到险情则通知视频监控系统进行录像抓拍，同时通知调度预警系统进行预警。

调度预警系统包括全局预警模块、堤坝分组模块、视频监控模块、预警详情模块。全局预警模块以地市为单位，在地图上显示地市堤坝预警情况；堤坝分组模块以树形结构分组显示各个地市的堤坝信息，并以颜色区分预警情况；视频监控模块可以直接查看实时堤坝视频情况，也可以查看预警抓拍的视频和图片信息；预警详情模块可以查看某个堤坝的预警详情（见图 5-13）。

管理系统是整个体系运行的基础，是黄河河坝坝石坍塌监测设备及预警系统的组织、

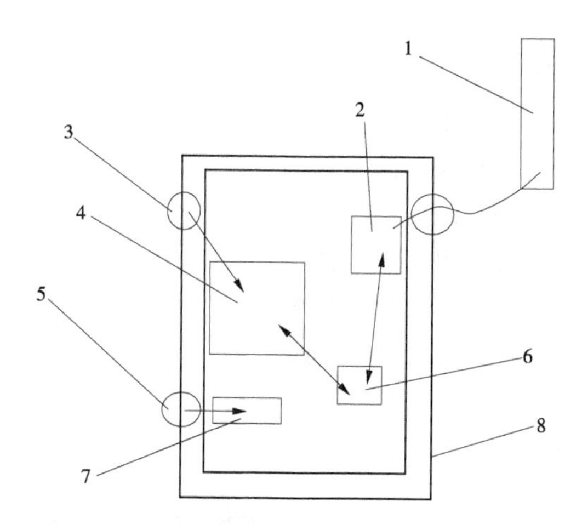

1—天线;2—射频接收发送模块;3—以太网接口;4—网络处理模块以太网接口;
5—电源接口;6—数据处理 MCU 模块;7—电源管理模块;8—壳体

图 5-11 网关转发设备

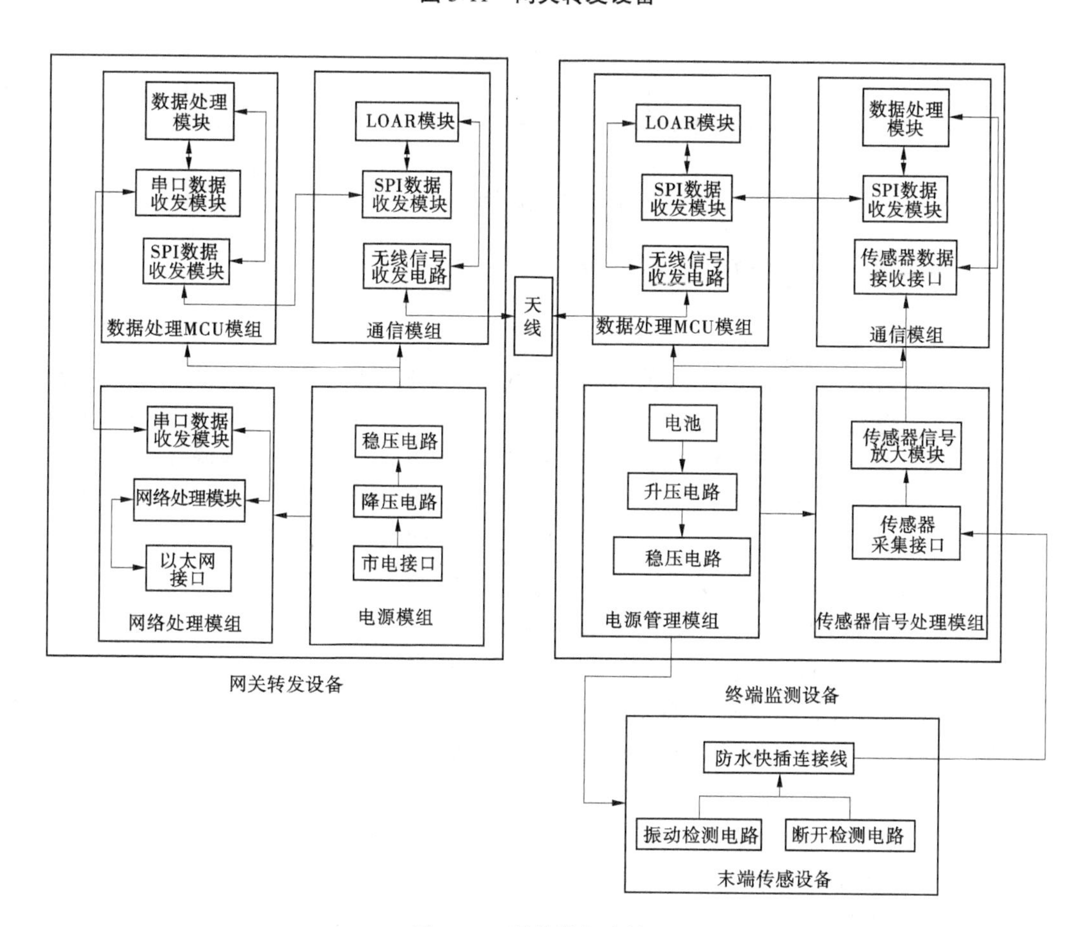

图 5-12 硬件设备连接

设备、数据、权限维护中心。

(1)黄河河坝坝石坍塌监测设备及预警系统可以实现 24 h 不间断监测,实时传输坝石状态,避免人力巡检时间不及时。

(2)监测设备不会受限于暴雨、深夜等不利于人眼观测的恶劣环境,坝石一旦出现移动、走失,都会及时告警并抓拍视频和图片作为依据。

(3)避免人力巡检时可能会引起的人员危险。

(4)遇到险情,第一时间会将险情信息和现场情况通过专用网络传输到各值班室和指挥中心,避免恶劣环境引起信息传输不到位等情况。

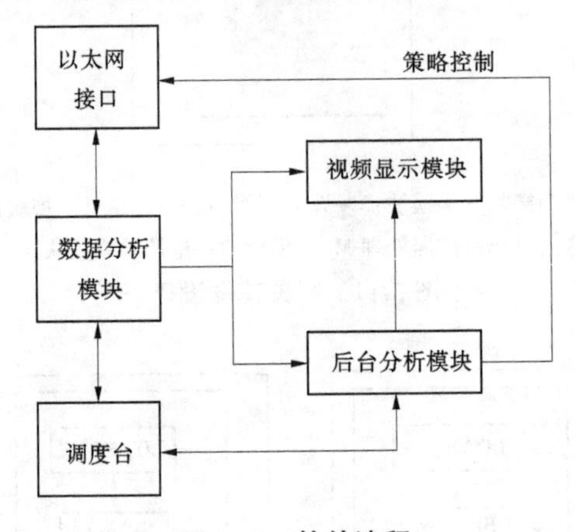

图 5-13　软件流程

5.3.4　河南黄河防汛视频会议系统

河南黄河河务局机关主会场配置 1 台 MCU(要求支持高清和双流)、1 台高清录播服务器、1 套视频直播系统、1 套语音值守系统。6 个市(地)级河务局及济源河务局各配置 1 台视频会议终端(要求支持高清和双流)和 1 套语音值守系统,视频终端通过广域网和河南黄河河务局机关主会场 MCU 相连接。主会场配备的高清录播服务器,能够实现高清会议的录制、广播、组播等;视频会议直播系统确保没有视频终端的县局能够收看省市局视频会议,以达到扩大视频会议范围、充分发挥项目改造效益的目的;语音值守系统是为保证局领导在外地出差时能够加入视频会议系统,满足采用固定电话或手机以音频的方式加入会议,同时作为在视频终端不能接入情况下的一个语音接入备份。

河南黄河河务局防汛视频会议系统改造后,对现有的 7 台视频终端进行了更新,视频终端更新后,原有 8 台旧的视频终端尚有 6 台可用,可以将现有能用的 6 台视频终端放到距离较远的县局使用,以使系统升级改造发挥最大效益。经过比较,初步计划将能用的 6 台视频终端集中下放到距离郑州最远的濮阳河务局下属的 6 个县级河务局,即濮阳第一河务局、濮阳第二河务局、范县河务局、台前河务局、渠村闸管理处和张庄闸管理处,既可以参加河南黄河河务局全局范围的视频会议,也可利用河南黄河河务局主会场 MCU 召开濮阳河务局内部的视频会议,在升级改造的同时使原有设备得到较好的应用(见图 5-14)。

在本次设备配置过程中,要确保和原有设备之间的无缝对接,同时要考虑和黄委视频

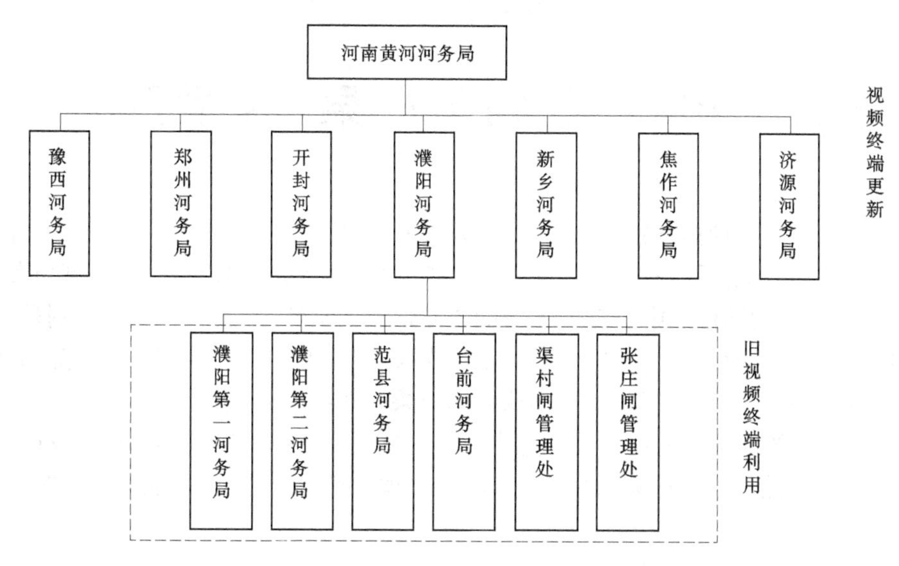

图5-14 河南黄河河务局防汛视频会议系统改造视频终端分布

会议系统的兼容性,实现与黄委视频会议系统的互联互通。

5.3.5 黄河下游县局以下宽带无线接入工程(河南段)

工程主要建设任务是在黄河下游建设宽带无线接入设备、支线PDH微波、供电与防雷设施、通信铁塔、通信网管系统等,为黄河下游43座引黄涵闸的监测、监控数据和视频图像传输的通信平台,并为相关区域的防汛、水文及工程管理等业务提供适用宽带通道。

工程涉及黄河下游的河南濮阳、开封、新乡、焦作、郑州。在武陟一局、开封郊区局、兰考县局、封丘县局、长垣县局、彭楼、范县县局、台前县局8个地点建设相应的宽带无线接入中心站;按照中心站的覆盖范围,在张菜园闸、共产主义闸、黑岗口闸、三义寨闸、杨小寨闸、辛庄闸、石头庄闸、禅房闸、梨园闸、红旗闸、王称堌闸、邢庙闸、刘楼闸、王集闸14座引黄涵闸所在地附近建设外围站;三刘寨、渠村、柳园口、于庄、影堂5座引黄涵闸采用光纤连接至中心站;装配移动通信车1台;在张菜园、开封郊区局、黑岗口、杨小寨、梨园、王称堌、邢庙、刘楼新建8座铁塔。在开封市局—开封郊区局、开封县局(新址)—开封县局(旧址)—兰考县局(旧址)、濮阳市局—濮阳县局—北坝头—彭楼—范县县局(旧址)—台前县局(旧址)建设8跳PDH配套微波。装配移动通信系统1套。

满足黄河水量调度管理系统引水信息的采集和涵闸远程监控业务高速数据传输的要求。解决了43座涵闸的通信问题,为水调的数据和图像信息的传输、防汛、工管、水文等各种数据和信息的传输至所属各市局提供了可靠宽带信道。

第 6 章 创新、奖励与成果(黄委及以上)

多年来,河南黄河河务局信息中心积极营造科技创新氛围,加强科技创新平台建设,不断完善科技创新工作机制,全力实施知识产权战略,尊重知识和人才,加大创新激励,积极申报专利,充分调动信息中心全体人员的创新性和主动性,加速治黄工作特别是水利信息化工作的发展。信息中心全体人员在科学技术发明、发现、创新、进步、革新、推广、应用、转化上取得的,并经有关部门、机构认可的成果和业绩,硕果累累。

本章主要介绍河南黄河河务局信息中心作为主要完成单位所获得的黄委及以上级别的成果和奖励,包括"948"计划项目、"大禹奖"、"黄委科技进步奖"、"黄委'三新'认定"、专利、论文等。

6.1 "948"计划项目

为尽快缩小我国科技与世界先进水平的差距,1994 年 8 月,经国务院批准,农业部、国家林业局和水利部共同组织实施了引进国际先进农业科学技术计划(简称"948"计划)。"948"计划是我国唯一以引进国际先进农业科学技术为内容的专项计划。

河南黄河河务局信息中心主持建设的"数字防汛移动宽带综合业务平台"和"基于 Wi-Fi 传输的数字防汛移动综合业务平台多频段耦合应用"两个项目先后入选水利部"948"计划。

两项目目标是建设一个数字防汛移动宽带综合业务平台。近期目标是建设两个试验站。该试验站试验成功后可分批建设,实现在全黄河范围内,高速动态地传递语音、数据、视频图像、传真等宽带多媒体信息。为"数字黄河"工程提供一个多介质综合信息业务平台。

数字防汛移动宽带综合业务平台拟在河南黄河河务局所辖郑州黄河河务局花园口建设 AP 移动宽带无线通信基站,在郑州黄河河务局、开封黄河河务局建设 4 个宽带无线移动用户终端、6 套单兵站,同时充分利用现有通信资源,建设一个能覆盖郑州黄河河务局、开封黄河河务局的主要堤防、险工、控导涵闸等防洪工程的数字防汛移动宽带综合业务平台系统。网管系统设在河南黄河河务局信息中心。

项目引进后,有关消化吸收研究工作将结合本项目进行。

6.1.1 预期成果

该设备是目前通信领域的先进设备,用于建立数字防汛移动宽带业务综合平台,具有开创性。该试验站试验成功后可分批建设,实现在全黄河范围内,高速动态地传递语音、数据、视频图像、传真等宽带多媒体信息。为"数字黄河"工程提供一个多介质综合信息业务平台。

该项目引进美国先进的 WiMax 无线城域网技术主要设备和必要的配套设备,该技术在国外发展时间较长,技术本身较为成熟,在国外也有很多实际应用的案例和基础。另外,河南黄河河务局开展本项目也有良好的条件基础,河南黄河河务局在2004年建设了台前县河务局、范县河务局、彭楼闸、梨园闸、渠村大闸、兰考县局、开封郊区局、韩董庄闸、祥符朱闸、温县河务局、沁阳河务局、孟县河务局、孟津河务局、白马泉基站和石头庄闸等15个宽带无线通信基站,引进后能够较快进入实用阶段。进而可在全河南黄河河务局、黄河流域以及其他流域上推广应用,该系统还可成为"数字黄河"五大基础支撑中的"信息采集系统"及"数据传输系统"有机组成部分,应用前景十分广阔。

6.1.2　项目详细工作内容

该项目引进美国RSA公司LP2600系统,包括先进的WiMax无线城域网技术主要设备和必要的配套设备,在河南黄河河务局所辖郑州河务局和开封河务局各建设一个AP移动宽带无线通信基站,CPE宽带无线移动用户终端、单兵站、多媒体网关、网管系统等。本次试验站规模为2个移动宽带无线通信基站、4个宽带无线移动用户终端、6套单兵站及网管系统。

其中AP移动宽带无线通信基站接入端可配置成多蜂窝、多扇区方式,可以对通信热点地区乃至整个城市进行非视距无缝覆盖,特别是车载式基站还可组建一个随时机动、灵活的综合多媒体接入网,通过与移动卫星系统的连接,实现随时随地与骨干网的沟通。该AP基站是高度一体化、可用于室外任何环境的设备,它可以非常灵活地安装在塔顶上或设备场地中,也可固定在屋顶或线杆上。此外,为适应高密度应用蜂窝基站的要求,AP基站设备还可选用机架式安装模块,AP基站外接端口包括一个单一同轴馈线、-48 V DC电源和GPS UTC(全球定位系统,用于在同一地理区域内使基站同步)。基站采用标准天线,可选用多扇区或全向天线配置,频道的设定或更改可由网络管理系统远程控制,无须在现场操作,此外如果外加天线合路器可使四个AP基站设备共用一根天线;AP基站的最大输出功率可选为2 W或5 W,在选用5 W时需使用频道滤波器附件;AP基站的网络接口是一个标准的10/100BASE-T以太网接口,并使用特殊的防水连接器,AP基站的参数配置可通过本地串行端口、Telnet或Web界面进行,也可通过使用基于SNMP的网络管理系统来实现;其安装时包括为每个基站设备提供瞬时电压干扰抑制模块(TVS),TVS含有一个全波整流器,因而基站可使用-48 V、+48 V或浮动48 V电源,为蜂窝中的基站设备供电,还可选用双冗余备份电源系统。RSU是高性能的便携式宽带无线接入终端,适合放置在室内或汽车内等非室外环境中使用,可以将一个LAN接入宽带中,也可以随身携带乃至在高速移动中使用,不需要安装天线及相关设备,是真正工作于非视距条件下的即插即用以太网设备,用户无须另外安装任何驱动程序或添加任何硬件设备,在蜂窝基站系统已经覆盖区域内的任何地点(高楼林立的城市中心或郊区或移动的汽车中),用户仅需数秒即可与网络连通,享用永远在线的高速、高质量、高稳定性的宽带无线接入服务。

MSU宽带无线移动用户终端,可安装在车辆上,也有人员背负式,适于移动市场环境应用,如运输、部队指挥通信系统、应急通信系统、公共安全等,是真正即插即用的无线以太网设备,不需要在用户的计算机或局域网上安装任何驱动程序,MSU还具有自适应调制功能,以增加网络传输吞吐量,所支持的应用系统包括数据、IP电话和视频会议。MSU

的设计适于机动车辆安装，运行电压范围为 10～19 V DC，温度范围为-40～60 ℃。

按照中央科学发展观和水利部治水新思路的总体要求，国家防总近期提出了防汛数字化发展要求和规划，提出了“信息传递及时、洪水预报准确、调度指挥优化、防汛管理可视”的发展战略。河南黄河河务局信息中心于 2007 年利用国际上先进 WiMax 无线城域网技术，申请了水利部“948”计划项目“数字移动综合业务平台系统”。该系统较好地解决了黄河信息传输网的传输瓶颈问题。

但是在试验中发现还存在盲区，为了解决这个问题，河南黄河河务局信息中心于 2011 年申请了延续性项目“基于 Wi-Fi 传输的数字防汛移动综合业务平台多频段耦合应用”，解决了防汛用户在防汛抢险现场、黄河坝岸、险工险点等复杂情况下接入黄河信息通信网的难题，实现了基层防汛用户在不用布线和增加投资情况下，就能随时随地访问黄河信息网及防汛应用系统的梦想。

6.1.3　项目目标

本项目完成后将拓展数字防汛移动综合业务平台功能，实现移动视频会议、移动会商功能，延伸原应用系统的覆盖范围，实现多用户在防汛基层及防汛现场同时访问黄河广域网的功能，解决基层不能使用这些应用系统的老大难问题，扩展原应用系统的使用范围，并解决野外条件下移动用户终端设备长时间供电问题，为黄河防汛数字化提供优良的技术支撑。

（1）可以实现在防汛现场召开实时视频会议功能，为视频会议系统提供足够的带宽，实现视频信息的双向传输，提高防汛信息的上传下达时间，为上级领导决策提供技术支持。

（2）解决中牟和花园口两个 WiMax 基站盲区覆盖问题。将覆盖范围延伸 300 m 左右（在平坦开阔无阻挡地区）。

（3）通过 Wi-Fi 基站能将 WiMax 系统传输距离适当延伸，实现多个移动防汛用户同时访问黄河广域网，使黄河应用系统在防汛基层得到实际应用。

（4）在野外条件下，为多个移动防汛用户终端设备提供长时间工作的电源供电。

6.2　大禹奖

1999 年，国务院颁布了国家科学技术奖励条例，对国家科技奖励制度进行了重大改革，其中取消了政府设置的部级科技进步奖。面对新的形势，为了在水利行业内继续发挥科技奖励的激励和导向作用，鼓励科技创新，促进水利科技进步和水利事业的发展，根据科技部《社会力量设立科技奖管理办法》的规定，经过积极争取，中国水利学会申请设立的大禹水利科学技术奖（简称大禹奖）得到国家科技部的批准，这标志着水利行业有了范围宽广、特色明显的新的行业科技奖。

大禹水利科学技术奖是按国家关于社会力量办奖的精神举办的，是个新生事物。奖励委员会负责奖励的领导和管理工作；国科司负责奖励的指导和监督工作；中国水利学会负责奖励的具体工作。

大禹水利科学技术奖与以往的水利部科技进步奖最主要的不同是奖励范围更宽,因而更能体现水利行业特色。它打破了以往部门科技进步奖的地区、部门界限,将奖励对象确定为凡为水利事业发展和水利科技进步做出贡献的单位和个人,奖励经实践证明具有重大经济效益、社会效益和生态效益的科技成果。

奖励委员会办公室是大禹水利科学技术奖的办事机构。它在奖励委员会的领导和具体指导下,承办大禹水利科学技术奖的日常事务工作,包括接受申报、形式审查、组织评审、公布结果和异议处理。

大禹水利科学技术奖奖励在水利科学技术进步中做出突出贡献的集体和个人,是经国家科学技术部批准、由中国水利学会设立和承办、面向全国水利行业的科学技术奖。大禹奖的目的是贯彻尊重知识、尊重人才的方针,鼓励科学技术创新,充分调动广大水利科学技术人员的积极性和创造性,加速水利科学技术事业的发展和现代化建设。

大禹奖的实施由水利部科技主管部门负责指导和监督,大禹奖奖励证书不作为科技成果权属的依据。

大禹水利科学技术奖的设立和实施,对于在水利行业实施"科教兴国"战略,充分发挥科技奖励的激励和导向作用,鼓励和引导水利科技工作者攀登科技高峰,促进水利科技进步,推动水利事业的发展,具有十分重要的意义。

河南黄河河务局信息中心参与建设的《黄河水量调度管理系统》项目获大禹奖。

6.3　黄委科技进步奖

黄委科技进步奖自1986年设立以来,面向全河,重点表彰在治黄实践中取得的重大科技成果,对促进科技治黄起到了重要作用,是代表黄委科技成果水平的最高奖项。

河南黄河河务局信息中心主持建设的《耦合 WiMax 技术的多源数字防汛综合业务平台关键技术研究及应用》(介绍同"948"计划项目)和《河南黄河一线班组网络通信系统的研究及应用》两个项目获黄委科技进步奖。

《河南黄河一线班组网络通信系统的研究及应用》项目简介如下。

6.3.1　主要原理

由于通信科技的发展和进步,窄带无线接入已经远远不能满足黄河沿岸一线班组对于通话和网络的需求,因此在此次一线班组无线网络覆盖的建设中,采用宽带无线接入设备和直流电压变换技术方案予以替代。解决了传输宽带窄的问题并延伸了黄河的网络覆盖,实现了数据传输系统"最后一公里"的接入。

6.3.2　技术关键

6.3.2.1　**无线接入设备** DB6000ACL

DB6000ACL 是一款支持 802.11ac 标准的高性能、高带宽、多功能、室外型电信级无线设备,该设备基于 802.11n 的 MIMO(多进多出)技术,采用了 2T2R 的构架,无线频宽支持 20/40/80 MHz,最高带宽可达 866 Mbps。工作在 5.8 G 免许可证频段,最大发射功率

1 000 MW,接收灵敏度高达-96 dBm,可实现 60 km 以上无中继桥接;采用 1 000 Mbps 网口设计,10 km 净带宽可达 300 Mbps 以上,全面超越 802.11n 协议的无线速率,可满足远距离高带宽联网的需求。

DB6000ACL 支持非重叠频道多,抗干扰能力强、带宽高,具有接入点(AP),网桥点对点(PTP)、点对多点(PTMP)连接,无线客户端(AP Client),无线漫游(WDS),MESH 等所有无线功能。

6.3.2.2 太阳能供电系统

本项目中一线班组无线网络覆盖建设所采用蓄电池组为阀控式免维护胶体蓄电池;单体蓄电池容量每节 12 V/200 Ah;蓄电池个数为 2 节;-20 ℃条件下蓄电池充放电效率不低于 65%;40 ℃条件下蓄电池充放电效率不低于 95%;80%放电深度的循环次数大于 1 200 次;于电量报警后 3 h 内,以 100 A 以上大电流快速充电;蓄电池间接线板、终端接头选用导电性能优良的材料,并具有防腐蚀措施;蓄电池组采用相互隔离输出方式工作,可多组并联输出,无电池环流。采用直流电压变换技术方案,效率高,功耗小,保证太阳能板在长期阴天的情况下依然可持续为通信设备供电。

6.3.3 技术指标

无线传输设备 DB6000ACL 具有超远距离点对点(PTP)及远距离点对多点(PTMP)两种功能。可满足 60 km 以上无中继通信以及 10 km 以内 15 个点以上的高清视频传输。在坝头至濮阳县局(38 km)以及辛庄至封丘县局(30 km)等通信传输中已经体现出其超远距离点对点的高品质传输的优势。在此次方案中,通过 DB6000ACL 实现了 450 M 窄带无线传输,设备在满足一线班组语音通话功能的同时,也弥补了之前设备所不能保证的互联网上网功能,同时解决了沿线涵闸监控系统带宽不够的问题。其实际传输带宽经测可达到 450 M。

所采用的太阳能供电系统较以往有所不同,完全采用太阳能板供电,不使用交流电,每套设备在连续阴天的情况下可持续供电 10~15 d。

6.3.4 主要科技创新

(1)该系统由宽带无线接入或光纤接入系统、单管天线塔、太阳能供电系统等构成,将黄河专网延伸至一线班组,形成“省—市—县—班”四级网络,解决一线班组网络视频传输、电子政务办公、语音通信等问题,将黄河网覆盖到防汛第一线。使用远程网络监测系统,按省—市—县—班梯次定时发送数据包的形式对市、县、班的网络进行监测,实时监测结果以树状图呈现,快速、直接、清晰地掌握基层单位网络情况。

(2)本项目采用先进的 IEEE 802.11 标准的无线传输设备。该传输设备拥有最高可达 860 Mbps 的高带宽,保障了网络通信质量。该设备在黄河信息化方面首次引进并应用良好,有效地解决了沿河防汛一线班组的内部网络连接。通过无线桥接,解决了沿河防汛一线班组“最后一公里”网络接入的问题。

(3)本项目采用太阳能供电系统单独对通信设备供电,首次在黄河上广泛应用。有效解决了黄河河道图像采集和监控设备供电的问题;避免了原来农电电压不稳对通信设备造成的损坏;原有供电线路较长,容易遭受雷击,该电源系统的使用有效地降低了通信设备遭受雷击的概率。

(4)本项目新建18座单管天线塔,塔身高,覆盖面较大,提高了通信设备的畅通率,并经过整体热镀锌防腐处理,有效延长了使用年限。塔身加设安全防护爬梯及工作平台,为安装及调试人员提供了良好的安全保障,首次在黄河上应用。

6.3.5 第三方评价和应用情况

河南黄河一线班组网络通信系统的研究及应用是“智慧黄河”工程的先决条件,该项目的研究与应用,探索了一种在目前黄河专网传输能力不够强大的情况下,将信息化延伸至黄河防洪工程的模式,首次完成了“黄委—省—市—县—班组—防洪工程”六级网络的信息传输途径,为“互联网+”概念在治黄工作中的应用提供了基础支持。

现已投入使用且取得成效的信息化技术如下:

(1)一线班组网络覆盖。该项目采用宽带无线接入设备与太阳能供电系统相结合的方式,同时以有线接入作为辅助手段,现已做到河道内黄河基层单位及工程网络全覆盖。不但为防汛工作提供了更好的语音及数据传输,也满足了一线治黄职工生活水平的提高,增强一线治黄职工队伍的稳定。

(2)太阳能供电摄像头。该试点位于将军渡浮桥口,通过太阳能供电系统供电,无线接入AP单元进行远距离的数据回传和指令写入,可实现远距离的操控,获取实时图像、视频资料。

(3)巩义水厂信息化建设。通过无线接入设备搭建无线网桥,将黄河专网覆盖整个厂区,实现厂区内语音通话、网络数据传输、视频监控等功能。这是一线班组网络通信系统的研究对于集团式信息化覆盖的成功案例。

(4)移动防汛指挥部。在防汛前线现场与最近的基站点安装无线网桥,搭建通信传输通道,从而将防汛前线网络接入黄河通信专网。移动防汛指挥部建设具体内容包括视频会议管理系统、通信网络集成、语音电话群、显示及音频系统。

(5)远程网络监测系统。按省—市—县—班梯次定时发送数据包的形式对市、县、班的网络进行监测,实时监测结果以树状图呈现,快速、直接、清晰地掌握基层单位网络情况。

6.4 黄委“三新”认定

在治黄生产实践中,结合某一技术问题,由单位自筹经费或科技人员自发开展的技术引进、技术革新、技术改造等形成的具有较强新颖性的成果,包括新技术、新方法、新材料以及推广应用新技术、新方法、新材料产生的成果,经黄委国科局评审认定。

河南黄河河务局信息中心完成的《DAS128E远端模块在中牟赵口渠首闸开发与应用》《Harris程控交换机用户增强来电显示功能的开发与应用》《800兆移动车载台供电电路技术革新》《多媒体智能信息箱在河南局高层住宅楼中的应用》《河南黄河通信信息综合管理系统的开发与应用》《数字防汛移动宽带综合业务平台车载系统抗震底座的开发与应用》《宽带无线接入系统中心站天线系统改造研发与应用》《河南黄河移动信息采集

车车载天线系统改进》《涵闸启闭机多功能信息采集架在黄河水调二期工程中开发与应用》《公共互联网边界语音识别传输系统》《防汛抢险临时指挥部应急网络通信技术》《海事卫星网络系统在黄河防汛应急通信中的应用》《渠道测淤探头保护装置的技术研发与推广应用》等多项项目获得了黄委“三新”认定。

6.4.1 《河南黄河通信信息综合管理系统的开发与应用》项目简介

6.4.1.1 主要技术原理

基于本系统地理信息的特殊性以及用户操作的方便性,系统采用 ActionScript3.0 来开发二维地理信息平台。ActionScript3.0 是针对 Adobe Flash Player 运行时环境的编程语言,它在 Flash 内容和应用程序中实现了交互性、数据处理以及其他许多功能。

以 Map 为主要形式的地理信息已经在普及使用,在一定程度上加速了地理信息平台水平的提高,Flash 开发的地理信息平台容量很小,运行速度快,性能高,用户体验比较好。

地理信息平台的制作主要包括以下几个方面:

(1)素材制作:用工具软件将各个市区的地图素材、整个河南省区的素材、内容简介素材、二维 Top 素材、二维 Bottom 素材等基本素材制作完成。

(2)界面设计:友好的界面是保证软件质量的关键,界面应该结构简单清晰、色彩搭配协调、字体大小合适、操作方便、易于识别。本软件以绿色为主,文字以白色和黄色为主,根据用户的选择移动到相应的可操作的市区,自动变为白色底色,点击可以进入相应的市区内部进行相应的功能操作。

(3)程序编码:程序采用模块化编程,具有不同的业务逻辑,提取为相应的模块,根据不同的操作进入不同的场景,本平台提供外部接口和调用外部 JS 接口。

6.4.1.2 性能指标

采用 B/S 三层技术框架,集成数据库技术、.Net 技术、二维 Flash 技术、多媒体技术、系统集成技术等,采用功能控制流和数据流交叉组织的方式,实现二维管理、分析等功能。系统主要包括系统监控、设备管理、配线管理、通信业务、电子工单、基础数据和综合查询等 7 个功能模块。

系统的数据库建设符合国家和行业相关标准。

6.4.1.3 成果的先进性

(1)利用 Flash 二维信息为背景,.Net 为平台,结合通信专业数据库和实时数据的输出成果,实现了对设备信息和通信业务进行联合查询和动态分析。

(2)河南黄河通信系统综合数据库完整记录了河南黄河通信网中的人员、设备、网络和语音的线路、话号资源和设备生产厂家信息等通信资源,方便了各级管理人员查询和了解河南黄河通信系统整体状况,提高了管理水平。

(3)各级通信管理人员可以利用设备管理子系统,快速定位设备故障,迅速联系上级技术人员或联系厂家技术人员进行故障确认和维修处置,也可以搜索以前类似故障情况,快速做出处置,减少设备故障定位的盲目性和请求技术支援的混乱状态,“一库在手”,确保河南黄河通信畅通。

6.4.1.4 与国内外同类技术的比较

最近几年,随着互联网行业和电子信息技术行业的高速发展,国内外出现了一些与本系统类似的信息管理系统,比如互联网搜索引擎公司开发的二维地理信息系统、网络B2C公司开发的城市生活服务类信息系统、软件服务提供商制作的信息管理平台等。与本系统类似,这些信息系统具有平台容量小、硬件需求小、运行速度快、性能高、功能设置灵活、交互性强、用户体验好等优点。这些系统和本系统的主要区别在于业务应用要素和服务对象不同:搜索引擎类的地理信息系统较多以Map为主要形式的地理信息来开发,多基于GPS系统获得用户定位信息,主要针对人口密集的城市,为城市用户提供有价值的地理信息服务,信息管理数据库结构相对简单,随着用户数的增多,数据资源非常庞大,同时对地理定位信息的准确性高度依赖;城市生活服务类信息系统有些也以Map为主要形式的地理信息来开发,更强调用户体验和交互性,多基于移动运行商的通信基站信息来获得定位信息,较多使用扁平化的社区模式,以提高生活服务便利性为立足点,信息服务门类繁多,数据资源繁杂;软件服务提供商制作的信息管理平台则较少采用Map形式的地理信息,主要强调运行速度快、稳定性高、通用性,追求软件商自己管理维护的便利性,应用的专业性不强,系统的功能设置不灵活,成套软件价格不菲,后期运行维护成本高。本系统则主要针对河南黄河通信信息管理业务自主开发,针对沿黄县市区的通信站点、线路、设备和用户提供专业性的、采用多级管理模式的信息管理系统,本系统偏重于Map形式地图应用的直观性效果,强调应用的便利性和功能模块配置的灵活性,追求系统的小容量、高速度、高性能,注重降低开发成本和后期运行维护成本,突出管理系统功能的专业性,不强调地理定位信息的适时性和准确性。

6.4.1.5 推广应用范围

系统自2011年建成,在河南黄河河务局信息中心,郑州、开封、濮阳、新乡、焦作、豫西等6个市局信息中心及所属县局总共34个通信站点投入运行使用,运行状况良好。

6.4.2 《数字防汛移动宽带综合业务平台车载系统抗震底座的开发与应用》项目简介

6.4.2.1 主要技术原理

根据车辆和设备箱的实际情况,设计的抗震底座主要分三部分:底座连接固定部分、抗震部分、抽屉式连接部分。主要工作是将原底座进行了改进,减少底座用料,使自重减轻1/3;增添了固定螺栓4个,增加了托架上下部分的稳定性,加入了减震缓冲垫,使该底座抗震性、操作使用性及安装拆卸方便性更加完善。

6.4.2.2 性能指标

底座连接固定部分:钢材厚度>3 mm;负重50 kg,形变<3 mm;钢构件尺寸误差<5 mm;打孔精度<2 mm。

抗震部分胶垫厚度±1 mm。

轨道:水平安装;负重100 kg,形变<3 mm。

各部件集成为一个适用性强、抗震性好、便于设备操作、安装拆卸的车载抗震底座。

6.4.2.3　成果的先进性

此抗震底座针对数字防汛移动宽带综合业务平台车载系统开发,设计目的是车载系统在工作环境较为恶劣情况下使用时,为系统提供适用性强、抗震性好、便于设备操作、安装拆卸方便的车载抗震底座。设计中为提高抗震性,在底座下加装了橡胶抗震垫;为了方便拆装,减少底座用料,使自重减轻 1/3,加装了抽屉式轨道;为了适应恶劣工作环境,增添了固定螺栓 4 个,增加了托架上下部分的稳定性,使该底座更加完善。

6.4.2.4　与国内外同类技术的比较

本抗震底座针对数字防汛移动宽带综合业务平台车载系统开发,适用性强,在行车时对系统设备提供稳固安全的保护,在设备运行时提供方便的操作平台,在系统设备装车固定和卸车入库过程中操作便利,拆装方便。国内外各种车用支架及固定套件均无法完全满足车载系统的运行条件。本抗震底座具有不可替代性。

6.4.2.5　推广应用范围

车载抗震底座自 2008 年投入使用,在河南黄河河务局信息中心各车载系统中推广应用,在历年调水调沙、防汛调度综合演习、防汛技能演练现场投入应用,效果良好。

6.4.3　《宽带无线接入系统中心站天线系统改造研发与应用》项目简介

6.4.3.1　主要技术原理

宽带无线接入系统设备具备成本低、布置灵活、带宽大等多种优点,在各行各业中应用广泛。典型应用模式为一点对多配置,市售的中心站 AP 设备均为内置扇区天线。河南黄河河务局目前在张菜园闸至武陟一局中心站之间假设一跳宽带无线接入微波,设备为点对点布置,因为站距较远,微波传输空间中地理环境复杂,传输质量差强人意,系统接收信号强度较差,储备电平不足。经论证,将中心站改装高增益抛物面天线是切实可行的。改造的具体步骤为:拆除中心站设备内置的扇区天线模块,制作天线接口,制作一个天线转接缆,连接一个高增益定向抛物面天线。

依据宽带无线接入设备的频段,选择 5.8 GHz 适用的 1.2 m 直径抛物面天线,馈源采用 N 型 female 接口,选用 50-3-1 镀银天线转接缆,选用 N-J-3 天线连接器。

6.4.3.2　性能指标

天线性能指标见表 6-1。

表 6-1　天线性能指标

天线	单位	参数
频率范围	MHz	5 725~5 850
驻波比		≤1.5
增益	dBi	28
极化方式		H/V
前后比	dB	≥30
接口形式		N 型 female
接口位置		Bottom
天线尺寸	mm	1 200
工作温度	℃	-40~60

6.4.3.3　成果的先进性

本次改进实施是根据武陟一局至张菜园闸宽带微波的特殊情况量身定制的,在宽带无线接入应用领域具有创新性,放弃了在典型应用中中心站使用的内置定向天线,并在中心站设备电路中加入一个接口,引入外置定向抛物面天线,花费很少的成本,有效提高了宽带无线接入系统非典型应用中的传输质量,较大幅度地提高了信号强度,增加了储备电平,保证了通信链路的稳定性,降低了中断率。在改造过程中,从原电路中引出天线转接缆处进行了泄漏保护。

6.4.3.4　与国内外同类技术的比较

最近几年,随着移动互联网行业的高速发展,无线网络传输系统产品层出不穷,各系统针对不同应用需求开发,各有典型应用模式和典型系统配置,解决了很多无线用户的信号传输需求。各种系统配置不同,售价从几万元至上百万元不等。一般来说,中心站对外围站端数越多,带宽越大,通信距离越远,覆盖角度越大,成本越高;反之成本越低。本次宽带无线接入系统中心站扇区天线改为抛物面天线付出很少的成本,将原宽带无线接入系统的应用范围扩展,通过提高天线增益,增加信号强度,使得系统减少可支持的外围站数量,提高了传输距离。在张菜园闸至武陟一局的点对点传输中适用良好。

6.4.3.5　推广应用范围

本次宽带无线接入系统中心站扇区天线改为抛物面天线自建成后,通信链路传输质量有效提高,设备运行状况良好,性能符合需求。改造成功后,河南黄河河务局信息中心在共产主义闸宽带无线接入系统通信设备安装过程中推广了该技术。目前,共产主义闸通信设备运行稳定,效果良好。

6.4.4　《河南黄河移动信息采集车车载天线系统改进》项目简介

6.4.4.1　主要技术原理

设计的天线系统主要由三部分组成:固定底座部分、高度调节部分、减震部分。车载天线系统的固定支架部分利用越野车备胎固定螺丝孔位,精确设计支架固定螺栓,并在螺丝外加防脱防盗保护。坚持轻量化设计思路,在水平钢板中心挖孔,保证强度,减小自重,降低越野车后门合页的负荷,同时为线缆穿孔提供管道。高度调节部分采用套管切缝外加螺纹,配合大口径螺母来旋紧固定天线杆。在材料选择上使用铝合金套管,坚持轻量化设计思路。减震部分使用高强度橡胶垫作为衬垫,减轻了因汽车颠簸给天线杆带来的震动,延长天线的使用寿命。

6.4.4.2　性能指标

铝合金管垂度:±15°。

天线架设高度:>4 m。

总质量:<20 kg。

将各部件集成为一个强度高、质量轻、适用性强、抗震性好、便于拆装的车载天线系统。

6.4.4.3　成果的先进性

此车载天线系统针对数字防汛移动宽带综合业务平台系统开发,设计目的是当车载天线工作状态下,车辆在通过恶劣路况时,为天线系统提供适用性强、抗震性好、便于设备操作、安装拆卸方便的车载天线固定支架。设计中在固定钢板中心挖孔并使用铝合金升降管件,减小系统自重;车载天线系统的设计有效利用了越野车备胎固定位置的螺栓,不破坏车辆的结构,安装机动灵活,在高度、空间、负荷等各方面都符合交通和安全相关法规的规定。在线缆布防时利用固定钢板中心穿孔形成管道,有效缩短馈线长度,减少固定馈线环节。

6.4.4.4 与国内外同类技术的比较

本车载天线系统针对数字防汛移动宽带综合业务平台系统开发,适用性强,不破坏车辆的结构,安装机动灵活,天线支架坚固耐用,在行车时对天线设备提供稳固安全的保护。国内外各种车用天线支架及固定套件均无法完全满足车载天线的运行条件。本车载天线系统具有不可替代性。

6.4.4.5 推广应用范围

车载天线系统自 2008 年投入使用,在河南黄河河务局信息中心各车载系统中推广应用,在历年调水调沙、防汛调度综合演习、防汛技能演练现场投入应用,效果良好。

6.4.5 《涵闸启闭机多功能信息采集架在黄河水调二期工程中开发与应用》项目简介

6.4.5.1 主要技术原理

启闭机信息采集架的开发,是河南黄河水量调度管理子系统建设项目建设施工中,由于信息采集点分布在涵闸,每个涵闸启闭机规格型号大小不同,对信息采集探头(荷重计、闸位计、限位开关、告警)安装位置不同,给施工增加很大的难度,为此根据各涵闸启闭机情况,翻阅相关的技术资料,研制出设备通用性强,体积小,工艺美观不受启闭机型号、大小限制的启闭机多功能信息采集架。

启闭机信息采集架由底板和支架两部分组成:①启闭机信息采集架底板:主要用于与启闭机固定和安装闸位计;启闭机信息采集架底板长度要与所安装闸位计长度一致,启闭机信息采集架底板宽度应与启闭机提升杆的直径大小一致。②启闭机信息采集架支架主要用于固定安装上、下限位计和告警灯用。启闭机信息采集架高度应根据启闭机闸板提升高大于25%,各涵闸闸板高度均为 2 000 mm;启闭机信息采集架设计高度为 2 500 mm,便于安装上、下限位计和告警灯。

6.4.5.2 性能指标

(1)加工信息采集架高度 2 500 mm;方钢规格:2 500 mm×65 mm×40 mm(高×宽×长);壁厚 2.5 mm。

(2)信息采集架高度底板厚度 14 mm 以上。

(3)洗槽规格:(450 mm ×6 mm)×5。

6.4.5.3 成果的先进性

本次启闭机信息采集架的开发,是河南黄河水量调度管理子系统建设项目建设施工中,由于信息采集点分布在涵闸,每个涵闸启闭机规格型号不同,对信息采集探头(荷重计、闸位计、限位开关、告警)安装位置不同,给施工增加很大的难度,为此信息中心技术人员根据各涵闸启闭机情况,翻阅相关的技术资料,研制出设备通用性强,体积小,工艺美观不受启闭机型号、大小限制的启闭机多功能信息采集架,较好地解决了黄河水量调度管理系统项目启闭机信息采集探头安装难题,同时解决施工质量和工艺问题,从而降低了工作难度,提高了工作效率。

6.4.5.4 与国内外同类技术的比较

意大利、法国是世界上开发涵闸监测系统最早的国家,20世纪80年代意大利推出计算机辅助监测系统,实现了数据自动采集和在线监测,随着科学技术的发展,涵闸监测系统在水利涵闸中应用广泛,技术成熟,从应用专家系统、人工智能的技术发展到实时监测与互联网相连。我国自20世纪50年代开始进行涵闸监测工作,随着科学技术的发展,我国涵闸监测技术的总体水平有了质的飞跃,自成通信的一门新的综合性学科。但是应用的场合不同,在技术上采用的方法也不尽相同,对信息采集探头安装位置不同。我们采用的技术是按照各个涵闸具体情况和要求,解决了涵闸启闭机信息采集探头安装问题,不受启闭型号、大小限制,在河南黄河涵闸上还是第一次研制开发大规模推广应用。

6.4.5.5 推广应用范围

启闭机多功能信息采集架研制成功后,在河南黄河水量调度管理子系统建设项目工程中在花园口、杨桥、韩董庄、柳园、祥符朱、彭楼、王集闸、广利、引沁济蟒闸推广应用;该设备安装简单,拆装灵活方便,不受启闭设备规格型号限制,牢固稳定;提高了工作效率,加快了工程进度,保证了工程工艺质量,达到了预期的效果。

6.4.6 《公共互联网边界语音识别传输系统》项目简介

6.4.6.1 项目研究背景

黄河通信交换网现为四级交换网,黄委为C1局、省局为C2局、市局为C3局、县局为C4局。各级局担负着本地网内以及与黄委、省局、市局、县局之间的水情、雨情、工险情和调水、引黄灌溉等各种信息及防洪抢险指令传递和汇接任务;其县级河务情局的交换机为现四级交换网的C4局——端局,处于抗洪抢险前沿以及水情、雨情、工险情等各种信息接收传递的前端,担负着治黄工作和防洪抢险指令的传递、汇转接任务,所以市、县级河务局交换机的位置十分重要。

由于受投资和黄河通信网状况的制约,通信线路没有完全辐射到达,有些治黄基层单位无法与黄河通信专用网络实现对接,安装运行后仅能解决单位内部科室之间通话,已无法满足用户对上级单位及其他单位的联系,更不能满足通信语音信息的交换需求,使抗洪抢险指令以及水情、雨情、工险情等各种信息不能及时交换传递,严重影响了防汛及治黄工作。

为解决治黄基层单位通信死角的问题,满足语音通信以及黄河防汛指令的交换传递的需求,确保黄河防汛通信畅通,使黄河通信网结构布局更加合理完善,运行更加高效、安全、可靠,结合现有河南黄河通信资源和地方网络共享服务的宗旨,以数据交换形式的软交换系统的实施十分迫切,也十分可行。

6.4.6.2 主要技术原理

公共互联网边界语音识别传输系统是在河南黄河通信专网的基础上开发出的一个新

的语音通信应用平台,它是以河南黄河计算机承载网、IP 软交换电话交换网络为基础,基于公共互联网来实现的,以软交换语音通信系统的组网形式,进一步优化拓展河南黄河通信网的新业务。

随着通信网络技术的飞速发展,人们对于宽带及业务的要求也在迅速增长,为了向用户提供更加灵活、多样的现有业务和新增业务,提供给用户更加个性化的服务,提出了下一代网络的概念,且目前各大电信运营商已开始着手进行下一代通信网络的试验。软交换技术又是下一代通信网络解决方案中的焦点之一,已成为近年来业界讨论的热点话题。我国网络与交换标准研究组已经完成了有关软交换体系的总体技术要求框架,863 计划也对有关软交换系统在多媒体、移动通信和有线通信系统方面的研究课题进行了立项。

软交换是下一代交换网络的核心设备之一,各运营商在组建基于软交换技术的网络结构时,必须考虑到与其他各种网络的互通。在下一代网络中,应有一个较统一的网络系统结构。软交换位于网络控制层,较好地实现了基于分组网利用程控软件提供呼叫控制功能和媒体处理相分离的功能。

软交换与应用/业务层之间的接口提供访问各种数据库、三方应用平台、功能服务器等接口,实现对增值业务、管理业务和三方应用的支持。其中:软交换与应用服务器间的接口可采用 SIP、API,如 Parlay,提供对三方应用和增值业务的支持;软交换与策略服务器间的接口对网络设备工作进行动态干预,可采用 COPS 协议;软交换与网关中心间的接口实现网络管理,采用 SNMP;软交换与智能网 SCP 之间的接口实现对现有智能网业务的支持,采用 INAP 协议。

通过核心分组网与媒体层网关的交互,接收处理中的呼叫相关信息,指示网关完成呼叫。其主要任务是在各点之间建立关系,这些关系可以是简单的呼叫,也可以是一个较为复杂的处理。软交换技术主要用于处理实时业务,如话音业务、视频业务、多媒体业务等。软交换之间的接口实现不同协议与软交换之间的交互,可采用 SIP-T、H. 323 或 BICC 协议。

随着公共 IP 网络的完善及 IP 集合通信技术的成熟,在统一的 IP 网络上实现数据、语音、视频业务已经成为不可逆转的趋势。目前,黄河通信网已完成软交换系统的更新改造和运行工作,为了充分利用内部网络资源,节约电话通信成本,决定在现有 IP 网络的基础上搭建一套性能稳定、功能完备、技术先进的 IP 语音系统。

采用统一通信解决方案后,内部的通话完全免费,内部用户拨打长途电话只需付市话费,大大降低运营成本。同时,相对传统的电话系统,基于 IP 的语音系统在扩展性和可管理性上更加便利。

6.4.6.3 性能指标

平台采用一台专用 SoftCo 5816IP 语音综合交换机,是华为统一通信解决方案的核心设备。作为小型的 NGN/IMS 系统和 IP PBX 设备,SoftCo 5816 整合了 NGN/IMS 各部件的功能,专门用于向企业网、行业网提供高效、高质话音服务。

SX1000 会话边界控制器(Session Border Controller)专为解决网关流量汇聚、专网/防火墙穿透、网络安全、业务保证和网络互通等 VoIP 部署所面临的问题而设计。

SX1000 是 VoIP 整体平台中的重要部件,通常部署在 VoIP 服务供应商网络的边缘

(软交换平台和语音接入网关之间),或部署在企业/VPN 网络的出口,以支撑 VoIP 业务的开展。

6.4.6.4　成果的先进性与创新性

(1)该项目以黄河语音软交换系统为基础,通过会话边界控制器及配套软件,实现了河南黄河网内语音通信系统与互联网上的语音终端的有机融合,解决了目前还没有黄河通信专线的基层单位语音通信问题,拓展了河南黄河语音网络的接入区域。

(2)建成后的公共互联网边界语音识别传输系统,将河南黄河语音交换系统最大容量扩展了 800 线,现有实际用户 280 线,满足河南黄河沿线基层单位在通信线路未覆盖的情况下,通过公共互联网、3G 网络、4G 网络和应急卫星通信网络等线路进行网内语音通信。

(3)融合后的通信软交换平台中的用户终端布设快捷方便,用户终端设备可在任何公共互联网上就近接入黄河通信网,节省了部分通信线路建造成本和语音电话通信成本,同时未来将成为治黄工作稳定的应急通信手段,对治黄各主要业务产生了重大的经济效益和社会效益。

6.4.6.5　国内外同类技术比较

在众多制造商和运营商的共同推动下,软交换产品逐步趋于成熟,功能日益丰富,性能逐渐稳定,标准化工作正稳步推进,软交换技术正走向市场。会话边界控制器已经逐渐成为 NGN 和 IMS 网络的标准配置产品,解决 NGN 业务部署中遇到的网络接入终端 NAT/FW 穿越、安全、互通、Qos 等问题。该技术会在未来的 VoIP 服务提供中发挥重要作用,允许跨越多个 IP 网络,即使有防火墙穿越,也能提供有质量保障的 VoIP 服务。

企业通常使用 SBC 以及防火墙和入侵防御系统(IPS)来启用与受保护企业网络之间的 VoIP 呼叫。通过企业的内部 IP 网络路由流量通常可以节省大量成本,而不是通过传统的电路交换电话网络路由呼叫。

该系统在国内外处于较为领先的地位,在大中型企业语音网络中得到普遍应用。

6.4.6.6　推广应用效果

目前通过软交换系统进行语音互联的县局有滑县黄河河务局;办事处有河南黄河防汛办公室、河南黄河物资储备中心和河南黄河机械厂,共设置使用号码资源 280 个。系统运行已达 2 年,效果良好,没有出现大型故障。

软交换技术通过几年的发展已经非常成熟,介于它是语音交换方式从电路交换到数据交换转变的重要技术,在国内电信业推广前景良好,同时系统部署的灵活性更好地在黄河信息化中体现出重要位置,建议在全局推广。

6.4.7　《防汛抢险临时指挥部应急网络通信技术》项目简介

6.4.7.1　项目研究背景

防汛前线指挥部是会商汛情,组织制订并监督实施各种防洪预案、洪水调度方案,汇报汛情与下达指挥调度指令的中枢,其业务综合能力与工作效率的高低直接影响到防汛抗旱抢险的成败。

河南黄河防汛抗旱会商系统依托黄河专网、公网双备份传输通道建立了省局至市局、市局至县局三级联动体系。在全面综合会商、确定可行性方案、实现抢险方案分析、风险评估等方面发挥着重要作用。目前，防汛抗旱会商中心主要建设在省、市、县局机关办公楼，无法实现与防汛现场信息实时交互会商的能力，这对于上级部门及时掌握水情、灾情，为防汛现场抢险救灾提供科学决策部署是非常不利的。防汛现场指挥部是连接上级部门和抢险现场的直接中枢枢纽，能够及时获取抢险现场第一动态及流域河道实时运行状态，切实提升防汛抢险救灾的管控能力。因此，建设一套完整的省、市、县、防汛现场四级业务管理高效实时联动体系，并突出防汛现场会商中心能力建设是非常有必要的。

然而，河南黄河河道弯处较多，游荡多变，险工点多，所处地形复杂，任何河段都存在极易发生险情的可能。为了最大化地减少洪水灾害造成的损失和节省抗洪抢险时间，在抢险现场快速组建临时信息化的移动防汛前线指挥部，将“固定的”防汛指挥部转变成“可移动的”防汛指挥部就显得尤为重要。这将为防汛指挥决策部署第一时间传达给现场抢险人员、提升防汛指挥部的综合指挥能力提供强有力的保障。

6.4.7.2　主要技术原理

据统计，河南黄河河务局一线班组无线网桥覆盖点已接近 200 个，且基站点之间的直线距离均不超过 10 km。基站所采用的 5.8 GHz 300 M 一体化无线网桥在 10 km 范围内接入带宽可达百兆，基本上能够满足防汛业务需要。考虑到防汛现场到基站点之间有树林及建筑物遮挡等因素，配备了 15 m 电动升降杆调节高度。移动防汛指挥部采用面积近 100 m^2 的军用帐篷，可同时容纳 50 人办公，供电设备为 2 台大功率柴油发电机，一主一备可保证现场供电长时间不中断。

在防汛前线现场与最近的基站点安装 1 跳无线网桥，搭建通信传输通道，从而将防汛前线网络接入黄河通信专网。移动防汛指挥部建设具体内容包括视频会议系统、通信网络系统、语音电话集成、显示音频系统，见图 6-1。

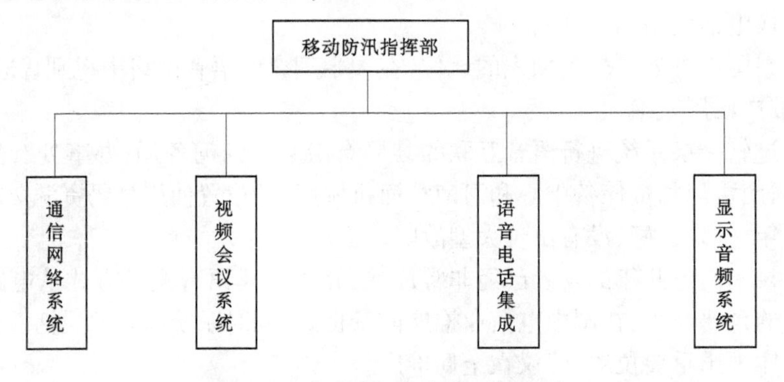

图 6-1　移动防汛指挥部系统构成

6.4.7.3　性能指标

1. 通信网络系统

网络系统的构成主要是通过无线网桥接入一线班组基站网络实现的，指挥部内需要多台通信设备同时接入网络共享数据，为此配备了华为 24 口千兆交换机满足需求。为每台通信设备分配内网固定 IP 可直接连接黄河通信专网，见图 6-2。

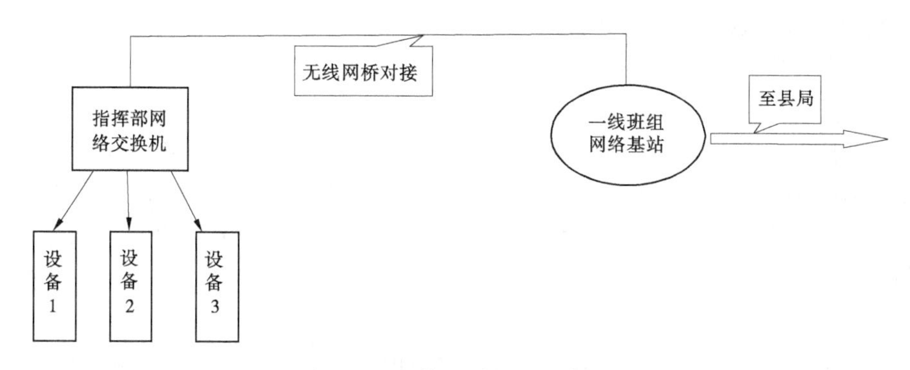

图6-2 网络系统接入示意图

1)无线网桥接入设备

该方案所采用的无线网桥接入设备是一款使用带宽高且抗干扰能力强的无线AP,专门针对室外超远距离、大范围无线传输。设备外壳采用全金属材质,稳定可靠、防水等级高、防护能力强,可在室外超长时间运行。供电模式依靠POE供电模块连接六类网线传输。

2)华为S5700交换机

华为S5700是一款精简型千兆以太网交换机,具有AHM节能、智能istack堆叠、灵活的以太组网、多样的安全控制等特点,易管理、易拓展、低成本。

2.视频会议系统

视频会议系统由Group 310-1080P终端1台、Eagle EyeIV 12X摄像头1个、全向麦克风、遥控器组成。将终端设备接入交换机网络并为其分配内网固定IP地址,可实现与省、市、县视频会商中心直接拨号接入。

宝利通Group310视频会议终端专为中小规模应用场景优化设计,非常适合中小型会议室。其polycom丢包恢复技术(LPR)可在带宽较窄情况下完成高清视频传输。

3.语音电话系统

为保证移动防汛指挥部高效便捷的办公,满足多人同时使用语音通话,减小故障率,双重保障语音通话,本系统采用IP话机与语音网关两种电话业务构成。

华为IAD104语音网关是华为IP语音及统一通信解决方案的综合接入设备,实现传统模拟用户接入IP语音网络,采用高质量的语音通信技术,支持MGCP协议、PPPOE拨号功能、ADSL拨号上网,10/100M自适应网口、一个WAN口、一个LAN口,接入交换机组网后,可拓展4部固定电话,可直接拨打内部专号。

华为7900系列IP话机作为一部独立电话接入交换机网络,不经过语音网关,直接通过网络实现语音通话。其拥有丰富的业务应用,包括企业通信录、话机联动、一键转接等实用业务功能,可呈现联系人线路状态,支持快速拨号,支持音频通话过程中录音。IP话机可实现通过会议键立即发起会议,选择联系人分组发起会议,邀请分组内的所有成员加入会议。

4.显示音频系统

显示音频系统是为了及时将计算机与其他系统提供的水情、灾情、视频监控等信息显示在投影大屏幕上,为上级领导在会商过程中提供良好的运行环境。同时作为视频会议的一部分，将视频会议终端的输出画面显示出来，将输出音频转接至音响放大出来。

显示部分主要由高清投影仪、高清幕布、HDMI 视频分配器组成。根据系统要求和功能特点，选用了索尼 P500HZ 投影机，分辨率为 1 920×1 200×3，色彩亮度为 5 000 流明，可实现在强光下清晰显示，激光光源达 20 000 h，使用寿命较长。高清幕布为 120 in（1 in = 2.54 cm），画面比例为 16∶9，可完整显示所需视频图像信息。配备 4 进 2 出、支持 4K 高清的 HDMI 分配器，可实现不影响其他系统工作的同时，多个画面信息自由切换，实现这些计算机图形和视频图像信息的综合显示，提供一个交互式的灵活显示系统，满足多种显示需要。

音频部分主要由调音台、均衡器、音响、会议话筒组成。根据移动防汛指挥部具体空间大小和区域布置安排，采用 2 台 200 W 功率音响，8 路功放一体调音台，2 部手持无线麦克风，4 台桌面立式无线话筒。能够实现主动消除噪声干扰，控制音量大小。

6.4.7.4 成果的先进性与创新性

当前科技发展日新月异，通信设备更新换代周期短，为保证移动防汛指挥部建成后在很长一段时间内技术不落后，更好更长时间地充分运用，必须立足于高起点和把握最新的通信技术、网络技术，所选用的通信设备必须为最新科技产品。

（1）该项目通过搭建无线网桥传输通道，接入黄河基层网络系统，快速组建河南黄河防汛指挥网络通信平台，满足了前线移动指挥部网络通信的需要。

（2）通过利用卫星通信和 4G 通信手段作为应急备用，提高了突发应急情况下前线移动指挥部的通信保障能力。

（3）通过将功能和信息相互关联的通信设备系统进行高度集成，机动灵活，组建迅速，有效地降低了系统故障率。

6.4.7.5 国内外同类技术比较

临时移动指挥部是在现场临时组建的指挥中心，其特点是可移动、组建迅速，最早主要应用于军事行动指挥。随着通信网络、卫星网络的迅速发展，在安防、抢险、应对自然灾害等领域也有了诸多应用。移动防汛抗旱指挥部在国内外应对突发汛情时发挥着重要作用，能够及时、准确、高效地掌握一线汛情，增强决策的科学性、准确性、及时性。

6.4.7.6 使用推广情况

防汛抢险临时指挥部应急网络通信技术依靠河南黄河基层单位网络建设作为支撑，这就意味着在河南黄河两岸任一位置出现险情，都可就地组建防汛指挥部，并通过无线网桥接入一线班组网络从而接入黄河通信专网，以最快的速度实现信息的传输，高效准确制订出应急措施。在面对重大自然灾害中，如地震、洪水、较大旱情，通过搭建帐篷与安装信息化系统设备组建的指挥部已成为非常有效的应对措施。

防汛抢险临时指挥部应急网络通信技术在 2018 年、2019 年河南黄河防汛指挥调度综合演练中发挥了明显效果，有效地解决了临时指挥部语音通话、网络通信、视频会议会商、现场决策会商、一线抢险画面传输等问题。用来保障哪里出现险情，指挥部就建在哪里，最大化地节约险情发生的应对时间，提高防汛工作效率，在黄河防汛中推广价值很高，具有广阔的应用前景。

6.4.7.7　成果效益说明

防汛抢险往往是争分夺秒,若不能根据实际情况准确地制订抢险救灾方案并迅速下达指挥调度指令,错过最佳抢险时间,所造成的经济损失不可估量。移动防汛指挥部靠近汛情现场,对抢险一线能够更加直观准确地做出判断,为决策部署赢得宝贵时间,其背后间接所产生的经济效益亦是不可估量的。

在防汛抢险救灾中,决策部门往往需要根据现场具体水情制订有效的抢险方案,并实时保持与上级部门的沟通协调。组建信息化移动防汛抗旱前线指挥部是黄河防汛抢险的重要组成环节,担负着防汛现场信息汇总、指挥调度指令汇聚、抢险方案形成等防汛抗旱任务,对减灾调度有非常大的实际意义,具有较大的社会价值。

黄河下游河道整体呈现宽、浅、散、乱的特点,易出险点多且面广,所处地形复杂,自然环境恶劣,暴雨、特大暴雨大多在短时间内形成,易发生突发汛情,防汛形势非常严峻。在面对突发汛情时,省、市、县防汛指挥中心往往不能发挥最佳作用。建设信息化移动防汛指挥部就是用来保障哪里出现险情,指挥部就建在哪里,最大化地节约险情发生的应对时间,提高防汛工作效率,在黄河防汛中推广价值很高,具有广阔的应用前景。

6.4.8　《海事卫星网络系统在黄河防汛应急通信中的应用》项目简介

6.4.8.1　项目研究背景

目前,黄河防汛通信主要依靠黄河防汛通信网和公网通信,当前所建成的通信体系只能保障黄河防汛日常的通信需求,当遇到特大洪水等自然灾害时,通信传输通道阻塞通信基站被毁,极易造成通信体系的全面瘫痪。届时黄河防汛的决策信息将无法上传下达,也无法为指挥防汛提供有效的信息保障,这对于黄河的应急防汛是非常不利的。

黄河通信网现为四级交换网,各级交换网的相互对接组成了黄河通信网络体系,担负着治黄工作和防洪抢险指令的传递、汇转接任务。若将海事卫星终端与黄河通信软交换相融合,就能达到当其中一级交换网络在重大自然灾害中通信中断时,利用海事卫星终端网络功能,通过 VPN 网关接入黄河通信专网,进行四级交换汇接,这是黄河应急防汛抢险中通信网络保障的重要手段,因此将海事卫星网络终端与河南黄河软交换相融合应用是非常必要的。

6.4.8.2　主要技术原理

本项目利用海事卫星网络系统的可移动性、便携性,在没有固定网络覆盖的洪灾区或野外临时指挥部提供网络信号,以河南黄河计算机承载网、基于河南黄河软交换系统来实现,以卫星网络传输为链路,配合软交换系统的一种组网形式。进一步优化拓展河南黄河通信专网的新业务,可以在临时防汛指挥部提供16部专网卫星电话。解决防汛临时指挥部语音及网络通信问题,及时获得灾区险区第一手的信息(见图6-3)。

6.4.8.3　性能指标

Joytom 公司引进的海事卫星网络系统,是新一代全球宽带网络的便携式卫星通信终端,体积小于笔记本电脑,方便用户轻松携带。内置罗盘、GPS 接收器和液晶显示器。带有旋转轴可以准确地调整内置天线对准卫星方向,建立卫星通信链路简单快捷。

海事卫星将轻便小巧、结实耐用的设计风格与优异的性能和超群的灵活性紧密结合。

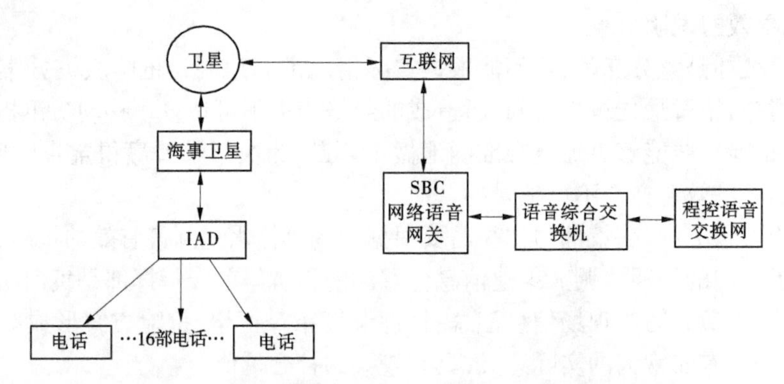

图 6-3　海事卫星网络终端与黄河软交换融合示意图

它有多种通用的接口,可以提供不同现场的连接方案。旋转的天线有助于迅速、轻松完成任务,实现卫星连接。

因特网的接入速率可高达 384 kbps,可通过因特网或电子邮件应用程序发送和接收电子邮件,在接入数据应用的同时通过外设手持机拨打电话。按需选择速率高达 64 kbps 的质量有保证的服务,如视频、音频。

6.4.8.4　成果的先进性与创新性

经实地使用验证证明,海事卫星网络系统具有以下特点:

(1)快速布置,成本低廉。在网线无法到达甚至网络无法覆盖的地方,海事卫星终端体积小巧,可快速入网,卫星通信和其他的通信设备相比较,所耗的资金少,卫星通信系统的造价并不随通信距离的增加而提高,随着设计和工艺的成熟,成本还在降低。

(2)海事卫星通信系统是应急通信系统的重要组成部分,能够全天候、无间断、无盲点提供高质量全球实时通信,并且通信质量好、可靠性高,传输环节少,不受地理条件和气象的影响,能够及时准确地提供信息传输,为黄河防汛应急指挥提供信息保障。

(3)在防汛抢险指挥部利用软交换技术组建临时电话群。为指挥部提供 16 部专网电话,在面对突发灾情,公共通信线路拥堵甚至中断的情况下,保证指挥部与灾区险区不间断、高质量的语音通话,从而使指挥部更准确、直接地获取灾区险区的情况信息。

6.4.8.5　国内外同类技术比较

海事卫星通信系统与软交换的融合使用是通信卫星作为中继站的无线电通信系统,其特点是质量高,容量大,可全球、全天候、全时通信。它由海事卫星、地面站、卫星终端组成,是集全球常规通信、遇险与安全通信、特殊与战备通信于一体的实用性高科技产物,软交换通信技术是第四代 NGN 通信网络的核心技术,海事卫星与软交换的融合使用进一步提高了防汛应急通信保障能力,该技术目前在国内外均处于领先水平。

6.4.8.6　推广应用效果

海事卫星网络系统在国家历次重大自然灾害和紧急突发事件中都是救灾一线的基础保障,发挥着应急通信在关键时刻的关键作用。海事卫星经历了连续 30 年的良性发展,缘起海事安全,延伸到陆地和航空领域,以四代卫星组成的空间网络,体现了最大范围的适用性和良好的稳定性,在移动卫星领域保持了技术的先进性,在应急救灾中发挥了突出作用,已经被指定为国家应急平台体系中移动平台的通信方式之一。在重大自然灾害的救灾过程中,海事卫星通信系统的全球覆盖、全天候、便携、移动、宽带通信的独特作用被广泛认知和高度肯定。

6.4.8.7　成果效益说明

在无法到达甚至网络无法覆盖的地方,卫星通信和其他的通信设备相比较,所耗的资金少,卫星通信系统的造价并不随通信距离的增加而提高,随着设计和工艺的成熟,成本还在降低,有较高的经济利益。

海事卫星网络系统在两次黄河防汛演习中都发挥了比较明显的效果,在公网及专网通信失效或拥堵状态下能有效地解决防汛临时指挥部语音及网络通信问题。在遇到重大险情时,黄河大面积漫滩,黄河专网和地方公网电话无法正常运行时,利用卫星网络系统使得现场和后方取得信息交流,有助于应对突发事件,对减灾调度有非常大的实际意义,具有较大的社会价值。

6.4.9　《渠道测淤探头保护装置的技术研发与推广应用》项目简介

6.4.9.1　研究背景

流量是反映水资源和江河、湖泊、水库等水体水量变化的基本数据,也是河流最重要的水文特征值。黄河由于含沙量高,在这种多泥沙渠道中冲淤变化大,过流面积测量不准,流速测量存在误差,如何能够智能化精确计量多泥沙渠道流量一直以来是困扰业界的难题。通过有效手段测算渠道淤积量,从而进一步精确计量水流量,能够有助于相关水文水资源工作更好地开展,并能创造一定的经济效益与社会效益。

目前,由于市面上广泛应用的流量计只在清水中具有较高的精度,而在水中泥沙含量较高的河流中无法准确测量,为此我们针对多泥沙渠道提出一种流量智能化精确计量方案,该方案采用现代化测量设备及自动控制系统,基于超声波技术测出流速,自动走航测出淤积厚度,并形成多点数据库,最后将所采集的数据进行处理,形成数据库并进行数据可视化处理,提升流量计量的准确性、稳定性、可靠性。本书所研究的渠道测淤探头保护装置的改进是该方案中解决淤积断面测量、精确数据采集环节中的一项技术难题。

6.4.9.2　主要技术原理

渠道淤积走航探头是淤积数据采集处理部分的核心组件,数据传感器探头由电机带动,在明渠底部进行往返运动,完成对水位数据的自动化采集,将采集数据传输至淤积检测系统,利用相关智能设备对数据进行处理,形成淤积数据库,进而可以获得渠道淤积断面图像和淤积变化曲线,以满足后续相关日常生产需求及水文水资源研究工作。

走航系统中,利用一静一动两个数据传感器探头,获得渠道淤积断面从而计算出流量,是整套系统的核心,工作原理如图6-4所示。在装置研发早期,淤积走航装置运行试验中,测量淤积数据,对比人工测量值后发现在水流速较大时误差明显,经查证后发现由于数据传感器探头自重较轻,在水流速过快时无法保证传感器探头始终接触淤积面,且考虑到传感器探头在长期拖动后可能造成损坏,决定在传感器探头外部增加能够起到保护作用的配重。

在配重的材料选择方面,考虑到工作环境、河水冲刷、拖拽磨损等因素,最终选择加工性能好、韧性高、耐腐蚀、成型性出色的304不锈钢钢材。根据探头尺寸,完成了可固定探

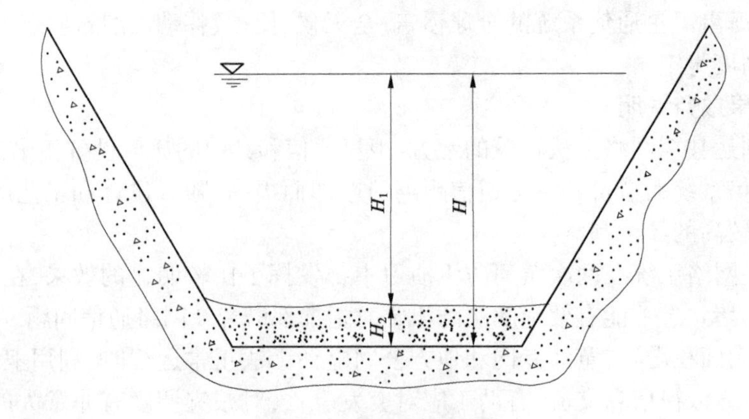

图 6-4　淤积测量原理

头的包围式结构设计,并调整表面弧度减小水流冲击的推力。

为应对不同渠道中河道宽度、水流速的差异,对配重重量的不同要求,对配重进行优化设计。在保持表面与底部结构不变的同时,在内部通过顶管焊接的方式产生一个空腔,根据具体渠道需要,通过灌铅的方式获得合适的配重重量,满足应用推广的需要。

在配重的结构选择方面,根据传感器探头的尺寸,设计一种梭形包围式配重。为更好地固定传感器,在配重底部进行了三等分螺旋卡位设计,在配重顶部增加了固定挂钩,便于携带以及固定传感器探头线缆,并有效保护线缆在采集过程中因水流拉力过大造成的线缆损坏,防止传感器探头丢失,设计结构如图 6-5 所示,我们将此设计称为“铅鱼”。

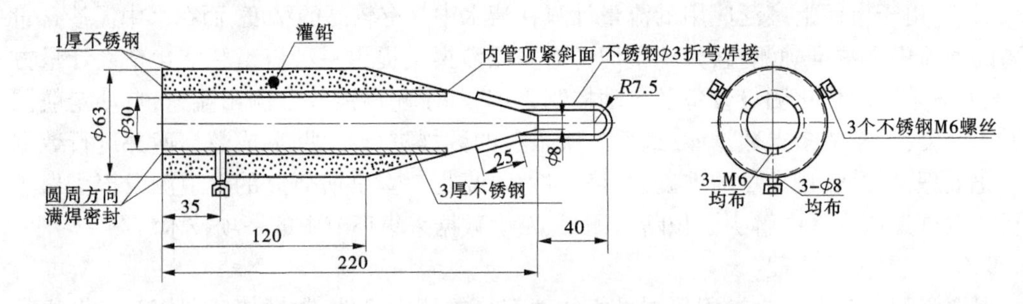

图 6-5　配重初步设计结构图　（单位:mm）

传感器探头安装铅鱼配重之后再次试验,在较大流速中依然可以在淤积面上拖动,试验数据误差有效减小。在历时 92 d 的试验测试中,通过每天走航一次(水流变化大时每天走航两次)的方式,记录数据,在与人工测量结果比对后,发现依旧存在误差,尤其在淤积较为严重时,误差较大,如图 6-6 所示,渠道几乎没有淤积或淤积较少时,误差较小。

为解决淤积较为严重时的误差问题,经过大量试验排查,发现问题出在铅鱼配重选型上。由于走航装置的工作是采用电机拖拽传感器探头在渠道横截面往返走航的方式,在走航方向改变时,探头转向,导致配重在水底淤泥上拖行会造成配重底部及传感器探头表面有淤泥附着,从而造成水位计读数失准。

为解决铅鱼配重底部泥沙附着问题,提出以下解决方案,主要从两方面进行技术改进:一是改变配重表面曲率,减少因拖动及转向的泥沙附着;二是改变配重底部结构,使结

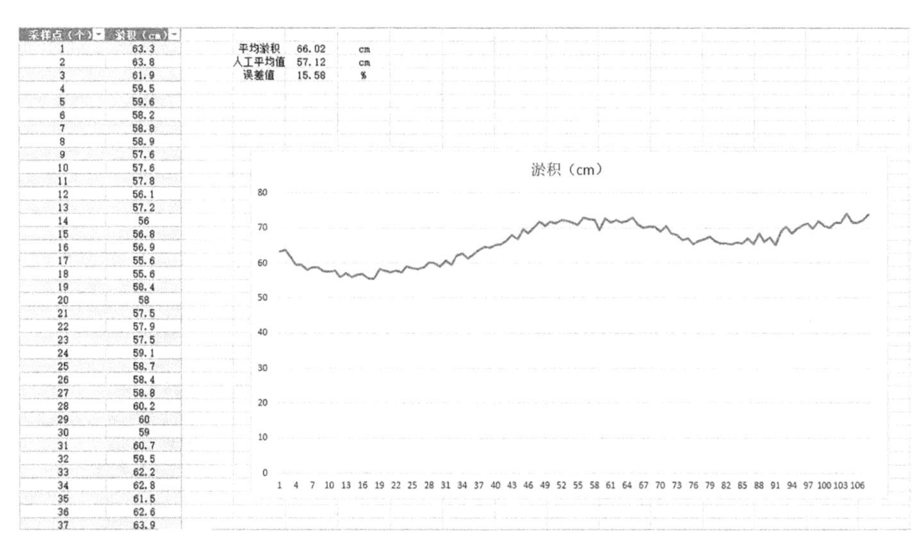

采样点(个)	淤积(cm)
1	63.3
2	63.8
3	61.9
4	59.5
5	59.6
6	58.2
7	58.8
8	58.9
9	57.6
10	57.6
11	57.8
12	56.1
13	57.2
14	56
15	56.8
16	56.9
17	55.6
18	55.6
19	58.4
20	58
21	57.5
22	57.9
23	57.5
24	59.1
25	58.7
26	58.4
27	58.8
28	60.2
29	60
30	59
31	60.7
32	59.5
33	62.2
34	62.8
35	61.5
36	62.6
37	63.9

平均淤积	66.02	cm
人工平均值	57.12	cm
误差值	15.58	%

图 6-6　2019 年 1 月 10 日 9:20:29(配重改进前)

构不利于泥沙附着。经过重新设计选型后,设计出新的铅鱼配重,安装试验后,淤积严重时误差减小,数据误差在 5%以内,数据如图 6-7 所示。渠道测淤装置研发完成,完成了小误差测淤的目标,能够拟合获得接近实际的淤积断面,掌握渠道冲淤变化情况,再结合渠道流速后可获取精确流量。

6.4.9.3　性能指标

经过多次设计改造后的铅鱼配重,既保证了传感器探头在测量时贴合淤积表面,又保护了探头使其在拖拉过程中不会造成损坏,并解决了因增加外部配重后产生的泥沙附着问题。该保护装置是走航系统能够在复杂条件下正常运行的保障,是实现淤积断面自动化精确获取的基础,是多泥沙渠道走航装置能够将误差控制在最小范围内的重要环节。

改进后配重的结构及尺寸如图 6-8 所示。

6.4.9.4　成果的先进性与创新性

(1)通过改进,完成了对探头及其连接线缆的保护,有效地提高了装置的耐用性。

(2)通过改进,解决了探头在转向过程中因淤泥附着而产生误差的问题,有效地提高了数据的精确性。

(3)通过改进,减少了水流所产生的浮力、冲力对探头数据采集的影响,有效地提高了数据的准确性。

6.4.9.5　国内外同类技术比较

当前国内外对于渠道流量的测量,方法主要集中在水堰法、容器法和超声波法等,而且这些方法在测渠道流量时没有考虑渠道淤积对流量计量的影响,造成很大误差。当前对淤积处理主要通过流速—水位法,通过曼宁公式反推出淤积厚度,但此方法属于理论范畴,与实际淤积测量形态偏差较大。

本项目所研发的渠道测淤探头保护装置在渠道淤积走航数据传感器探头的基础上加以改进,不仅有效地提高了装置的耐用性,同时解决了探头因淤泥附着、水流冲力而产生数据采集误差的问题,有效地提高了数据的精确性。

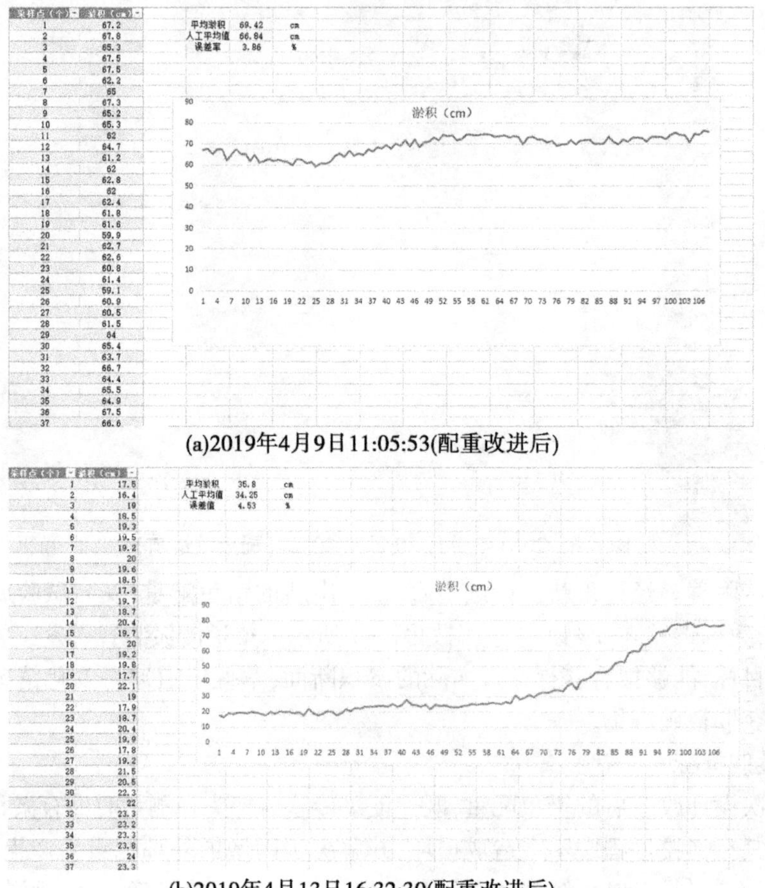

采样点（个）	淤积（cm）
1	67.2
2	67.8
3	65.3
4	67.5
5	67.5
6	62.2
7	65
8	67.3
9	65.2
10	65.3
11	62
12	64.7
13	61.2
14	62
15	62.8
16	62
17	62.4
18	61.8
19	61.6
20	59.9
21	62.7
22	62.6
23	60.8
24	61.4
25	59.1
26	60.9
27	60.5
28	61.5
29	64
30	65.4
31	63.7
32	66.7
33	64.4
34	65.5
35	64.9
36	67.5
37	66.6

(a)2019年4月9日11:05:53(配重改进后)

采样点（个）	淤积（cm）
1	17.5
2	16.4
3	19
4	18.5
5	19.3
6	19.5
7	19.2
8	20
9	19.6
10	18.5
11	17.9
12	19.7
13	18.7
14	20.4
15	19.7
16	20
17	19.2
18	19.8
19	17.7
20	22.1
21	19
22	17.9
23	18.7
24	20.4
25	19.9
26	17.8
27	19.2
28	21.5
29	20.5
30	22.3
31	22
32	23.3
33	23.2
34	23.3
35	23.8
36	24
37	23.3

(b)2019年4月13日16:32:30(配重改进后)

图 6-7　淤积数据

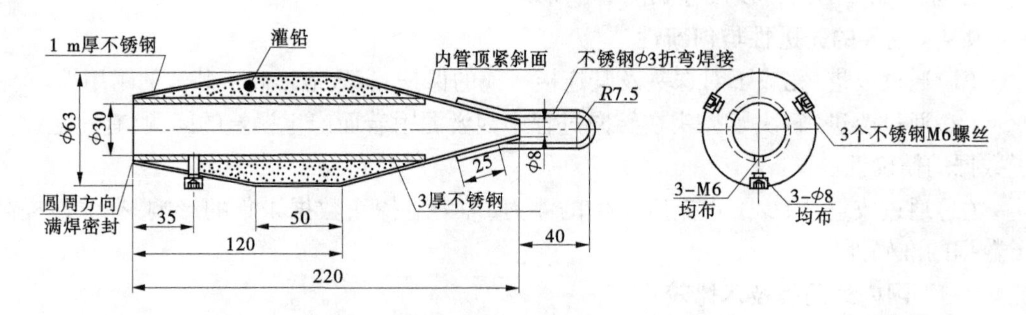

图 6-8　改进后配重的结构及尺寸　（单位:mm）

6.4.9.6　使用推广情况

渠道测淤探头保护装置于 2018 年 10 月开始第一阶段的研究试验工作,在引黄入冀渠首闸试点进行研制开发,研制完成之后投入生产试运行。技术指标完全达到设计标准,通过近 16 个月的试运行,该系统运行稳定,性能可靠,技术指标符合要求,能够智能化记录淤积变化的情况下,提升了计量的准确性、稳定性、可靠性,满足了渠道淤积智能化精确计量要求。

6.5　专　利

《智能化多泥沙渠道断面冲淤变化智能化检测装置》项目简介详见第 5 章引黄入冀补淀渠首段及北金堤闸工程信息化建设(见图 6-9)。

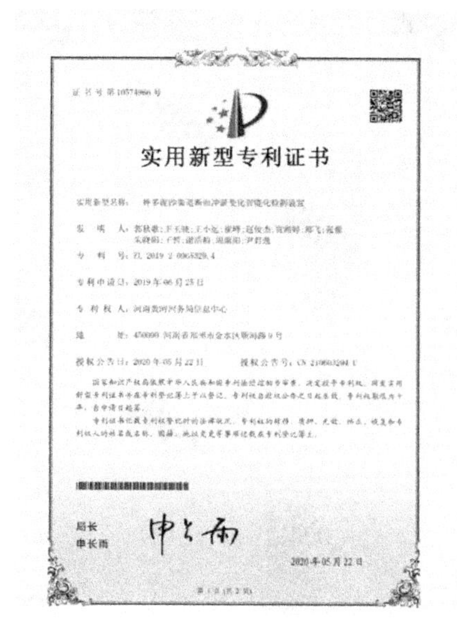
实用新型专利证书

局长
申长雨

2020年05月22日

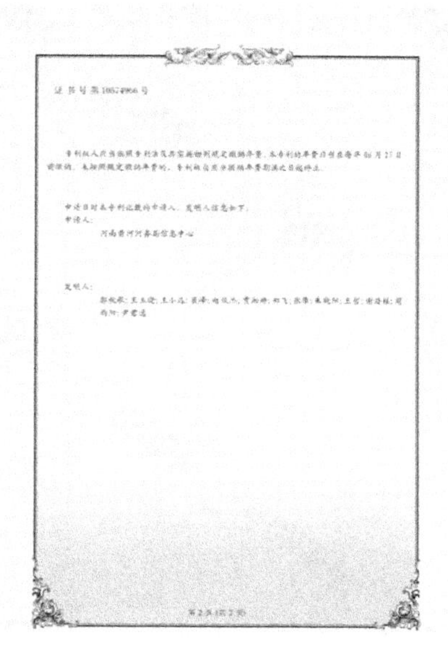

图 6-9　智能化多泥沙渠道断面冲淤变化智能化检测装置专利证书

《黄河河坝坝石坍塌监测设备及预警系统》项目简介详见第 6 章专网和信息化应用建设中的“河道工程根石探测试验项目”(见图 6-10)。

实用新型专利证书

局长
申长雨

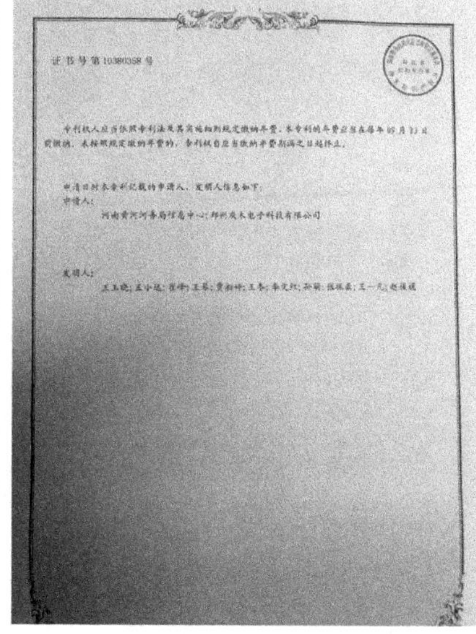

图 6-10　黄河河坝坝石坍塌监测设备及预警系统专利证书

6.6　论　文

(1)《论无人机航拍系统至黄河通信网中应用》省局交流论文。

(2)《多泥沙渠道流量智能化精确计量设计与实践》第二十二届海峡两岸多砂河川整治与管理研讨会的交流论文。

(3)《多泥沙明渠流量智能化精确计量系统设计与实践》省局交流论文。

第 7 章　创新、奖励与成果(河南局)

本章主要介绍河南黄河河务局信息中心作为主要完成单位所获得的河南黄河河务局的奖励,包括"河南黄河河务局科技进步奖""河南黄河河务局科技火花奖""河南黄河河务局创新成果奖"等。

7.1　河南黄河河务局科技进步奖

河南黄河河务局科技进步奖自设立以来,面向全局,重点表彰在治黄实践中取得的重大科技成果,对促进科技治黄起到了重要作用,是代表河南黄河河务局科技成果水平的最高奖项。

河南黄河河务局信息中心完成的《黄河防汛信息采集与管理系统》《数字防汛移动宽带综合业务平台系统》《河南黄河专网与移动公网通信系统的融合开发与应用》《河南黄河软交换系统与公网的融合应用》《无人机航拍系统与黄河通信网耦合及应用》《海事卫星网络系统在黄河防汛应急通信中的应用研究》《河南黄河一线班组网络通信系统的研究及应用》《黄河防汛前线移动指挥部网络通信关键技术研究及应用》《多泥沙明渠流量智能化精确计量系统研究与应用》等项目成果获河南黄河河务局科技进步奖。

7.1.1　《数字防汛移动宽带综合业务平台系统》项目简介

详见"黄委科技进步奖"章节。

7.1.2　《河南黄河软交换系统与公网的融合应用》项目简介

黄河通信交换网现为四级交换网,黄委为 C1 局、省局为 C2 局、市局为 C3 局、县局为 C4 局。各级局担负着本地网内以及与黄委、省局、市局、县局之间的水情、雨情、工险情和调水、引黄灌溉等各种信息及防洪抢险指令传递和汇接任务;其县级河务局的交换机为现四级交换网的 C4 局——端局,处于抗洪抢险前沿以及水情、雨情、工险情等各种信息接收传递的前端,担负着治黄工作和防洪抢险指令的传递、汇转接任务,所以市、县级河务局交换机的位置十分重要。

由于当时受投资和黄河通信网状况及技术的制约,通信线路没有辐射到达,有些县级河务局交换机无法与黄河内部通信网络实现对接,安装运行后仅能解决单位内部科室之间通话,已无法满足用户对上级单位及其他单位的联系,更不能满足通信语音信息的交换需求,使抗洪抢险指令以及水情、雨情、工险情等各种信息不能及时交换传递,严重影响了防汛及治黄工作。

为解决县局内部通信死角问题,满足语音通信以及黄河防汛指令的交换传递的需求,确保黄河防汛通信畅通,使黄河通信网结构布局更加合理完善,运行更加高效、安全、可靠,结合现有河南黄河通信资源和地方网络共享服务的宗旨,以数据交换形式的软交换系统的实施十分迫切,也十分可行。

7.1.2.1 技术原理

河南黄河软交换系统与公网的融合应用是在河南黄河通信专网的基础上开发出的一个新的通信应用平台,它是以河南黄河计算机承载网、数字程控电话交换网为基础、基于软交换系统来实现的,以软交换系统的组网形式,进一步优化拓展河南黄河通信专网的新业务。

随着通信网络技术的飞速发展,人们对于宽带及业务的要求也在迅速增长,为了向用户提供更加灵活、多样的现有业务和新增业务,提供给用户更加个性化的服务,提出了下一代网络的概念,且目前各大电信运营商已开始着手进行下一代通信网络的试验。软交换技术又是下一代通信网络解决方案中的焦点之一,已成为近年来业界讨论的热点话题。我国网络与交换标准研究组已经完成了有关软交换体系的总体技术要求框架,863 计划也对有关软交换系统在多媒体和移动通信和有线通信系统方面的研究课题进行了立项。

软交换是下一代网络的核心设备之一,各运营商在组建基于软交换技术的网络结构时,必须考虑到与其他各种网络的互通。在下一代网络中,应有一个较统一的网络系统结构。软交换位于网络控制层,较好地实现了基于分组网利用程控软件提供呼叫控制功能和媒体处理相分离的功能。

软交换与应用/业务层之间的接口提供访问各种数据库、三方应用平台、功能服务器等接口,实现对增值业务、管理业务和三方应用的支持。其中:软交换与应用服务器间的接口可采用 SIP、API,如 Parlay,提供对三方应用和增值业务的支持;软交换与策略服务器间的接口对网络设备工作进行动态干预,可采用 COPS 协议;软交换与网关中心间的接口实现网络管理,采用 SNMP;软交换与智能网 SCP 之间的接口实现对现有智能网业务的支持,采用 INAP 协议。

通过核心分组网与媒体层网关的交互,接收处理中的呼叫相关信息,指示网关完成呼叫。其主要任务是在各点之间建立关系,这些关系虽然是简单的呼叫,却是一个较为复杂的处理。软交换技术主要用于处理实时业务,如话音业务、视频业务、多媒体业务等。

软交换之间的接口实现不同协议与软交换之间的交互,可采用 SIP-T、H. 323 或 BICC 协议。

随着企业 IP 网络的完善及 IP 集合通信技术的成熟,在统一的 IP 网络上实现数据、语音、视频业务已经成为不可逆转的趋势。目前,河务局已有 1 台 Softco 5816 部署在总部专网内,2 台 32 线 IAD。为了充分利用内部网络资源,节约电话通信成本,决定在现有 IP 网络的基础上搭建一套性能稳定、功能完备、技术先进的 IP 语音系统。

采用企业统一通信解决方案后,企业内部的通话完全免费,内部用户拨打长途电话只需付市话费,大大降低了运营成本。同时相对传统的电话系统,基于 IP 的语音系统在扩展性和可管理性上更加便利。

7.1.2.2 主要技术内容

1. 总体方案

根据河南黄河通信现状和需求,信息中心机房现有 Softco 5816 1 台、32 线 IAD 2 台,要求进行 VoIP 改造,Softco 5816 作为中心局;2 台 IAD 搬迁至不同办事处,现因 Softco 5816 在专网内,IAD 在 Internet 网上,IAD 无法直接注册到 Softco 5816,现需增加会话边界控制器 1 台,解决公网、专网穿透问题,确保各办事处 IAD 注册成功。软终端用户通过把服器地址设成 SBC 地址,也能不受公网、专网的限制,无论在哪都可通过互联网拨打电话。

2. 主要硬件介绍

SoftCo 5816IP 语音综合交换机是华为统一通信解决方案的核心设备。作为小型的 NGN/IMS 系统和 IP PBX 设备,SoftCo 5816 整合了 NGN/IMS 各部件的功能,专门用于向企业网、行业网提供高效、高质话音服务。

SX1000 会话边界控制器(Session Border Controller)专为解决网关流量汇聚、专网/防火墙穿透、网络安全、业务保证和网络互通等 VoIP 部署所面临的问题而设计。

SX1000 是 VoIP 整体解决方案中的重要部件,通常部署在 VoIP 服务供应商网络的边缘(软交换平台和语音接入网关之间),或部署在企业/VPN 网络的出口,以支撑 VoIP 业务的开展。

3. 系统数据配置方法

1)设备部署

SX1000 是 VoIP 整体解决方案中的重要部件,本项目部署在 SoftCo 5816 网关边缘。

2)地址规划

SX1000　ETH1 接口地址　192. 168. 1. 86　255. 255. 255. 0。

SX1000　ETH2 接口地址　218. 28. 235. 50 255. 255. 255. 240,GW 218. 28. 235. 49。

3)数据配置

(1)步骤 1:登录。

打开 Web 浏览器,在浏览器地址栏内输入 SX1000 的 IP 地址(出厂以太网端口 ETH1 的缺省 IP 地址为:192. 168. 2. 240),在登录界面输入密码,即可进入配置界面。

(2)步骤 2: 设置网络参数。

系统默认启用以太口 1,启用以太口 2。设置以太口 IP。地址、子网掩码、网关地址,完成后提交保存配置。

(3)步骤 3 :设置软交换。

点击“软交换”,进入配置界面。在对应的序号后面输入软交换 IP 地址和信令端口,格式示例:220. 248. 118. 50:5060。SX1000 最多可设置 5 个软交换。

可根据软交换要求在 SX1000 上设置信令回复端口。朝对方发送端口回复:“是”表示 SX1000 根据信令从软交换发过来时的源端口进行回复;“否”表示 SX1000 根据软交换配置中指定的信令端口进行回复。

(4)步骤 4: 设置服务端口。

点击“服务端口”,选择需要设置的以太口。华为设备服务端口设成 5060。

4)用户终端配置

根据使用不同的软交换系统终端,进行相应的网络及号码配置,包括用户终端机 IAD、IP 电话机和语音软终端。

7.1.2.3 创新点

(1)该项目以河南黄河计算机网络和数字程控交换网为基础,采用软交换技术,通过会话边界控制器及配套软件,实现了河南黄河通信网与Internet网的有机融合,解决了目前还没有黄河通信专线的基层单位语音通信问题,也为黄河防汛通信提供了一种应急手段。

(2)通过会话边界控制器及配套软件,经多次试验,解决了黄河通信网与Internet网的穿透问题,保障了黄河基层单位Internet网内的用户终端机注册成功,拓展了河南黄河语音网的拨打区域。

(3)融合后的通信软交换平台中的用户终端布设快捷方便,用户终端设备就近接入黄河通信网,为河南黄河防汛等工作提供了应急通信手段。

7.1.2.4 国内外研究及应用概况

自1997年贝尔实验室提出软交换概念以来,很快便得到了业界的广泛认同和重视,在短短的几年中,国际上已经经历了3个阶段:实验室阶段、市场推广阶段、大规模应用阶段。在众多制造商和运营商的共同推动下,软交换产品逐步趋于成熟,功能日益丰富,性能逐渐稳定,标准化工作正稳步推进,软交换技术正走向市场。

1.成立国际软交换协会

1999年5月,成立国际软交换协会(International Softswitch Consortum,ISC),又称为软交换论坛。ISC目前已有近180个成员,国际上大多数知名的电信设备制造商,如阿尔卡特、朗讯科技、思科、西门子、富士通、诺基亚、爱立信、北电网络等,以及一些电信运营商如美国的Leve13、Qwest、AT&T,日本的NTT等均为该协会成员。软交换论坛有5个工作组:

(1)业务应用(Application)工作组:该工作组负责业务功能制定、协调以及API标准的应用。

(2)网络结构(Architecture)工作组:该工作组负责软交换网络功能架构的制定。

(3)设备控制(Device Control)工作组:该工作组负责软交换间以及软交换与其他网络设备间控制协议的制定、补充和增强,如媒体网关控制协议(MGCP)、MEGACO和设备的兼容性等。

(4)网络管理(Management)工作组:该工作组负责网络管理的结构和协议制定。

(5)SIP工作组:该工作组负责SIP在软交换网络中的应用和增强。

ISC的成立加快了软交换技术的发展步伐,软交换相关标准和协议得到了IETF、ITU-T等国际标准化组织的重视。经过几年发展,软交换技术在标准化和产业化方面均取得了长足进展,一些协议如H.323、MGCP等不断完善,BICC、SIP/SIP-T等新协议不断推出,一些基于软交换技术的产品逐步走向实用化阶段,使软交换成为NGN最为活跃和热门的话题。

2.技术发展情况

目前,软交换技术得到长足发展,经过这几年的努力,其基本框架结构、主要功能、性能、应用范围等方面已经基本确定。具体表现在以下几方面:

(1)在结构方面,软交换采用分层结构模型,所有设备之间通过标准接口互通,提供基于策略的OSS和通用业务平台,并支持平面组网方式。

(2)在功能方面,软交换完成呼叫处理、协议适配、媒体接入、网络资源管理、业务代理、互联互通、策略支持等功能,支持业务编程。

(3)在性能方面,软交换满足电信级设备要求,在处理能力、高负荷话务量、冗余备份、动态切换、呼叫保护等方面都达到了指定标准。

(4)在覆盖范围方面,软交换定位于NGN,当前主要解决现有通信网络,如PSTN、PLMN、IN、Internet和CATV等的融合问题,并和3G协同,最终完成在骨干包交换网中提供综合多媒体业务。

(5)许多建立在软交换技术基础上的电话业务及其高级智能业务的相关标准在不断地完成。

(6)多业务的软交换技术已经取得了很大发展,其体系结构成为目前业界研究的热门话题。

(7)提供长途电话业务用于取代C4电话交换网的软交换系统,已经得到广泛的应用。

(8)基于局域网的IP电话和基于Internet的IP电话应用在不断增多。

(9)无线通信网络采用软交换技术,提供移动电话业务已经有很多应用。

(10)对于软交换技术在C5应用的研究,正在积极开展。

3.标准化发展情况

目前,ITU-T、IETF、ISC等国际组织正在合作制定和完善相关的协议和标准。ISC组织的成立,使软交换技术得到了迅速发展,相关的标准、协议、规范都得到了ITU-T、IETF等国际标准化组织的重视。H.323、MGCP等一些老协议不断完善成熟;BICC、SIP/SIP-T等一些新协议不断推出;一些基于软交换技术的产品已经进入实用化阶段。下一代网络的目标是建设一个能够提供话音、数据、多媒体等多种业务的,集通信、信息、电子商务、娱乐于一体,满足自由通信的分组融合的网络。为了实现这一目标,IETF、ITU-T等国际组织制定并完善了一系列标准协议:

(1)H.248/Megaco:IETF、ITU-T制定的媒体网关控制协议,用于媒体网关控制器和媒体网关之间的通信。

(2)SIP:IETF制定的会话初始协议,用于多方多媒体通信。

(3)H.323:ITU-T制定的IP电话和多媒体通信协议,提供VoIP和多媒体应用。

(4)BICC:ITU-T制定的与承载无关的呼叫控制协议,可使呼叫控制与承载控制分离。

(5)SIGTRAN:由IETF SIGTRAN组织制定的在IP网上传送PSTN/ISDN的信令协议。

4.国外应用情况

在美国,新运营商对软交换技术十分敏感,有许多运营商进行了网络试验。由于受美国经济下滑的影响,一些试验停止了,而美国的大运营商则仍继续积极推进相关试验,如新运营商Leve13、传统运营商Sprint、时代华纳等。

美国的主要应用情况:

Qwest:使用Softswitch建长途中继;

Sprint：使用 Softswitch 提供本地 VoATM 业务，软交换主要用于 PSTN 演进；

Verizon：使用 Softswitch 进行 Internet 旁路；

由于本地电话免费，运营商尽可能将 RAS 靠近端局，避免本地上网业务冲击电话网。由于 RSA 是分布式部署，采用软交换+RSA 网关有优势。

Level 3：使用 Softswitch 提供 VoIP 长途电话业务。

欧洲的运营商对于软交换的发展和应用比较务实和谨慎，他们根据网络的实际情况和业务的发展来采取对策。

德国电信从 1997 年开始对国内电话网络进行优化，近期在其国内没有开展软交换试验的计划，在国际网络方面，德国电信正在积极进行准备，2002 年下半年进行了技术投标、实验室设备测试等工作，在 2002 年进行了国际网络软交换试验，放置 1 台软交换机、4 个媒体网关，采用 SIP-T 协议来开展 IP 网络提供语音业务、呼叫中心业务、VPN 业务试验。

在日本，新的宽带网络运营商希望将软交换技术作为传统运营商竞争的武器。NTT Do Como 在积极研发软交换技术，趋向于在 3G 系统中采用软交换技术。而 NTT 则把软交换列入其下一代光纤到户的发展计划中，而对语音系统，未计划采用软交换技术。

5. 国内应用情况

我国科研和产品生产部门一直紧紧跟踪软交换技术的最新进展，标准化工作也在同步进行。1999 年下半年，我国网络与交换标准研究组启动了软交换项目的研究；2001 年 12 月，信息产业部科技司印发了《软交换设备总体技术要求》参考性技术文件；网络与交换标准研究组在积极制定有关信令网关、媒体网关、相关协议的技术规范，网络开放式体系架构和设备单元的测试规范；高科技 863 计划列项软交换系统在移动和多媒体应用的研究。

中国网通公司（2010 年并入中国联通）是我国第一个提出利用软交换技术来构建完整的商用语音网络运营商，在 2001 年中期进行的宽带电话实验网项目招标工作中，明确要求采用软交换技术。中国网通的宽带电话实验网项目，目前是国内也是全球第一个提出利用软交换技术构建完整的商用语音网络的项目。

我国为在下一代网络技术、业务、运营中尽早走上国际先进行列，中国电信由集团公司统一组织 NGN 试验。试验工程在北京、上海、广州、深圳 4 个城市进行，分别安装了软交换、多媒体应用服务器、媒体网关、综合接入服务器等设备，计划提供分组语音中继、窄带与宽带分组语音接入、多媒体等业务。

中国移动集团公司一直密切关注着软交换技术和产品的发展，近几年积极参加软交换的研讨和技术交流，肯定了软交换的划时代意义。

中国联通对软交换技术和产品的发展同中国移动一样，持积极态度，多次参加软交换的研讨和技术交流活动。

6. 设备制造商

在软交换设备制造领域，国外知名厂商主要有爱立信、思科、北电、阿尔卡特、西门子。国内知名厂商主要有华为公司、中兴公司。

7.1.2.5 项目使用情况和推广前景

目前,通过软交换系统进行语音互联的县局有滑县黄河河务局;办事处有河南黄河防汛办公室、河南黄河物资储备中心和河南黄河机械厂,共设置使用号码资源280个。系统运行已达2年,效果良好,没有出现大型故障。

软交换技术通过几年的发展已经非常成熟,介于它是语音交换方式从电路交换到数据交换转变的重要技术,在国内电信业推广前景良好,同时系统部署的灵活性更好地在黄河信息化中体现出重要位置,建议在全局推广。

7.1.2.6 经济效益和社会效益

随着软交换系统在河南黄河防汛工作中的应用,为用户提供了一个比 Internet 网用户更加便捷的通信平台,每个用户利用黄河防汛通信网络平台可以节省通过费用,随着用户越来越多,节省通话资金越来越多,有着较大的经济效益。

软交换系统的应用,为黄河防汛工作又提供了一个方便快捷的信息传输平台,可以快捷地为防汛信息的上传下达提供保证,为黄河防汛及治理工作提供可靠的保障,具有较大的社会效益。

7.1.3 《无人机航拍系统与黄河通信网耦合及应用》项目简介

多年来,河道的工情、险情是黄河下游预测防洪形势发展变化的依据,是防洪决策的基础。防汛信息采集体系是黄河非工程措施的重要组成部分,在黄河防洪中发挥着极其重要的基础作用,是各防汛业务应用系统正常运行的基本保证。随着黄河数字信息化的发展,对工情、险情勘察实时性、精确性要求的不断提高,现有的防汛信息采集体系中人工拍摄或摄像机定点拍摄,卫星遥感数据等采集手段存在如下弊端:

(1)数据时效性较差。

传统高分辨率卫星遥感数据一般会面临两个问题:第一是存档数据时效性差;第二是编程拍摄可以得到最新的影像,但一般时间较长,同样时效性相对也不高。

(2)受地形区域性限制较大。

黄河流域面积辽阔,沿河地形复杂,很多区域受地形因素影响,摄像机的使用范围受到很大的限制。特别是出现重大险情时,车辆和人员到达不了现场,不能将现场的实时图像传输到会商中心。

(3)面对较大作业面积时人力消耗大,耗时久。

(4)机动性差,拍摄角度具有局限性。

当有时需要整个河段的概况时,需要摄像师不停地移动,既耗时费力又会造成传输画面的不稳定,影响观看效果。同时人工拍摄只能位于地面,视角单一,信息的采集和反馈也较为片面。

无人机低空航拍技术作为一项空间数据获取的重要手段,是卫星与有人机航拍的有力补充,在国内外已得到广泛应用。相对于传统的防汛信息采集体系,无人机航拍系统主要具有以下优点:

(1)保证数据实时性和时效性。

无人机工作组可以随时出发,随时拍摄,对所需地区拍摄图像和数据可以做到及时传输,能够最大限度地保证数据的实时性和时效性。

(2)无人机能够承担高风险或高科技的任务。

驾驶员能够在地面通过飞行控制设备实现对无人机的操作。对于车船人力无法到达地带的环境监测、灾情监测和救援指挥,无人机航拍系统更能展现其独特的优势。

(3)人力资源消耗成本低,工作时间短。

无人机工作组一般由2~3人组成,并且通过对无人机的操作可以在较短时间内完成较大的工作量,大大降低人力资源的消耗。

(4)灵活机动,拍摄角度丰富多样。

无人机所装载的云台可通过操作调节调度,不但能够实现地面摄像机无法实现的俯拍,也能降至低空进行平面拍摄,并且在悬停拍摄期间无人机自身的稳定性可以最大程度地保证图像和画面的清晰度及稳定性。

基于无人机上述的优点,结合定点摄像,通过卫星车、地面基站可以全方位、多角度地完成对地面工情、险情以及河道状况的勘察,提供较为全面的全息数据。

本项目是以多旋翼无人机为飞行平台,利用高分辨相机系统获取影像,利用空中和地面控制系统实现影像的自动拍摄和获取,同时实现航迹的规划和监控、信息数据的压缩和自动传输、影像预处理等功能,并利用现有黄河应急通信网络以及黄河通信专网,将实时航拍数据传输到防汛会商中心,构建河南黄河河道工情、险情"河道、陆地、空中"三位一体的信息采集模式。

7.1.3.1 技术原理

无人机是利用无线电遥控设备和自备的程序控制装置操纵的不载人飞机。无人机上安装高清摄像头,将采集到的实时图像传输到地面接收基站,再通过河南黄河通信网接入河南黄河防汛会商中心。

7.1.3.2 技术方案

1.总体方案

随着无人机航拍技术的应用日益广泛,我们结合黄河防汛的实际需求,把无人机航拍技术应用于黄河水情勘察、危险区域勘察及实时监测图像采集。由于无人机具有既可利用高清摄像头进行拍摄影像或录像,又可利用无人机基站进行实时音视频直播的优势,可以进一步缩短防汛指挥中心了解水情、险情的时间,进一步提升指挥调度的准确性。为实现无人机航拍实时图像数据能传到黄河防汛会商中心,我们根据河南黄河专网特点和不同环境,设计了两种组网方案:一是无人机系统通过基站与黄河通信专网组网,二是无人机系统与黄河应急通信车组网。组网方案详述如下。

1)无人机系统通过基站与黄河通信专网组网(方案一)

由于花园口是河南黄河段重要河段,我们在此安装基站一座。在基站覆盖范围内,无人机航拍的实时图像或数据通过移动高清接收机传送到基站,基站再通过光纤连接到河南黄河通信专网,并传送到黄河防汛会商中心。

2)无人机系统与黄河应急通信车组网(方案二)

在其他区域内,利用卫星车应急通信的优势,在卫星车安装移动高清接收机,经卫星车将航拍实时图像或数据传送到黄河防汛会商中心。

无人机系统组网如图 7-1 所示。

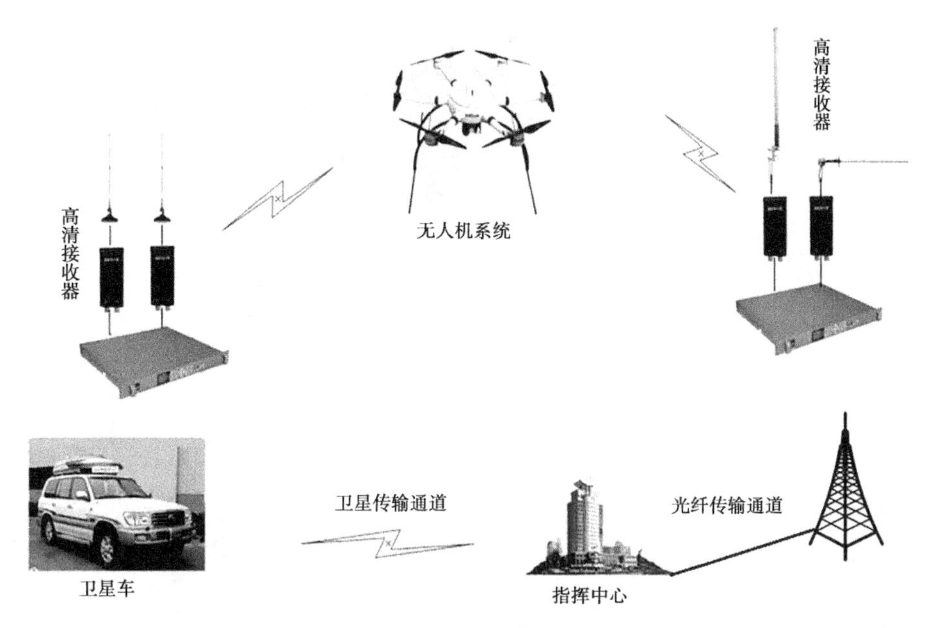

图 7-1　无人机系统组网

2. 无人机系统结构

无人机系统由无人机、遥控器、基站组成。

1) 无人机

无人机由机身、飞控、电机、电调、螺旋桨、云台、动力电池等组成(见图 7-2、图 7-3)。

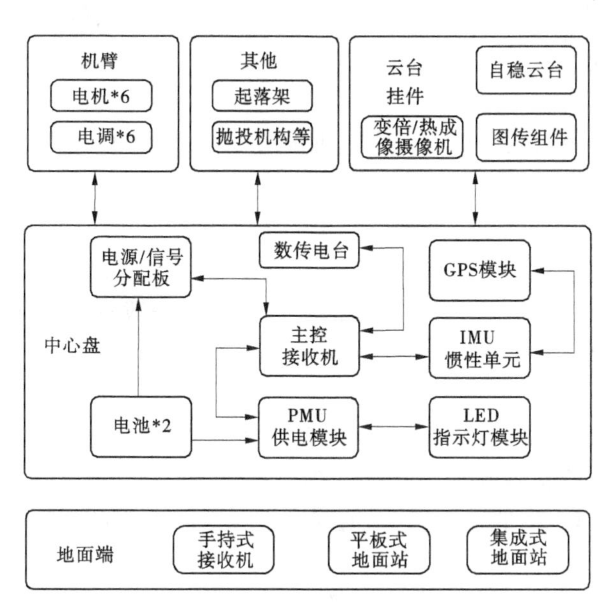

图 7-2　无人机结构框图

(1)机身。

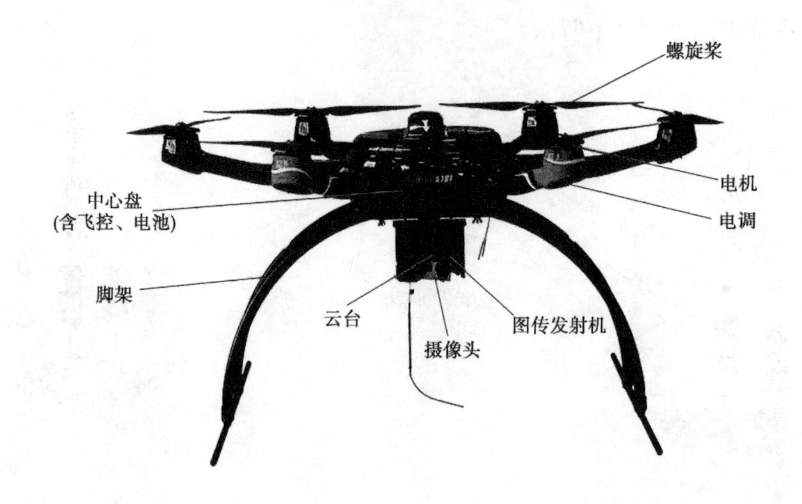

图 7-3　无人机正面图

机身材质多采用碳纤维,连接件采用高强度航空铝合金,保证机身强度的同时尽量减轻机身重量,以获得较长的飞行时间。同时机身具有抗风 7 级、防雨、快速拆装、展开迅速等特点。

(2)飞控。

飞控又叫自驾仪,是无人机的大脑,通过各种传感器(三轴陀螺仪、三轴加速度计、气压高度计、电子罗盘、GPS 等)感知飞行器当前的姿态、位置、加速度等状态参数,利用这些参数以及遥控指令控制无人机的运动。

飞控设有失控保护功能,在 GPS 信号良好的情况下,如果遥控器的控制信号因故丢失,飞行器将会进入失控保护状态,在一定的时间内如果控制信号不能恢复,飞行器将会自动返回返航点并降落。

(3)电机。

多旋翼无人机采用无刷电机。无刷电机没有电刷,电流的变相是由驱动器即电调完成的。

(4)电调。

电调全称电子调速器,将直流电转化为三相交流电驱动无刷电机。电调可以根据控制信号调整输出电流的大小,以控制电机的转速。电调一般具有 BEC 功能,给飞控或遥控器接收机提供一路 5 V 供电。

(5)螺旋桨。

多旋翼螺旋桨大多采用碳纤维材质,顺时针旋转的桨叫正桨、逆时针旋转的桨叫反桨。螺旋桨在使用前需要做静平衡和动平衡测试,以确保不会对电机轴造成离心拉力。螺旋桨越大,同样转速产生的升力越大,但因为本身质量重,惯量也大。

(6)云台。

无人机云台主要用来安装机载摄像设备并控制摄像设备的转动,同时具有减震、增稳的功能。云台的减震一般通过减震球来实现,减震球可以对电机高速旋转产生的高频震动进行过滤。增稳则是通过和摄像设备固定在一起的陀螺仪感知抖动情况,并反馈给云台控制单元 GCU,GCU 通过增稳算法调整各轴电机的旋转来抵消抖动,从而实现图像增稳。

(7)动力电池。

多旋翼无人机用电池一般为锂聚合物动力电池(Li-polymer),又称高分子锂电池,相对以前的电池来说具有能量高、小型化、轻量化的特点,是一种化学性质的电池。

2)遥控器

遥控器主要作用是调整云台俯仰,智能控制飞行方向。控制模式有手动模式、姿态模式、GPS 姿态模式、一键返航模式。手动模式下飞机的飞行姿态完全由飞控手决定,飞机本身不会自行保持平衡,需要飞控手有较高的操控技能。姿态模式和 GPS 姿态模式下,有了飞控的参与控制,飞控手只需要控制飞机的移动就可以,飞行器本身可以自己维持稳定。姿态模式与 GPS 姿态模式的区别在于姿态模式下飞机平衡定高,而 GPS 姿态模式下飞机可以定高定点。一键返航模式是指飞机能够以背对返航点的方向自动返回并降落到返航点。

3)基站

基站主要由高清视频接收机、天线组成。高清视频接收机的作用是接收来自前端发射机的无线高清图像和声音信号,通过卫星车或光纤接入到黄河通信专网,传到黄河防汛会商中心。

3. 系统测试

本次用 X6M 型六旋翼无人机在黄河两岸不同地形和环境进行测试。本次测试传输采用两种传输方式:其一是卫星应急通信车配合无人机使用,无人机拍摄图像传至卫星应急通信车上,卫星通信车再通过卫星把无人机传输的图像传至指挥中心。其二是无人机配合花园口基站使用,无人机图像传至花园口基站,花园口基站再通过光纤传至指挥中心。

基站天线安装在花园口通信枢纽站 75 m 通信塔上,该塔有三层工作平台,天线安装在最上面的工作平台上,接收机放置在三楼通信机房内。

测试的主要参数有最大飞行高度、飞行距离、悬停时间以及系统与黄河通信专网耦合后实时图像传送质量等。

无人机经过多地点测试,飞行参数符合防汛设计方案,图像传送质量和效果良好(见表 7-1)。

表 7-1 系统测试

测试地点	传输方式	飞行距离(km)	最大飞行高度(m)	信号强度	图像质量
嘉应观	卫星车	2	40	强	图像流畅
焦集险工	卫星车	2	30	强	图像流畅
马渡下延	卫星车	2	40	强	图像流畅
双井	卫星车	3	100	强	图像流畅
南裹头	基站	6	100	强	图像流畅
武庄	卫星车	4	60	强	图像流畅
万滩	卫星车	1.5	50	强	图像流畅

7.1.3.3 创新点

(1)多旋翼无人机航拍影像具有高清晰、大比例尺、小面积、高现势性的优点。以多旋翼无人机技术为基础,采用高清摄像机对黄河水情、险情、河势等进行空中实时动态拍摄。

(2)系统具有先进的自主飞行控制系统,既可由飞控手在可视范围内进行手动控制飞行器,也可通过 GPS 自动进行飞行巡逻。通过更换动力电源,可一次性对 30 km 以内黄河两岸河道的险工险点进行连续飞行拍摄。

(3)在黄河防汛现场,将无人机系统采集到的实时图像信息,通过移动卫星车传输系统,接入到河南黄河通信网,传输到河南黄河防洪大厅,实现黄河水情、险情、河势等进行远距离空中立体拍摄以及卫星车单兵拍摄的地面画面相结合,在防汛会商中心呈现出不同方位、多角度黄河河势画面,为防汛决策提供一手详细资料。

(4)无人机系统采集到的实时图像信息,通过花园口固定地面接收基站,利用河南黄河防汛光纤链路直接实时地传输到河南黄河防汛抗旱指挥大厅,为防汛决策提供一手详细资料。

7.1.3.4 国内外研究及应用概况

我国研制无人机起步较晚,从 20 世纪 60 年代后期才开始,西方国家从一战后就开始研制无人机作为靶机。事实上,不仅是战争,无人机在诸多事关民生和非传统安全事务的领域,也能发挥载人飞机所不及的作用,如灾情监视、交通巡逻、治安监控和航空摄影、地球物理勘探、海岸缉私等。我国也早在 1993 年就将无人机应用于大气探测、气象灾害遥感、生态遥感、人工影响天气等课题。空中通信中继是无人机的一个重要用途。当自然灾害(如地震、洪水、泥石流、海啸等)发生时,在一定地域内地面原有的有线、无线通信系统均遭到破坏,此时此地,在最需要通信联络时信息传递就成为一个大问题。而无人机则可以作为一个便捷的通信中继机,在指挥中心与现场之间搭建一条无形的信息“桥梁”,快速构成一个应急局域无线通信网以解燃眉之急,为救灾赢得宝贵时间。

1. 国外多旋翼无人机应用情况

1)挪威

无人机与虚拟现实设备连接起来,通过在无人机上安装可转向摄像头,佩戴 oculusrift 的“驾驶者”转动头部以控制摄像头,实现第一人称视角的飞行体验,未来这种结合将用于急救、地形探险。

2)荷兰

无人机可携带纤颤器,能够在 1min 内飞到周边约 12 km^2 内的患者身边,将存活率从 8%提高到 80%,可进行导航追踪移动应急呼叫、与医护人员远程通话。

3)美国

可通过手机 APP 呼叫无人机,并输入想去的地点,无人机将自动识别并引路,还可以实现人机对话。

2. 国内多旋翼无人机应用情况

1)大疆创新科技有限公司

大疆创新科技有限公司的领先技术和产品已被广泛应用到航拍、遥感绘测、森林防火、电力巡线、搜索及救援、影视广告等工业及商业用途。

2)科卫泰实业发展有限公司

科卫泰实业发展有限公司自主研发设计的专业级六旋翼无人机,采用免工具快拆结构,配备高清无线图传系统,支持手动精准控制及航线自主飞行,航时长,抗风性好,并具备一定的雨中作业能力,广泛应用于险情侦查、边境巡查、搜救搜捕、路面监测、地理测绘、电力巡检、森林防火、抗震救灾等领域。

7.1.3.5 项目使用情况和推广前景

无人机航拍系统在焦作嘉应观、濮阳焦集险工出险现场得到应用,在河南省黄河防汛抗旱会商中心领导通过电话远程指挥无人机操作人员,在出险现场上空定点、定高和全方位、高广角的,将出险现场、抢护情况和河势等视频信息实时传送至河南黄河防汛抗旱指挥中心,有效解决了险工、险情的信息采集盲点问题,为防汛抢险科学决策提供了全方位、及时、准确的视频信息,提高了防汛指挥调度能力,具有很高的应用推广前景。该系统还在2015年河南局防汛技能演练中得到应用。

7.1.3.6 经济效益

无人机航拍系统通过遥控指挥小飞机,实现低空自动定点、定高和全方位、高广角,从空中航拍工程、险情、河势信息,并能将拍摄的图像实时传至河南黄河防汛抗旱指挥中心,有效解决了险工、险情的信息采集盲点问题,为防汛抢险科学决策提供了及时、准确的资料信息,减轻了灾害损失,具有较高的经济效益和社会效益。

7.1.4 《海事卫星网络系统在黄河防汛应急通信中的应用研究》项目简介

详见“黄委‘三新’认定”章节。

7.1.5 《河南黄河一线班组网络通信系统的研究及应用》项目简介

详见“黄委科技进步奖”章节。

7.1.6 《黄河防汛前线移动指挥部网络通信关键技术研究及应用》项目简介

详见“黄委‘三新’认定”章节。

7.1.7 《多泥沙明渠流量智能化精确计量系统研究与应用》项目简介

7.1.7.1 主要技术原理

多泥沙明渠流量智能化精确计量系统通过设计六个子系统(走行系统、淤积监测运算系统、流量运算系统、总流量精确计量智能化综合管理系统、云端远程控制系统、太阳能供电系统),采用现代化测量设备、自动控制技术、网络传输技术及数据库数据处理技术,实现了多泥沙明渠流量智能化精确计量,提升了流量计量的准确性、稳定性、可靠性,满足了渠道水流量智能化精确计量要求。该系统结构简易,操作简单,使用方便,可靠性强。

7.1.7.2 成果创新性

(1)首次实现了对多泥沙明渠流量实时智能化精确计量。

(2)首次采用现代化测量设备及自动化控制技术设计走行系统,为投入式液位传感器在渠道内进行动态测量渠道冲淤变化状况提供技术基础。

(3)首次运用投入式液位传感器实现对明渠冲淤变化的自动化测量。

(4)首次发明一种多泥沙明渠断面冲淤变化智能化检测装置,从而为多泥沙明渠流量实时智能化精确计量打下基础。

(5)利用淤积监测运算系统对走行数据进行编程运算处理,实时监测冲淤变化状况,高效方便。

(6)通过数据预处理,现地/远程多方式实时掌握冲淤变化状况、流量等相关数据变化,与综合管理系统连接后,进行数据可视化再处理,实时直观再现明渠冲淤变化形态。

(7)首次在多泥沙明渠引进时差法多声路超声波流量计,组成流量运算系统。再结合淤积监测运算系统,开发了多泥沙明渠流量精确运算系统,为精确计量多泥沙渠道流量提供可靠技术手段。

(8)该智能化精确计量系统无须定期进行校准率定,具有数据处理高效、操作方便、快捷等特点。

(9)该智能化精确计量系统通过使用网络传输技术,实现了对数据处理、维护操作的远程自动化控制。

7.1.7.3 成果转化、产业化情况以及所取得的直接效益和间接效益,成果推广应用前景的评价

该研究成果已成功应用于引黄入冀补淀渠首闸项目,发挥了显著作用,效果良好;采用现代化测量设备、自动控制技术、网络传输技术及数据库数据处理技术,解决渠道淤积测量问题,能够精确掌握渠道冲淤变化状况,对实现流量智能化精确计量有非常大的实际意义,取得了良好的社会效益与经济效益。该研究成果能够最大化地节约成本,提高流量计量工作效率、稳定性及可靠性,在流量计量应用中推广价值很高,具有广阔的应用前景。

7.2 河南黄河河务局科技火花奖

河南黄河河务局为推动群众性技术改造、技术革新和合理化建议活动的蓬勃开展,增强广大干部职工的科技意识,促进治黄事业的发展,特设立科技火花奖。奖励范围包括:

(1)执行各级科技计划完成的,未获得省局科技进步奖及以上奖励,对科技治黄事业有较大作用的成果。

(2)职工在各自工作岗位上解决某一生产环节的技术工艺难题,或在原有技术基础上有所改进、有所提高,并取得明显效益的成果。

(3)在治黄生产中,改进或完善某一机械、设备、工具的性能,提高生产效率或减轻劳动强度的技术改造和技术革新成果。

(4)在经济工作中,开发或引进新技术、新产品,取得明显效益的成果。

(5)在工程、科技、信息、档案、财务、物资、计划、统计等管理工作中,提出改进、完善办法和措施,被有关单位采纳,并在实际管理中取得明显效果的成果。

河南黄河河务局信息中心完成的《DAS128E 远端模块在中牟赵口渠首闸开发与应用》《Harris 程控交换机用户增强来电显示功能的开发与应用》《800 兆移动车载台供电电

路技术革新》《多媒体智能信息箱在河南局高层住宅楼中的应用》《利用 VPN 技术解决巩义河务局程控交换机并入黄河通信网问题》《数字防汛移动宽带综合业务平台系统-移动车载天线系统》《数字防汛移动宽带综合业务平台车载系统抗震底座》《便携式微波音视频直播系统在黄河防汛演习中的开发与应用》《电动水平钻孔机的研制与应用》《启闭机多功能信息采集架在黄河水量调度管理系统工程中的开发与应用》《光纤综合接入设备在黄河通信专网建设中的应用》《河南黄河一线班组无线接入设备电源控制系统的研发与应用》等项目获得了河南黄河河务局科技火花奖。

7.2.1 《Harris 程控交换机用户增强来电显示功能的开发与应用》项目简介

1991 年以来,省局、焦作市局、新乡市局、开封市局、濮阳市局、长垣县局、渠村分洪闸、花园口以及中牟县局相继安装开通了 Harris20-20 型数字程控交换机,构建了河南黄河通信网的基础。随着通信技术的发展,黄河防汛对黄河通信网提出了更高的要求,因此从 2002 年下半年,各级黄河通信部门相继把程控交换机的模拟出中继改建为数字出中继,以共享通信新业务。

2003 年年初,省局开通了分机来电显示功能,但是在使用中发现存在一些问题,距离交换机远的用户分机来电显示不稳定,出现有时显示来电号码有时不显示的现象,虽更换电话单机但仍未能解决问题。经过技术人员维护总结,具体问题如下:

(1)来电显示忽有忽无。

(2)复位后,交换机 ASG(Analog Signal Generator,模拟信号发生器板,P/N:763394)板需要重新插拔。

(3)若定义两块 ASG,拔掉一块后,哈里斯交换机仍然会选择拔掉的那一块。

(4)关开机器后的第一次使用总是不正常。

2003 年 4 月河南局信息中心为了解决 Harris20-20 型程控交换机用户分机来电有时显示主叫号码有时不显示主叫号码的问题,与哈里斯驻郑州办事处的技术人员共同进行开发研制,对哈里斯 Harris20-20 型的程控交换机 16 线 ALU 用户线路板进行改造,经理论研究对电路板进行开发设计与实际改制试验,成功地解决了哈里斯交换机在来电显示上存在的问题。

Harris20-20 型程控交换机用户电路板开发改造和试验成功,为哈里斯用户来电显示存在的问题找到了一个理想的解决方案,采用这种改造方法不但节省了投资、提高了电话服务质量,而且改制方便,能满足防汛对通信的需求。在黄河专网通信中具有一定的推广价值。

7.2.1.1 开发任务的来源

随着通信新业务的开通,黄河防汛工作也要求共享这些功能。任务来源于 2003 年 3 月,省局及各市局相继开通了来电显示业务,以便治黄防汛通信更好地享受通信新业务资源。但是在使用中发现了一些问题,就用户方面来说,尤其是距离哈里斯交换机远的用户,主要是来电显示时有时无。为了解决这个难题,省河务局信息中心多次与哈里斯驻郑州办事处联系,共同对 Harris20-20 型程控交换机的用户板进行研究改造,于 2004 年 1 月成功地解决了该问题。

7.2.1.2　**设计原理与技术创新**

来电号码显示实际上是现代电信交换网络可以提供的一项服务业务。就其机制而言,是指交换机对用户提供来电号码专用格式的数据的传送,而用户终端利用符合数据解码格式要求的端机进行接收和显示。

哈里斯交换机采用 ASG 配合实现主叫号码在用户端口发送(Caller ID)功能。从而使得模拟分机接收到主叫号码,以及呼叫的日期和时间。Harris20-20 型程控交换机通过入中继(如:30B+D PRI,E1,中国七号信令,中国一号信令)获得主叫号码,并在被叫(具有来电显示功能的模拟分机)未摘机状态下,第一次振铃和第二次振铃之间(振铃标准:1 s 送,4 s 断),发送主叫号码。

根据我们所使用的用户板,版本号为 01-03E,我们采取在 T/R 线上位号 CRx02 上端焊点与 CRx03(注:其中的 x 代表 1-16)上端焊点间跨接一个 43×10^3 Ω 电阻,这样可以增加发送主叫号码的输出电平,以增加传输距离,又不影响输入输出通话信号电平,从而解决了这一问题。在焊接时由于正面焊接操作很困难,所以在板背面焊接。

7.2.1.3　**推广应用情况及经济效益和社会效益**

2003 年 3 月起省河务局信息中心技术人员与哈里斯驻郑州办事处维护人员合作,在 16 线 ALU 板组件号为 764314 的用户板上改制而成;2004 年 1 月首次在省局信息中心 Harris20-20LH 型程控交换机上投入使用,实践证明采用这种改制方案,解决了用户分机来电显示时有时无的问题,用户来电显示稳定可靠,保证了黄河通信专网通信新功能的享用。

哈里斯来电显示增强型用户板在省河务局哈里斯程控交换机和濮阳河务局哈里斯交换机的试验成功,使黄河通信专网中投入使用的哈里斯程控交换机摆脱了原用户板来电显示存在问题的困扰,充分发挥了投入使用多年哈里斯程控交换机的潜在功能。在开封市局、焦作市局、新乡市局、长垣县局、渠村大闸、花园口及中牟县局都在使用该交换机,开通来电显示均存在上述问题。采用改制方案具有投资少、见效快的特点,是目前解决哈里斯程控交换机用户板来电显示问题的理想方案,在黄河专网内具有一定的推广价值。

哈里斯 16 线 ALU 用户板改制方法的推广应用,为河南局节约了大量的资金。将用户板返回厂家改制每块费用为 600 元,而我们研制开发的每块只需几元钱。仅按目前省局信息中心 1920 门交换机所用 71 块 16 线用户板计算,就节约了 4.25 万元。若推广以后,加上另外 8 个市、县局,按平均每个局 400 线 25 块用户板来计算,则可以节约资金近 16 万元。从以上所述情况来看具有一定的经济效益。

哈里斯稳定来电显示功能用户板的开发,2004 年 1 月投入使用,为防汛工作提供了更高标准的服务,与返回厂家改制周期长相比,从一定程度上方便了治黄工作,保证了防汛工作更有效地进行,具有一定的社会效益。

由于采用了开发成功的 16 线用户板,较好地解决了黄河通信用户分机来电显示时有时无的问题,提高了工作效率,节省了投资,改制应用方便,建议在使用哈里斯程控交换机的各局中推广应用。

7.2.2 《800兆移动车载台供电电路技术革新》项目简介

河南黄河通信网经过多年的建设和发展,已形成了以微波、程控交换机、集群移动通信系统的综合网络体系。尤其是1999年投资建成的800 M集群移动通信系统,大大提高了沿黄两岸防汛查险、报险、抢险的通信保障能力。

800 M集群移动通信系统是1998年由黄委信息中心设计,1999年在河南河务局、山东河务局建成,主要用在沿黄河两岸查险、报险、抢险通信保障上,在河南境内共安装机站17座,发放手机1 800多部、车载台100多部。800 M集群移动通信系统建成投入运行后,基本上满足了基层第一线防汛、查险、抢险通信的需求,同时车载台的安装和投入使用为省、市、县局领导防汛指挥、命令的上传和下达提供了快捷、有效的通信手段,保证了防汛指挥领导在行驶中防汛信息不丢失和信息的时效性,也为日常防汛工作提供了便捷的通信方式。但是800 M车载台安装投入使用后,我们遇到一些带有普遍性的问题,例如:你在三菱汽车上正在通话,汽车发动瞬间就会打断你的通话,同时车载台掉电并重新加电启动,如果汽车启动有困难多次点火发动,车载台瞬间就多次频繁开关。这样不但影响了正常通话,也增加了设备的损坏率。据这几年不完全统计车载台由于汽车供电电路问题已造成几十部损坏,针对这个问题,我们走访了三菱汽车维修厂和郑州日产皮卡汽车厂进行技术咨询,经咨询确认了我们的测试结果,其主要是汽车发动机启动电流太大,把整个汽车电路电压拉低造成的,回来后我们组成技术攻关小组,经过对汽车电路的认真分析和测试,并在司机师傅的配合下,经过反复试验,终于在2004年3月研制出了QCDK-1型和QCDK-2型800 M车载台电源控制器。控制器的研制较好地成功解决了以上存在的问题,首先在省局信息中心三菱汽车上安装使用,继而在开封市河务局、郑州市河务局部分车辆上安装了该设备,使用效果良好,保证了正常通话,同时解决了由于汽车的发动,对800 M车载台大电流的频繁冲击,从而降低了设备故障率,节约了大量的维修费用。

7.2.2.1 改进思路与设计方案

原有800 M车载台的供电设计,是取自汽车内部点烟器插座上的电压,电压为+12 V,我们根据存在的问题分别测试和分析了车载台供电插座(汽车点烟器插座)及汽车蓄电瓶的电压,在汽车发动前和后两点电压相等为12 V,然后在汽车发动时分别监测两点电压,结果两点电压差距很大,测得插座处电压为1 V,蓄电瓶电压为10.6 V。结果表明:经过汽车总开关(汽车钥匙)控制的电路,在汽车发动时由于汽车启动电流很大,把整个汽车电路供电系统(包括音响系统、仪表盘、点烟器等)电压拉低到1 V左右,由于导线截面面积不够压降全部降到负载至蓄电瓶之间的导线上,造成附属设备不能正常工作。当汽车顺利启动,汽车钥匙复位不再需要启动电流后,电压恢复正常,车载台电源取自点烟器电压,在发动时当然也不能正常工作,由于800 M车载台功率较大,在汽车发动时多次通断(开关)大电流冲击及容易烧毁损坏设备。为此,我们根据测试结果和实际情况,设计出了车载台电源控制器,其设计指导思想和思路是:①保证原汽车电路不改动;②汽车电源总控制不改动(汽车钥匙控制);③保证汽车连续发动5 s或14 s以内车载台不断电。根据以上设计思路,我们采用双芯6 mm^{2}铜线直接接入汽车蓄电池,然后另外一端经过继电器接点接入800 M车载台电压输入端,因为汽车蓄电池电压不能直接接入800 M车载台,车载台没有电源开关控制,另外就是安上开关,汽车钥匙也控制不住,一旦停车后长时间忘关开关,汽车电瓶电压将耗尽无法启动,所以继电器接点要受延时电路控制,控制电压取自汽车点烟器,当汽车发动时点烟器电压下降(1 V 左右),延时控制电路工作(6 s 左右)保证继电器不释放,蓄电池电压 10.6 V 通过继电器接点送到车载台,保证正常供电,当汽车关掉总电源超过 6 s 后,控制电路释放继电器接点,停送车载台 12 V 电压,关闭车载台。CQDK-1 型和 CQDK-2 型两种控制器是根据不同型号汽车而设计的,在越野型进口汽车(启动性能好的汽车)中采用 CQDK-1 型控制器,控制延时时间在 6 s 左右;CQDK-2 型控制器是用在启动性能不太良好的汽车上,发动时间长,需要的延时时间也长。这样控制器可以适应不同型号的汽车安装。

7.2.2.2　控制器电路工作原理

根据控制器设计原理可以看出,控制器电路就是一个带有延时电路的控制继电器,控制器电路原理示意图见图 7-4。

基本原理:①当汽车打开电源,控制器电源插头插入点烟器插座后,12 V 电压通过二极管对电容器充电至 12 V 电压,同时继电器接点闭合,蓄电瓶 12 V 电压,通过继电器 J_{12} 接点送入车载台,车载台加电正常工作。②当汽车发动时,点烟器插座 12 V 电压下降到 1 V 以下,由于二极管的单相导电作用,电容器内存储的 12 V 电压只有通过电阻 R(限流作用)提供给继电器,并维持继电器在 6 s(15 s)内不释放,此时蓄电瓶 10.6 V 电压仍然可以保证车载台正常工作。③在汽车连续发动几秒(5 s 或 14 s 以内)启动后,插座电压恢复 12 V 电压,重新对电容器充电至 12 V 电压并使继电器保持吸合(接点闭合),使车载台不会断电并能保证正常通话。④当汽车关闭总电源后(车钥匙控制),插座电压为 0,此时电容器放电维持继电器吸合 6 s(15 s)后自动释放,至此车载台全部断电关闭。

主要技术参数:①延时控制时间:CQDK-1 型,5 s;CQDK-2 型,15 s。②控制器工作电流:30 mA。③保险丝容量:(控制器插头)2 A。④电容充电响应时间:$t_0-t_1=0.4$ s。

7.2.2.3　推广应用情况及经济效益和社会效益

800 M 车载台供电电路控制器 2004 年 3 月研制成功后,先后在省局信息中心、开封市河务局、郑州市河务局部分车辆上安装使用,实践证明,信息中心研制的 800 M 车载台供电电路控制器工作稳定可靠,彻底解决了多年来存在的通话中被打断问题,减少了 800 M 车载台的故障率,保证了防汛通信的畅通。

车载台是 1999 年投入使用的,每台 1 万多元,2004 年统计,仅河南黄河河务局就有几台设备因非正常频繁启动而损坏,据不完全统计,全河流域每年将有 10 多台损坏,直接损失将近 20 万元,另外由于车载台已投入运行多年,原生产厂家维修站已撤走,损坏设备已无法修理,其间接损失将无法估量。由此可见,该控制器的开发研制和投入使用是很有必要的,经济效益也很可观。

800 M 车载台供电电路控制器的研制成功,不仅提高了黄河流域几百台 800 M 车载台的通话质量,而且有效地延长了设备使用寿命。建议上级主管部门推广应用该供电电路控制器。

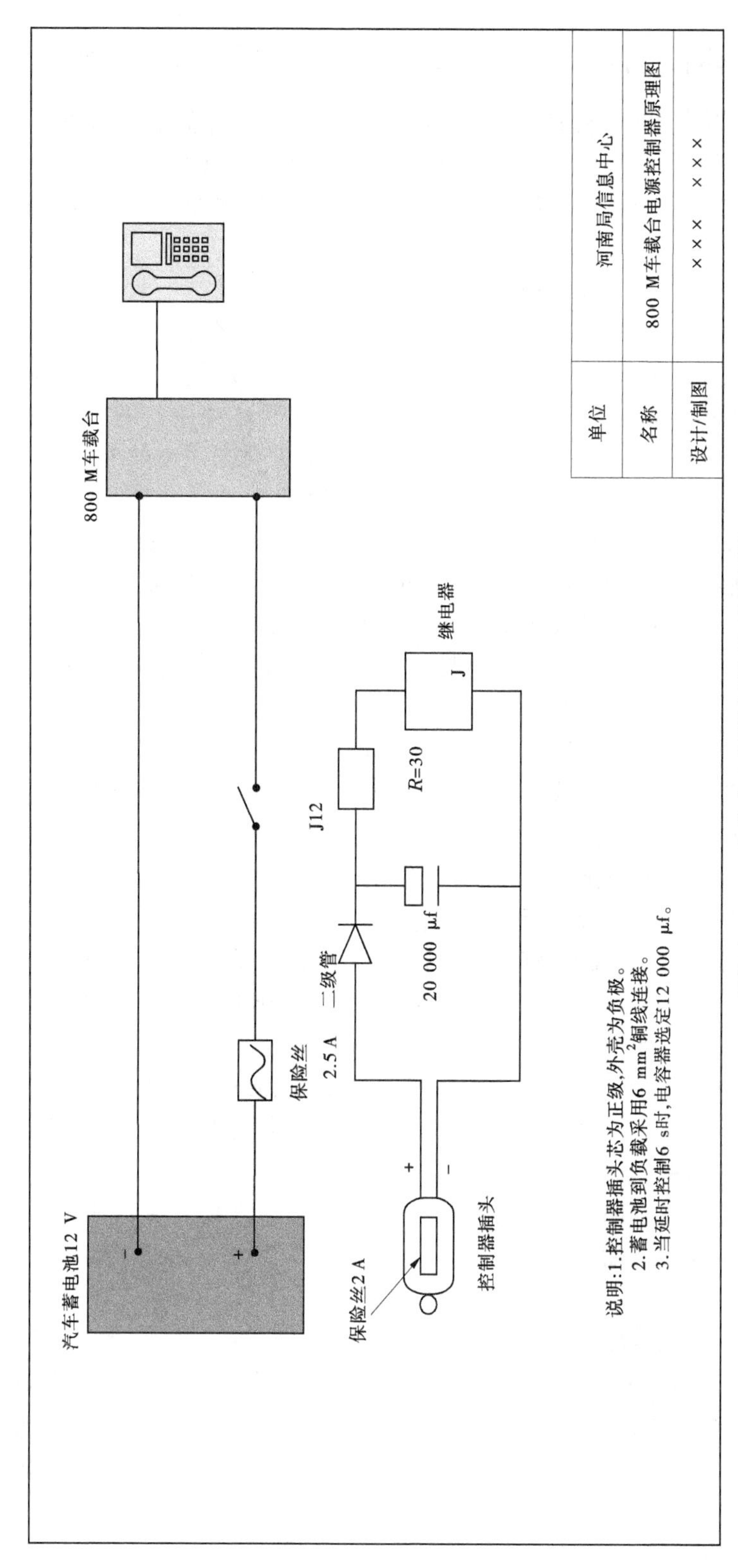

图7-4　800 M车载台电源控制器原理示意图

7.2.3 《多媒体智能信息箱在河南局高层住宅楼中的应用》项目简介

多媒体智能信息箱(简称信息箱)是将家庭中各种与信息相关的通信设备,如计算机、电话、电视等装置进行集中管理和控制,并保持这些家庭设施与住宅环境的和谐与协调,给住户提供一个安全、高效、舒适、方便,适应当今高科技发展需求的完美的人性化的住宅。

信息箱一般安装在客厅内边的墙上,底部距离地面约 30 cm,封装在一个铁制的方盒里,箱体尺寸为 90 mm×180 mm×120 mm,采用象牙白喷塑金属外箱,接口以整体方式安装于功能板上,接口面向用户。它的结构不复杂,集成了数据、语音、视频等弱电模块,其最大的优点就是可以在住宅设计或装修设计和施工过程中将所有的弱电线路铺好,并在相应的位置设置信息点插座,信息点插座可以包含用于数据线缆的 RJ45 接口、用于连接语音(电话)线缆的 RJ11 接口及用于连接有线电视的公制 F 头等。

信息箱的基本配置是语音模块、数据模块、视频模块等弱电系统模块。语音模块可同时支持 2 组电话线:内线和市话外线,用户可以在家中根据不同需要重新分布到 8 个点。数据模块支持宽带接入,使计算机接入互联网或进行点对点通信。视频模块可接入视频和宽带,支持本地节目和广播电视视频服务,同时支持 4 个地点播放。用户还可根据自身需要选用自动抄表系统或可视对讲系统。

应用了信息箱后,用户就可以对弱电系统进行统一管理和集中控制。因为使用了综合布线系统,所以所有的弱电线路都是专业设计人员按照相关标准规范进行统一的规划,由专业施工人员统一进行施工,统一把接头插入在配线板后部,使用户家庭中的语音、数据、视频等任何信息点都能通过信息箱连接不同类型的终端设备,而且每条弱电线路上都贴上了标识,标识上写有用以表示它的功能模块和相应的终端位置。由于统一进行规划和施工,给用户减少了工程的投资,也给施工人员带来了莫大的便利,施工的时间也大大缩短,当然也不会发生多组施工人员互相冲突的情况,施工环境好了,施工质量也会有保证,用户也可以放心地使用,不需要担心弱电系统的安全问题。

当用户在日后的生活中如果想要改变设备的数量和位置,或是想要重新布置房间时,只需要挪动家具,对于弱电系统,所有的操作只需在信息箱中相应的位置上按下或弹上几个按钮,进行一些简单的插拔而已。比如切换语音的线路,用户不需要去请专业技术人员或学习相关的专业知识,用户只需要自己打开信息箱,在语音模块上按下表示客厅的那个红色按钮,这样客厅的电话就可以正常使用了,而且书房的电话此时也可以同时使用,如果不想让它振铃,只要弹上相应书房的语音按钮就可以了,如果你按下所有房间的按钮,那么你就可以在房间、客厅、书房、厨房、卫生间都能及时接听电话,不错过任何一个电话,也可以和不在同一房间的家人进行通话;如果想切换数据线路,只需要在数据输出口上插入相应客厅的数据接头就可以了;切换视频线路也是同样的操作。一切都使原本复杂的操作变得非常简单而且高效,既不影响居室的和谐美观,又不需要用户花费时间、精力和金钱,实实在在地方便了用户的工作和生活。

河南局高层住宅楼应用的就是这种信息箱,它内嵌在墙面里,不占用空间,安装方便,颜色与墙壁色彩浑然一体,与居家环境和谐统一。经过专业测试,各项指标都符合 TIA/

EIA70A家居布线标准,符合住宅信息箱标准等。信息箱维护容易、设置方便,用户反映良好,收到了良好的社会效益。目前,信息中心正在建设的住宅楼也应用了这种多媒体智能信息箱,业主经过对比,均表示选用了信息箱可以使家庭生活有一个质的飞跃。

(1)可以使用户自行选用多样化的应用功能。用户可以组建家庭音视频网络、家庭通信应用网络、家庭监控网络以完成各种各样的应用功能。

(2)可以给用户更方便的未来生活。我们会在用户可能需要使用设备的地方预留扩展接口,这样,当用户在变更设备位置和未来增加设备时,只要轻轻一插就能将设备连接完成。

(3)可以为用户节省资金。当家中多台电脑同时上网时,可只付一条宽带网络月租,也可以使用一台影碟机或计算机播放节目使所有房间都可以观看。信息面板、宽带网络接口对电话、计算机可以通用。可以省去普通电话线及部分面板的费用。

(4)可以给用户提供一个安全可靠的弱电系统。由于我们将用户整个家庭作为一个系统进行设计,所以无论是从材料选择,还是施工规划,均是依照标准规范进行的,因此所有线路均保证安全可靠。

(5)可以使用户实现一个统一简易的管理方式。在用户使用信息箱时不需任何专业知识就可以自行配置设备的连接,从而实现用户所需要的功能。

随着社会的发展,人们对居住空间提出了更高的要求,以适应21世纪现代化居住生活的需要,实现家庭住宅的智能化、信息化。信息箱在现代家庭中的应用,在语音、数据、视频、安防、娱乐、图像等方面提供系统、智能化的管理,为用户规划建设一套满意的现代的家庭弱电系统。

7.2.4 《利用VPN技术解决巩义河务局程控交换机并入黄河通信网问题》项目简介

7.2.4.1 概况

巩义河务局是河南黄河河务局下属的一个地理位置较为特殊的单位,在1997年一点多址微波通信工程和1998年无线接入系统通信工程设计中,均没有解决该单位程控交换机专网中继线联网问题,使巩义河务局程控交换机不能并入黄河专网,长期依赖运营商的市话、长途通信进行防汛工作联系。采用市话中继方式通信,一是需要人工话务员接转、速度较慢,接损率较高;二是增加本单位长途、市话费用开支,经济负担较重。为了解决程控交换机专网联接问题,我们提出了“采用VPN技术改进方案解决巩义河务局程控交换机并入黄河通信网的问题”这一技术构想,作为巩义河务局中继线接入程控交换机的革新方案。方案采用VPN通道作为交换机中继线接入,此方法可以较好地解决巩义河务局交换机的联网问题。

7.2.4.2 巩义河务局交换机联网方案

为了能尽快解决巩义河务局交换机联网问题,信息中心组织技术攻关小组多次对巩义河务局进行联网方案试验。随着通信行业新技术的应用,我们最终决定采用VPN通道作为交换机中继线接入,通过租用运营商的VPN通道,连接郑州河务局和巩义河务局的办公网络,在通道两端各配置一台8路FXO,将FXO的通道虚拟映射,并分别将两端FXO

出线和交换机中继线映射。经过试验和检测，FXO 的电气指标满足了 EAST8000 交换机所需通话音质及电平接口要求。

7.2.4.3 EAST8000 型程控交换机联网数据调整

巩义河务局交换机的联网开通，使其所用的 EAST8000 型程控交换机接入黄河通信专网有了可能。

本方案涉及中继联网路由，只需在郑州河务局和巩义河务局的程控交换机上做交换机局向和中继路由数据修改，即可实现设计目标。

在方案设计中，VPN 通道的租用费用相对较低，运行也比较稳定，通道两端的路由设备和 FXO 均为一次性投入，所以整个方案付诸实施只需少量资金投入。

上述两单位采用这种方法联网后，运行稳定可靠，在实际工作中经济效益明显，同时解决了程控交换机联网，为日常防汛工作及水情信息传递提供了保证。

7.2.5 《数字防汛移动宽带综合业务平台系统-移动车载天线系统》项目简介

近年来，按照中央科学发展观和水利部治水新思路的总体要求，黄委提出了建设“数字黄河”和维持黄河健康生命的治河新理念，“数字黄河”建设作为一项治黄战略性工程。河南黄河河务局于 2003 年、2004 年相继建设了引黄涵闸远程监控系统、河南黄河移动会商系统、电子政务系统（省、市、县三级综合办公系统、治黄专业业务系统、河南黄河网三部分），这些系统的建成为信息传递、远程监控、防汛异地会商提供了强有力的支撑。

信息的采集和传输是信息处理的基础，是极为关键的一环，尤其是防汛第一线的基础信息采集更为重要。目前，黄河系统内的通信手段远不能满足防汛一线现场大信息量数据的采集和传输，为此采用目前最先进的无线城域网技术（WiMax 技术），它兼具了传统无线宽带接入的带宽优势，以及无线接入的灵活性与移动性，解决了复杂情况下、运动中语音、数据、动态视频图像、传真等宽带多媒体信息的数据高速传输问题的难题。用以解决防汛抢险一线现场大量信息采集和传输问题，进而满足防汛信息传输的实时性、多样性和突发性，为防汛决策提供强有力的支持。

7.2.5.1 研制任务来源

为了改变黄河信息传递系统落后的现状，河南黄河河务局信息中心于 2007 年引进了数字防汛移动宽带综合业务平台系统，该系统包括：①LAP2600AP 基站 2 套，安装在郑州市局的惠金、中牟两县局；②LP2600SU 车载移动设备（包括 13 dBi 高增益天线 4 根）4 套，安装在信息中心的三菱越野车上；③LP2600SU 单兵终端设备 6 套。

车载移动车使用效果的好坏和天线系统紧密相连，天线系统的升降高度、覆盖距离的远近和灵活性是使用中的关键，也是移动车辆改装中的关键一环。

在车辆改装时，有两种方案。一种方案是采用现成的车辆改装厂的天线系统，需在汽车底盘的引出架上焊接改装。这种方法缺点是：①天线系统改装需要改变车辆的原有结构；②使用时汽车后门无法全部打开，使用极不方便；③天线系统固定在改装车辆上，无法拆卸；④成本高，加工、材料费每个需 8 000 多元（带升降电机的）。另一种方案就是不破坏车辆的原有结构，但功能、性能要和车辆改装厂的天线系统一样，天线系统在不使用时可以随意拆卸,但是需要自己研制,费用较低。

项目组根据车辆实际使用情况和经费情况,决定自行研制天线系统,放弃改装厂原有的改装方案。

7.2.5.2　天线系统的研制

根据项目的实际需求,设计的天线系统主要由三部分组成:固定底座部分、高度调节部分、减震部分。

1. 固定底座部分

固定底座部分采用与改装车辆整体化设计,将固定底座与三菱越野车(帕杰罗 V73)后备胎轮毂结合在一起,底座固定在后备胎轮毂上,底座固定利用后备胎轮毂的固定螺丝孔位置,这样在不用时可以随意拆卸,也不破坏车辆的结构,安装机动灵活。如在车辆的底盘架上加焊天线杆托架,将改变车辆的结构,再者焊接加热不安全因素增多。

具体做法是将一块直径 150 mm、厚 8 mm 的圆形钢板(B 板),沿直径切去 4 mm,切出一个长 130 mm 的边,该边直接加焊在一个直径 200 mm、厚 8 mm 的圆形钢板(A 板)的中心部分,两块钢板成直角。天线底座 A 板上用直径 16 mm 的钢钻头打孔,三孔的连线成等边三角形,孔与孔(中心)的距离为 120 mm,和三菱越野车(帕杰罗 V73)后备胎轮毂上螺孔相一致,背面用 3 个长 35 mm、直径 24 mm、壁厚 4 mm 的钢管加焊在 3 个螺孔处,起底座和备胎钢圈连接的支撑,用长 80 mm、直径 14 mm 的 3 个不锈钢螺栓和备胎钢圈上的 3 个经过特别加工的螺母固定在一起。

2. 高度调节部分

高度调节部分由天线调节杆和连接底座板组成,调节杆设计由一根长 540 mm、直径 60 mm 的钢管,一根长 980 mm、直径 52 mm 的钢管,以及多根长 850 mm、直径 42 mm 的铝管组成。

3. 减震部分

减震部分采用直径 60 mm 的钢管下端加焊一块直径 150 mm、厚 8 mm 的圆形钢板,钢板的中心切出一个直径 45 mm 圆孔,该圆孔的作用有三点:一是减轻竖杆的重量,减轻车辆起步或刹车时天线杆的摆动。二是从孔口给钢管内壁和钢板连接处加焊,双面焊接比单面焊接增加天线调节杆的牢固性。因为车辆经常行驶在道路崎岖不平的黄河滩区,天线调节杆的牢固性尤为重要。三是该圆孔可以用来穿天线馈缆。钢板的对应 B 板沿直径 40 mm 处切掉一块,因该板与 A 板上边的 2 个螺孔相接,影响装卸金箍螺丝,故在 130 mm 的边上从两端各切掉 30 mm,这样装卸金箍螺丝轻松自如。

该钢板对应 B 板均匀地打 6 个直径 8 mm 的孔,中间对应的 2 个孔穿入稳定螺栓、4 个孔穿入减震弹簧和高强度橡胶垫。该弹簧垫耐腐蚀、耐老化、经久耐用,高强度橡胶垫的增加,既可调整天线杆的垂直度,又可减轻因汽车的紧急停车给天线造成的冲击,延长天线的使用寿命。

下边两根钢管的上端套丝 40 mm,加装紧固装置起到锁死作用,当天线杆升起或落下时都能很稳固地锁死,在行车过程中不会因上下两节连接不好而产生晃动。第 3 节及以上部分用铝合金管制成,最上边一根上端加装一个天线固定装置,能将天线牢固地固定在铝合金杆上,铝合金管的使用减轻了天线杆上端的重量,减轻了因汽车的紧急停车给天线造成的惯性冲击,延长了天线的使用寿命。

无线电波的传输受地理位置、距离等因素的影响较大,离中心站的距离越远,要求天线的安装高度越高。我们研制的数字防汛移动宽带综合业务平台系统移动车载天线系统,安装在三菱越野车后备胎轮毂上,底座距地面 730 mm。在车辆行驶状态,天线调节杆可升高至距地面 2 800 mm 的位置,加装上端的铝合金管后,可使天线升高至 5 000 mm 左右,经过多次使用该系统达到了设计要求。

该系统安装后,先后完成了 2008 年、2009 年调水调沙中多次坝岸现场实时图像转播任务;2008 年、2009 年黄河防总举办的黄河防汛调度综合演习中的多次图像转播任务,2009 年河南黄河河务局防汛技能演练现场通信保障任务。该系统将抢险现场各类信息、实时图像传送至黄委防洪厅及河南局防洪厅,为黄委及河南局领导及时、准确地了解现场情况并进行远程指挥决策及指令的上传下达提供了有力的技术支持。

2009 年国务院原副总理吴仪在花园口考察时,就是通过该系统的移动车载系统查看郑州、开封、濮阳、新乡等市局河势情况,并利用车载电话听取了郑州市局的抢险情况汇报,高质量的图像和清晰的语音得到了领导们的一致好评。

7.2.5.3 使用推广情况

数字防汛移动宽带综合业务平台系统移动车载天线系统研制成功后,在河南黄河河务局信息中心的两辆三菱越野汽车上安装使用,随着以后基站的增多、覆盖范围的扩大,需改装的车辆更多,可将更多的黄河实时图像传送到防汛指挥会商决策机构,为防汛抢险决策提供科学依据。

7.2.5.4 经济效益

数字防汛移动宽带综合业务平台系统移动车载天线系统研制费用:加工、材料费共计 1 000 元,采用传统天线系统加工、材料费每个 8 000 多元,每套节约资金 7 000 多元,安装 2 套共节约资金 14 000 多元。

7.2.6 《数字防汛移动宽带综合业务平台车载系统抗震底座》项目简介

近年来,按照中央科学发展观和水利部治水新思路的总体要求,黄委提出了建设"数字黄河"和维持黄河健康生命的治河新理念,"数字黄河"建设作为一项治黄战略性工程。河南黄河河务局于 2003 年、2004 年相继建设了引黄涵闸远程监控系统、河南黄河移动会商系统、电子政务系统(省、市、县三级综合办公系统、治黄专业业务系统、河南黄河网三部分),这些系统的建成为信息传递、远程监控、防汛异地会商提供了强有力的支撑。

信息的采集和传输是信息处理的基础,是极为关键的一环,尤其是防汛第一线的基础信息采集更为重要。目前,黄河系统内的通信手段远不能满足防汛一线现场大信息量数据及动态视频图像的采集和传输,为此目前采用无线城域网技术(WiMax 技术),它兼具了传统无线宽带接入的带宽优势,以及无线接入的灵活性与移动性,解决了复杂情况下、运动中语音、数据、动态视频图像、传真等宽带多媒体信息的数据高速传输问题的难题。用以解决防汛抢险一线现场大量信息采集和传输问题,进而满足防汛信息传输的实时性、多样性和突发性,为防汛决策提供强有力的支持。

7.2.6.1　研制任务来源

为了改变黄河信息传递系统落后的现状,河南黄河河务局信息中心于2007年引进了数字防汛移动宽带综合业务平台系统。该系统包括:①LAP2600AP基站2套,安装在郑州市局的惠金、中牟两县局;②LP2600SU车载移动设备(包括13 dBi高增益天线4根)4套,其中2套安装于信息中心的三菱越野车上;③LP2600SU单兵终端设备6套。通过LAP2600AP基站设备,把车载设备、单兵终端设备采集到的实时图像信息发送到以太网上,任何一台可以连接网络且安装了专用解码系统的微机都可以看到实时图像信息,针对黄河汛期黄河水情瞬间多变的情况,进行远程会商并在极短的时间内制订出应急抢险方案,以利于指挥出险河段的抢险工作。

LP2600SU车载移动设备包括:LP3500多媒体宽带无线接入系统和便携式电源系统,该设备安装在一个设备箱内,电源取自汽车的12 V电源,经便携式电源系统逆变为220 V交流电,为LP3500提供电源,保证LP3500系统的正常工作。该设备箱重38 kg,安装在越野车的后箱内,如果把设备箱直接摆放在越野车的后箱内,因越野车在实时信息采集时经常行驶在崎岖不平的黄河滩地,车的颠簸会使设备箱经常发生位移或碰撞,使设备受损或缩短设备使用寿命。如果把设备箱直接固定在后箱内,当汽车行驶在崎岖不平的道路时,因没有做有效的抗震动设计,对设备的震动程度会加大,从而缩短设备使用寿命,或使设备受损;再者安装设备时连接设备的输入输出线,检查设备极不方便。

鉴于该设备主要在工作环境较为恶劣情况下使用,我们在设备引进之初就着重设计了一款使用性强、抗震性好、便于设备操作、安装拆卸方便的车载抗震底座。但在试验中发现原来设计的底座用料大,抗震底座自重较大,安装拆卸不方便,为此将原底座进行了改进,减少底座用料,使自重减轻1/3;同时增添了固定螺栓4个,增加了托架上下部分的稳定性,使该底座抗震性、操作使用性及安装拆卸方便性更加完善(见图7-5)。

7.2.6.2　抗震底座研制

根据车辆和设备箱的实际情况,设计的抗震底座主要分以下三部分。

1. 底座连接固定部分

底座连接固定部分由四根(1 130 mm 1根、680 mm 2根、760 mm 1根)60 mm×30 mm×3 mm的方钢管焊制而成(见图7-6)。

四根宽60 mm、厚30 mm、壁厚3 mm的方钢管,成工字型焊接四角为直角,两根竖管分别距两根横管两端260 mm和80 mm处焊接,使焊接后的四个钢管面在一个平面上,在距两根横管两端32 mm部位的前部各加焊一个长110 mm、宽17 mm、厚17 mm的方钢作为固定销,与越野车后备箱底板上焊制的四个活动的扣环能牢固地固定在一起,使底座部分和车底板混为一体,减少了车辆行驶过程中对设备的震动。

在1 130 mm横管左端330 mm、360 mm 、895 mm、925 mm,760 mm横管左端150 mm、180 mm、715 mm、745 mm处打8个直径6 mm的孔,用于连接上边的滑道。

2. 抗震部分

抗震部分是在底座,横长扁钢自左至右330 mm、360 mm、895 mm、925 mm处,横短扁钢自左至右150 mm、180 mm、715 mm、745 mm处,扁钢的中间打8个、直径8 mm的孔,在两个长800 mm(70 mm×70 mm×3 mm)的用薄钢板压成的角钢上的两端各打两个直径8

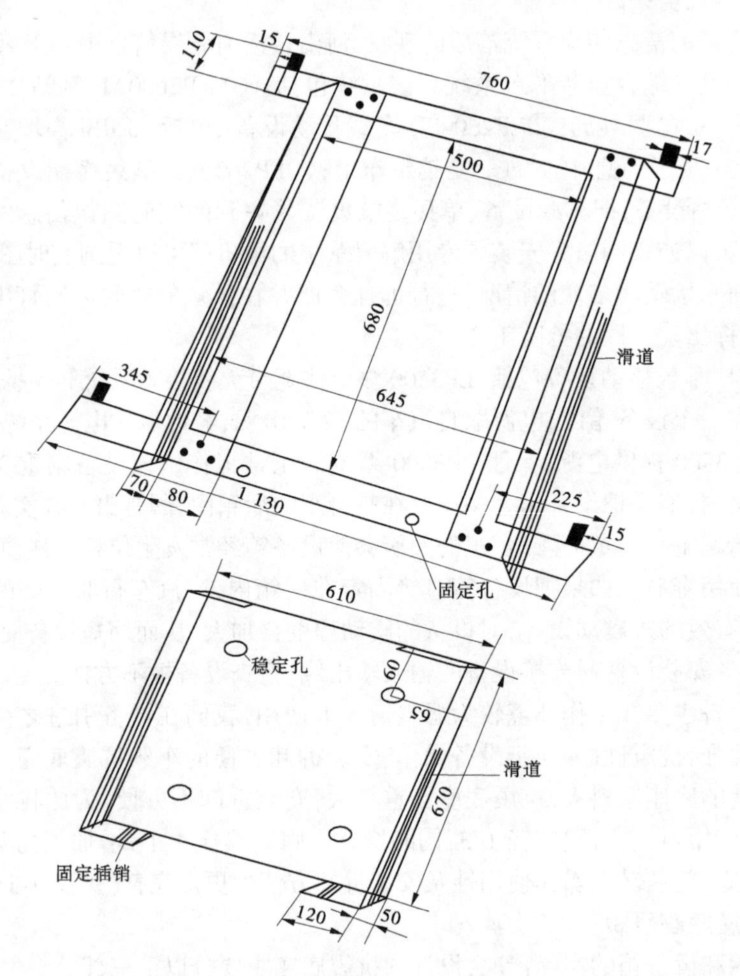

图 7-5　抗震底座抗震部分　(单位:mm)

mm 的孔,与底座上的孔相对应,用 8 个长 50 mm、直径 6 mm 的螺栓固定起来,底座和角钢之间用 8 个厚 20 mm、壁厚 5 mm、内直径 8 mm 的高强度橡胶垫作为衬垫,主要作用是当车辆行驶在崎岖不平道路上时,减轻了因汽车颠簸给设备带来的震动,进而延长设备的使用寿命。

3. 抽屉式连接部分

在两个长 800 mm(70 mm×70 mm×3 mm)的用薄钢板压成的角钢的内侧,安装两个与上边平齐,长 550 mm、宽 45 mm 的高强度塑料轨道,该轨道能使抽屉式设备箱底座推拉自如。设备箱底座是用长 670 mm、宽 610 mm、厚 2 mm 的薄钢板,两长边上加焊上长 910 mm、宽 50 mm、厚 2 mm 的薄钢板用以安装轨道,为增加强度横边上也加焊了 120 mm,为了增加设备箱的稳定性,我们在抽屉式底座的底板上距长边 65 mm、短边 60 mm 的位置打 4 个直径 40 mm 的圆孔,该孔和设备箱底部的 4 个直径 40 mm 的支腿相对应,主要固定设备箱。抽屉式滑道设计主要作用是方便设备安装和拆卸、数据线的连接。因设备箱底座是抽屉式的,在车辆状态发生变化时,必将对车辆后门或车体造成碰撞,因此在抽屉

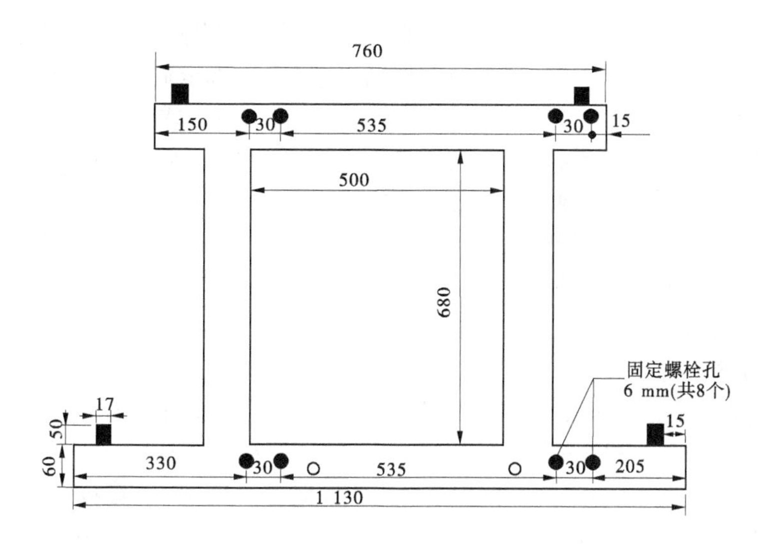

图 7-6　底座固定连接部分　(单位:mm)

式设备箱底座前部两端安装两个插销,该插销固定在底座连接固定部分的长横方管上,目的是将设备箱稳定地固定在底座上,保证设备的可靠运行。

数字防汛移动宽带综合业务平台车载系统抗震底座研制成功后,完成了2008年、2009年调水调沙中多次坝岸现场实时图像转播任务;2008年、2009年黄河防总举办的黄河防汛调度综合演习中的多次图像转播任务,2009年河南黄河河务局防汛技能演练现场通信保障任务;2010年河南黄河河务局防汛技能演练现场通信保障任务。该系统将抢险现场各类信息、实时图像传送至黄委防洪厅及河南局防洪厅,为黄委及河南局领导及时、准确地了解现场情况并进行远程指挥决策及指令的上传下达提供了有力的技术支持。

7.2.6.3　推广应用情况

数字防汛移动宽带综合业务平台车载系统抗震底座研制成功后,在河南黄河河务局信息中心的两辆三菱越野汽车上安装使用,随着以后基站的增多、覆盖范围的扩大,需安装的车辆更多,可将更多的黄河实时图像传送到防汛指挥会商决策机构,为防汛抢险决策提供科学依据。

7.2.6.4　经济效益

数字防汛移动宽带综合业务平台车载系统抗震底座研制费用:加工、材料费共计1 200元,如委托厂家设计、制造费用4 500元,每套节约资金3 300元,安装2套共节约资金6 600多元。

7.2.7　《便携式微波音视频直播系统在黄河防汛演习中的开发与应用》项目简介

为了黄河的长治久安,多年来河南黄河河务局根据国家防总、黄委要求,多次组织参加了黄河防汛抢险大演习,在演习中提高了防汛组织能力和实战抢险技巧,发现和培养了大批黄河防汛技能型实用人才。为此,得到了国家防总、黄委的高度重视,演习已成为黄河防汛抢险工作中不可或缺的一项任务。

防汛演习模拟实际抢险现场,洪水大,来势猛,战线长,出险点多,伴随迁安救护等工作同时进行,为使首长、领导及指挥人员在现场主席台"纵观全局"进行指挥调度,对每个抢险现场画面视频直播提出了很高要求,为此根据省河务局要求,信息中心承担了音视频多路直播任务,经过翻阅大量技术资料,信息中心技术人员研制开发成功了便携式微波音视频直播系统。该系统自2009年以来,分别在中牟赵口险工、惠金局马渡险工两届黄河防汛演习中,成功完成了音视频4路同时现场直播的工作,圆满地完成了防汛演习任务,并得到了省河务局领导的好评。

7.2.7.1　任务来源

2009年初,接到省河务局视频直播任务后,信息中心迅速成立由中心领导和技术人员组成的防汛演习通信保障小组,要求小组在规定时间内,采用现场灵活机动的方式,把各个技能演练现场的操作实况实时地传输到主席台,使首长及领导、专家在第一时间看到各个现场的演练情况。为此,信息中心技术人员根据现场情况,翻阅技术资料,采用设备体积小便于携带的摄像机、微波收发模块、电源、天线等外围设备,较好地解决了以往传输设备体积大不便于携带的问题。

现代化的防汛演习主要是以机械化防汛演练为主,现场机械设备多,操作速度快,为了安全和不影响参赛选手的操作思路,除裁判员外的其他人员不得靠近,如冲锋舟的演练在水流很急的黄河主流进行,远的演练点有1 km,领导和专家是无法同时近前观看的。采用便携式微波音视频直播系统可以使现场主席台上的首长和领导、专家同时观看到4个演练现场清晰的画面及听到现场声音,为其提供最直观的现场演练效果。

7.2.7.2　技术方案及设备集成

1. 技术方案

通过以上需求和调研情况分析,总体技术方案采用4路音视频传输设计方案,其工作原理如下:

采用高清摄像机,采集演练现场画面后,音视频信号送入微波发射模块,经天线发射(3 km以内),在接收端收到信号后,送至音视频矩阵切换器,其中一路输出送至图像监视器,另一路送到大屏幕显示器,现场画面展现。音频经矩阵输出送至调音台经功放放大后送至音响。在实际应用中,有4路采集画面同时送入矩阵(原理同上),根据画面需求,切换某一路画面显示,也可以同时显示多路图像画面。

每个演练现场由两人操作摄像机和微波模块,主席台由一人操作矩阵切换器带监视,并协调和指挥各个演练现场的操作。

2. 设备集成

设备型号和数量根据现场需求而定,我们以4路传输通道配置设备:

(1)演练现场主席台设备配置:大屏幕液晶显示器2台、4路音视频矩阵切换器1台、画面监视器1台、1.2 G微波接收模块及天线4套、音响1套。

(2)外摄组设备配置:高清摄像机4台、1.2 G微波发射模块及天线4套、7 Ah蓄电池4套。

3. 各设备主要功能及作用

(1)大屏幕液晶显示器:作为主席台视频的输出显示设备。

(2)矩阵切换器:对各个演练现场传输来的音视频信号进行有选择切换,然后通过大屏幕液晶显示器输出。

(3)监视器:主要是现场管理人员观察各通道画面情况,根据指挥人员要求,预览画面选择切换。

(4)微波收发模块:主要是完成音视频信号传输,采用微波频段干扰少,带宽宽,可以较好地满足传输质量要求,同时提供12个频点的选择,避免信道之间干扰。

(5)蓄电池:提供微波发射模块12 V直流用电。

4. 微波模块及电源主要技术指标

(1)微波收发模块:频率1.2 G,发射功率30 dBm,带宽27 MHz,工作电流400 mA,工作电压DC12 V。

该模块采用高集成度设计理念,体积小、重量轻,高集成度进口元器件,工作稳定可靠、失真率低,可单路、多路切换。

传输距离远,在无遮挡的情况下,传输距离可达3 km,共设置12个信道,可选择不同信道传输,各个信道互不干扰,并可影视频同步传输,图像清晰度高、无失真。设备能够适应野外恶劣的工作环境,使用寿命长。

(2)蓄电池:7 Ah蓄电池,用于无线微波发射模块的供电。发射模块工作时,原来是采用AC220 V变DC12 V供电,外摄现场无AC220 V电源,因摄像机是移动的,即便是有交流供电也无法使用,决定使用直流蓄电池供电,按工作电流400 mA计算,可以连续10 h以上,且输出电压稳定可靠,该电源的改动解决了移动中发射模块的供电问题。

7.2.7.3 使用推广情况

该系统开发成功后,2009年在中牟赵口险工防汛演习现场使用,各个操作现场传输到主席台的音视频信号清晰度高、稳定性好,得到了演习现场领导和专家的肯定,达到了预期的效果,圆满地完成了上级交给的音视频传输任务。

现场音视频传输中,有的现场是机械化抢险演习,音频传输来的信息是机械设备的轰鸣声,影响观看效果,这时可把音频输出开关关闭,采用人工现场解说的方式。

2010年,该设备在惠金局马渡控导举办的河南黄河防汛演习中使用。

7.2.8 《电动水平钻孔机的研制与应用》项目简介

黄河水量调度管理系统覆盖水调数据采集、传输、处理、存储、应用、决策支持和发布信息等各个环节,促进了黄河水资源的合理配置,缓解了水资源供需矛盾,改善了生态与环境,有效提高了黄河水量调度管理水平。为此,国家投资建设黄河水量调度管理系统。

黄河水量调度管理系统项目在河南共对19座涵闸进行引退水信息采集建设或改造。19座涵闸引退水信息采集点分布在河南黄河各涵闸的闸前、闸后,设备安装过程中部分线缆要穿黄河大堤进行开挖敷设。按照黄河大堤防洪管理相关要求,施工既不能影响黄河防洪设施整体性,又不能破坏大堤结构,还要按照黄河建设管理相关规定要求施工,保证工程进度和工期。为此,信息中心施工技术人员进行攻关,翻阅大量相关的技术资料,研制开发了电动水平钻孔机。该设备在黄河水量调度管理系统工程施工中得到很好的应用,降低了劳动强度,提高了工作效益,圆满地完成了黄河水量调度管理系统项目任务,并得到了省、市河务局领导的好评。

7.2.8.1　任务来源

2012 年初,接到河南黄河水量调度管理子系统建设项目任务后,信息中心迅速成立由信息中心领导和技术人员组成的黄河水量调度管理系统项目组,对黄河水量调度管理系统项目进行实施,在实施中由于信息采集点主要分布在涵闸前或后,部分管线敷设时需要穿越黄河大堤。根据防洪要求,开挖时既不能影响黄河防洪设施的性能和安全性,又不能破坏大堤,给施工增加很大的难度。为此,信息中心技术人员根据现场情况,翻阅相关的技术资料,研制出设备体积小、使用灵活、不受施工场地限制的便携式电动水平钻孔设备,较好地解决了黄河水量调度管理系统项目穿越黄河大堤难题,同时解决了以往顶管设备体积大而不便携带的问题。

7.2.8.2　技术方案

1. 电动套丝机工作原理

电动套丝机工作时,先把要加工管子放进前、后卡盘,撞击卡紧,按下启动开关,管子就随卡盘转动起来,调节好板牙头上的板牙开口大小,设定好丝口长短,然后顺时针扳动进刀手轮,使板牙头上的板牙刀以恒力贴紧转动的管子的端部,板牙刀就自动切削套丝,同时冷却系统自动为板牙刀喷油冷却,等丝口加工到预先设定的长度时,板牙刀就会自动张开,丝口加工结束关闭电源,打开前、后卡盘,取出管子。电动套丝机结构如图 7-7 所示。

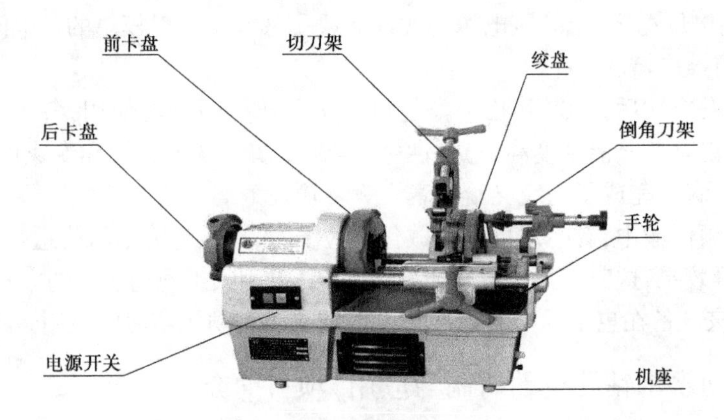

图 7-7　电动套丝机结构

2. 主要功能技术指标

(1)加工范围 1/2~2 in 套丝、切管、内孔倒角。

(2)主轴转速 28 r/min。

(3)电动机单相 220 V。

(4)电流 5 A。

(5)功率 900 W。

(6)电动机 2 800 r/min。

3. 电动水平钻孔机设计方案

技术人员查阅大量的相关资料,根据电动套丝机的工作原理和功能特性进行改造,其方案是:首先将电动套丝机 4 个底座垫去掉,用角钢 50 mm×50 mm×5 mm(利用施工材料)制作电动套丝机滑轨架(见图 7-8),选用 6″钢管(利用施工材料)切割成与电动套丝机宽度相同的钢管数根,作为电动套丝机移动的滑轮。依据工程需要制作 1/2~2 in 的钻杆,钻杆长度为 2~6 m,可根据实际情况选定,钻杆两头套丝便于连接;钻头直径根据实际情况选定,将选定钻头直径确定后,采用钢管切割成长度为 1 m,一头切割成“米”字形 1 cm 深,一头套丝用转换节头便于与钻杆连接;注水管 100 m,往钻头注水便于润滑,提高钻进速度。

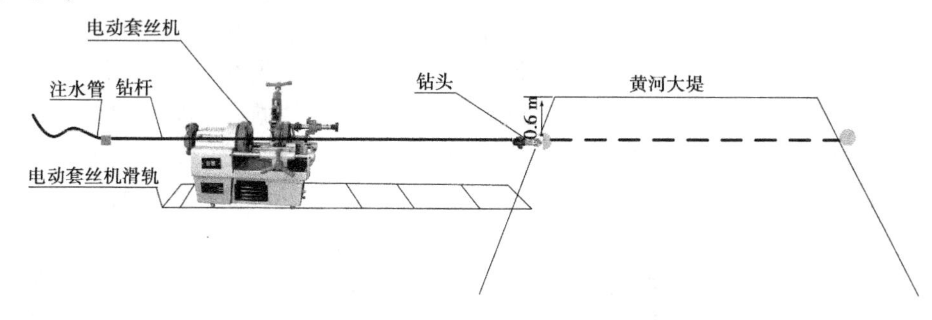

图 7-8　电动套丝机工作示意图

4. 电动水平钻孔主要操作方法

(1)选择较平整的场地,靠近水源;平整场地,保持滑轨水平放置,钻孔位置距大堤顶 60 mm。

(2)将电动套丝机放在滑轨上方,再将钻杆从前、后卡盘穿过,安装钻头扭紧前、后卡盘,保持钻杆水平;接上注水管注水,同时打开电动套丝机电源,操作人员给一定的推力,就可钻孔。

(3)注意用电安全和设备安全。

7.2.8.3　使用推广情况

该设备开发成功后,2012 年在河南黄河水量调度管理子系统建设项目工程中花园口、马渡、黑岗口、韩董庄、柳园、祥符朱、于店、彭楼、王集闸现场使用,操作简单,移动灵活方便、不受现场限制,性能稳定;提高了工作效率,加快了工程进度,保证了工程质量,减轻了劳动强度;得到领导和专家的肯定,达到了预期的效果,圆满地完成了任务。

2012 年,该设备在河南黄河水量调度管理子系统建设项目工程中使用。

7.2.8.4　社会效益与经济效益

该设备开发研制成功后,在河南黄河水量调度管理子系统建设项目施工中发挥了积极的作用。它既满足了黄河大堤防洪管理相关要求,又保证了大堤的安全性,还提高了工作效率和工程进度,减轻了劳动强度,保证了工程质量。该设备已在河南 9 个黄河涵闸中推广应用,具有较好的社会效益。

在经济效益方面,该设备总造价约为 500 元,但其中绝大部分施工所用材料(钢管、钻头、管箍、转换头)无须购买,只须购买注水管投资 500 元;一次投资就可以重复使用,节省大量的资金,相比租用顶管机设备,经济效益明显。

7.2.9 《启闭机多功能信息采集架在黄河水量调度管理系统工程中的开发与应用》项目简介

黄河水量调度管理系统覆盖水调数据采集、传输、处理、存储、应用、决策支持和发布信息等各个环节，促进了黄河水资源的合理配置，缓解了水资源供需矛盾，改善了生态与环境，有效提高了黄河水量调度管理水平。为此，国家投资建设黄河水量调度管理系统。

黄河水量调度管理系统项目在河南对19座涵闸进行引退水信息采集建设或改造。19座涵闸引退水信息采集点分布在河南黄河南、北两岸各个涵闸，每个涵闸启闭机规格型号、大小不同，对信息采集探头（闸位计、限位开关、告警）安装位置不同，若按照每个涵闸启闭机规格型号、大小不同施工安装，既影响工程进度又影响工艺质量，增加安装复杂性，破坏了闸室整体布局的美观；还要按照黄河建设管理验收相关规定要求施工，保证工程进度和工期。为此，信息中心施工技术人员进行攻关，翻阅大量相关的技术资料，按照引退水信息采集要求，根据各个涵闸启闭机的特性，研制开发了启闭机多功能信息采集架。该设备在黄河水量调度管理系统工程施工中得到很好的应用，设备通用性强，体积小，工艺美观不受启闭规格型号、大小限制，降低了劳动强度，保证了工程质量和工艺，提高了工作效益，圆满地完成了黄河水量调度管理系统项目任务，并得到了省、市河务局领导的好评。

7.2.9.1　任务来源

2012年初，接到河南黄河水量调度管理子系统建设项目任务后，信息中心迅速成立由信息中心领导和技术人员组成的黄河水量调度管理系统项目组，对黄河水量调度管理系统项目进行实施，在实施中由于信息采集点主要分布在涵闸，每个涵闸启闭机型号、大小不同，对信息采集探头（荷重计、闸位计、限位开关、告警）安装位置不同，给施工增加很大的难度。为此，信息中心技术人员根据各涵闸启闭机情况，翻阅相关的技术资料，研制出设备通用性强，体积小，工艺美观不受启闭型号、大小限制的启闭机多功能信息采集架，较好地解决了黄河水量调度管理系统项目启闭机信息采集探头安装难题，同时解决施工质量和工艺问题。

7.2.9.2　技术方案

1. 启闭机多功能信息采集架原理

启闭机多功能信息采集架由底板和支架两部分组成（见图7-9、图7-10）。

（1）启闭机多功能信息采集架底板主要用于与启闭机固定和安装闸位计；启闭机多功能信息采集架底板长度要与所安装闸位计长度一致，启闭机多功能信息采集架底板宽度应与启闭机提升杆的直径大小一致。

（2）启闭机多功能信息采集架支架主要用于固定安装上、下限位计和告警灯用。

启闭机多功能信息采集架高度应根据启闭机闸板提升高大于25%，各涵闸闸板高度均为2 000 mm；启闭机多功能信息采集架设计高度为2 500 mm，便于安装上、下限位计和告警灯。

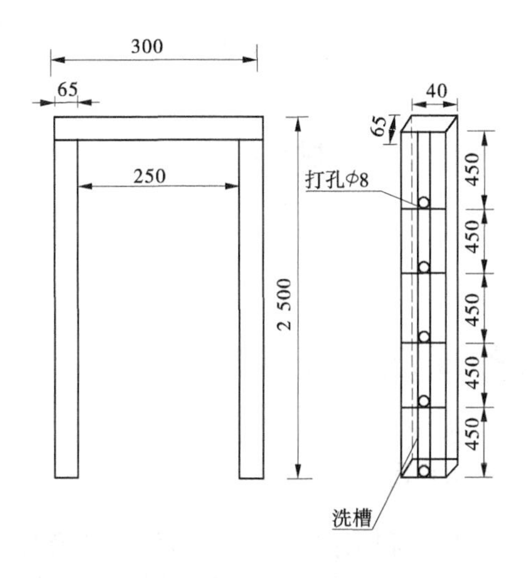

图7-9 信息采集架 (单位:mm)

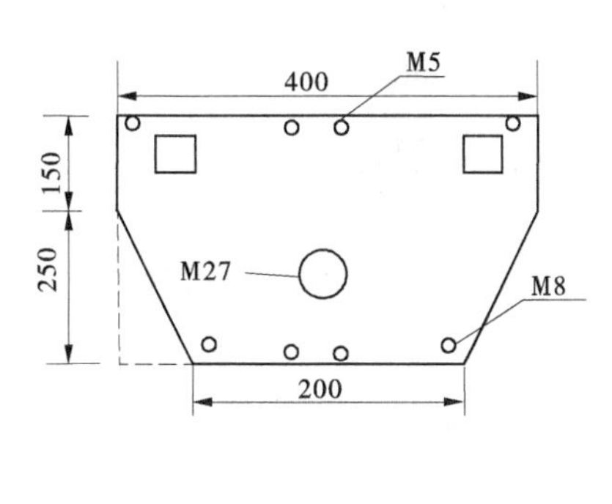

图7-10 信息采集底板 (单位:mm)

2. 主要技术指标

(1)加工信息采集架高度2 500 mm;方钢规格:高2 500 mm×宽65 mm×长40 mm;壁厚2.5 mm。

(2)信息采集架高度底板厚度在14 mm以上。

(3)洗槽规格:(450 mm ×6 mm)×5。

3. 启闭机多功能信息采集架设计方案

技术人员查阅相关资料,根据启闭机的工作原理和功能特性进行改造,其方案是:先将制作加工好的多功能信息采集架离启闭机螺旋轴50 mm用螺丝固定安装在启闭机盖上,然后根据当地启闭机上下提降高度安装固定闸位计和上、下限位计,最后安装告警灯;开始连接闸位计,上、下限位计,告警灯连线;测量线缆连接正确后加电测试,当测试启闭机提升或下降高度达到要求高度时,限位计开关臂碰到固定在启闭机螺旋轴定位片时,限位计开关节点断开,三相交流接触器吸合线圈电流断开,启闭机电机断电停止提升或下降。

7.2.9.3 使用推广情况

该设备开发成功后,2012年在河南黄河水量调度管理子系统建设项目工程中花园口、杨桥、韩董庄、柳园、祥符朱、彭楼、王集闸、广利、引沁济蟒闸等已使用,安装简单,拆装灵活方便,不受启闭设备规格型号限制,牢固稳定;提高工作效率,加快工程进度,保证工程工艺质量;得到领导和专家的肯定,达到了预期的效果,圆满地完成了任务。

至今,该设备在河南黄河水量调度管理子系统建设项目工程中使用。

该设备开发成果也可在今后的涵闸水量采集、监控改造项目中使用。

7.2.9.4 社会效益与经济效益

该设备开发研制成功后,在河南黄河水量调度管理子系统建设项目施工中发挥了积极的作用。提高了工作效率和工程进度,保证了工程工艺和质量。该设备已在河南9个黄河涵闸中推广应用,具有较好的社会效益。

在经济效益方面,该设备总造价每闸约为665元,购买方钢、钢板、螺丝;通用性强,大量节省了施工时间,经济效益明显。

7.2.10 《河南黄河一线班组无线接入设备电源控制系统的研发与应用》项目简介

详见“黄委科技进步奖”章节。

7.3 河南黄河河务局创新成果奖

7.3.1 《河南黄河通信信息综合管理系统》项目简介

河南黄河河务局下辖濮阳、郑州、开封、豫西、新乡和焦作6个市级黄河河务局及市局下属的23个县级河务局。河南黄河河务局信息中心承担着整个河南黄河通信网的运行管理、设备维护、通信网络建设等任务。

随着河南黄河防汛通信网的不断发展壮大,形成了由多种通信手段组成的综合防汛通信网络,主要有数字微波、光通信、一点多址微波、无线接入系统、移动信息采集车、卫星通信、涵闸监控系统、数字程控交换及软交换系统等。众多不同类型、不同型号、不同工作方式的通信设备融合在一个网络中,为治理黄河提供了信息保障,同时在通信网的管理、维护及业务开展等方面提出了更高的要求。为了充分发挥河南黄河通信网的优势,随时掌握全局通信人员及通信设备运行的情况,更好地为治理黄河提供信息保障,有必要建设完整的信息资料数据库来提升整体管理能力。

河南黄河通信信息综合管理系统是为实现通信网络管理的信息化、自动化、智能化而设计开发的一套基于微软.Net框架的多层通信网络综合管理系统。通过该系统的开发和投入运行,可以全面、大幅度地提高通信网络管理、维护及业务开展的效率,增强通信网络的可靠性、稳定性、安全性、可操作性、可维护性和易维护性,提升管理水平、工作效率、经济效益。

7.3.1.1 通信信息综合管理的现状

近年来随着河南黄河通信设备信息、配线信息、网络设备信息、系统基础数据信息的不断增多,原来的管理方式已不能满足需求。随着网络技术、计算机技术等现代科学技术的迅猛发展,河南黄河河务局迫切需要一个现代化的综合管理系统,能对网络分布式的数据进行集中管理、集中控制,使用方便、准确、稳定,能够适应未来通信业务和通信管理工作,为各级领导做出决策提供可靠、有力、科学的数据支持。

另外,在网络维护工作中,维护人员需要记背查找大量的业务参数和配置数据;对于通信业务,办理电话、网络的安装或故障处理时涉及多个岗位和部门,业务流程完全靠人工和纸质工单来完成。工作任务重、时间长,并且需要耗费大量的物力、人力和财力。

7.3.1.2 研发过程

1. 对通信整体业务进行调研

根据河南黄河防汛通信网的具体管理及应用特点,对通信业务需求进行调研,针对省、市、县三级管理模式下的通信网运行特点,制订比较完善的项目解决方案;对河南局通信网业务进行总体把握,提出解决方案;对必要的资料进行前期整理,便于在开发集成阶段使用。

2. 对系统的整体功能进行设计

根据前期调研的结果,对系统的整体功能进行设计,并根据设计将系统划分为若干个可单独进行的子系统进行开发和集成。

3. 通信人员管理系统

完成河南局三级通信管理模式下的全部通信人员的详细资料统计,便于快速查询人员详细信息,进行全局统一管理及调度。

4. 通信业务管理系统

完成对系统中通信业务的管理,包括程控交换系统、传输系统、计算机网络系统、供电系统等通信设备的管理,以及对维护人员、厂家技术人员的管理与综合调度。通过该系统可以快速了解通信设备基本状况、通信业务流程,迅速查找通信故障原因,为故障处理、日常维护及通信业务开展提供信息,在系统中占重要地位。

1)电子工单模块

负责处理电话和计算机网络安装、故障申告等业务,受理该类业务由电子工单流程来完成,相关人员根据审核结果迅速做出反应,最终达到快速、高效、无纸化办公的目的。

2)配线管理模块

完成对系统中配线设备的管理,包括对号码资源、电缆配线、电话号码配线的管理。对电话号码、号码用户、配线号、电路位置等信息进行综合管理。

3)基础数据

完成对基本数据的处理以及基本参数的管理和维护,在此功能下可以对操作员人员、权限管理、部门管理等基本信息进行操作。

4)实时监控

完成对通信设备运行状态监测和网络安全接入管理,同时具有流量监测、日志等重要的通信网管理功能。

7.3.1.3 系统的技术原理

1. 基于ActionScript 3.0的二维地理信息平台

ActionScript的老版本(ActionScript 1.0 和 ActionScript 2.0)提供了创建效果丰富的Web应用程序所需的功能和灵活性。ActionScript 3.0现在为基于Web的应用程序提供了更多的可能性。它进一步增强了这种语言,提供了出色的性能,简化了开发的过程,因此更适合高度复杂的Web应用程序和大数据集。ActionScript 3.0可以为以Flash Player为目标的内容和应用程序提供高性能和开发效率。

地理信息平台的制作主要包括以下几个方面:

(1)素材制作:用工具软件制作整个河南省区、各个市区及各个县级的地图素材和内容简介素材等基本素材。

(2)界面设计:友好的界面是保证软件质量的关键,界面应该结构简单清晰、色彩搭配协调、字体大小合适、操作方便、易于识别,本软件以绿色为主,文字以白色和黄色为主,根据用户的选择移动到相应的可操作的市区,自动变为白色底色,点击可以进入相应的市区内部进行相应的功能操作。

(3)程序编码:程序采用模块化编程,具有不同的业务逻辑,提取为相应的模块,根据不同的操作进入不同的场景,本平台提供外部接口和调用外部 JS 接口。

2. 基于.Net 的 B/S 三层技术框架

系统体系结构遵循数据层、逻辑层和表现层三层结构,使系统在建设的过程中既能统一部署,又能分阶段实施,保证系统建设的系统性和可执行性。

系统总体框架采用 B/S 三层架构体系,具有以下优点:

(1)屏蔽了数据层数据结构和表示方式的异构问题。

(2)应用软件的相对集中提供了更好的安全控制。

(3)应用服务器可提供更好的性能可扩展性。

(4)在应用服务器上安装和维护软件比在成百上千的客户单机上进行应用维护更为经济。

(5)容易进行数据库管理系统的集成。

(6)代码和功能模块具有更强的可重用性。

7.3.1.4　系统的总体框架

1. 系统架构

河南黄河通信信息综合管理系统的总体架构如图 7-11 所示。

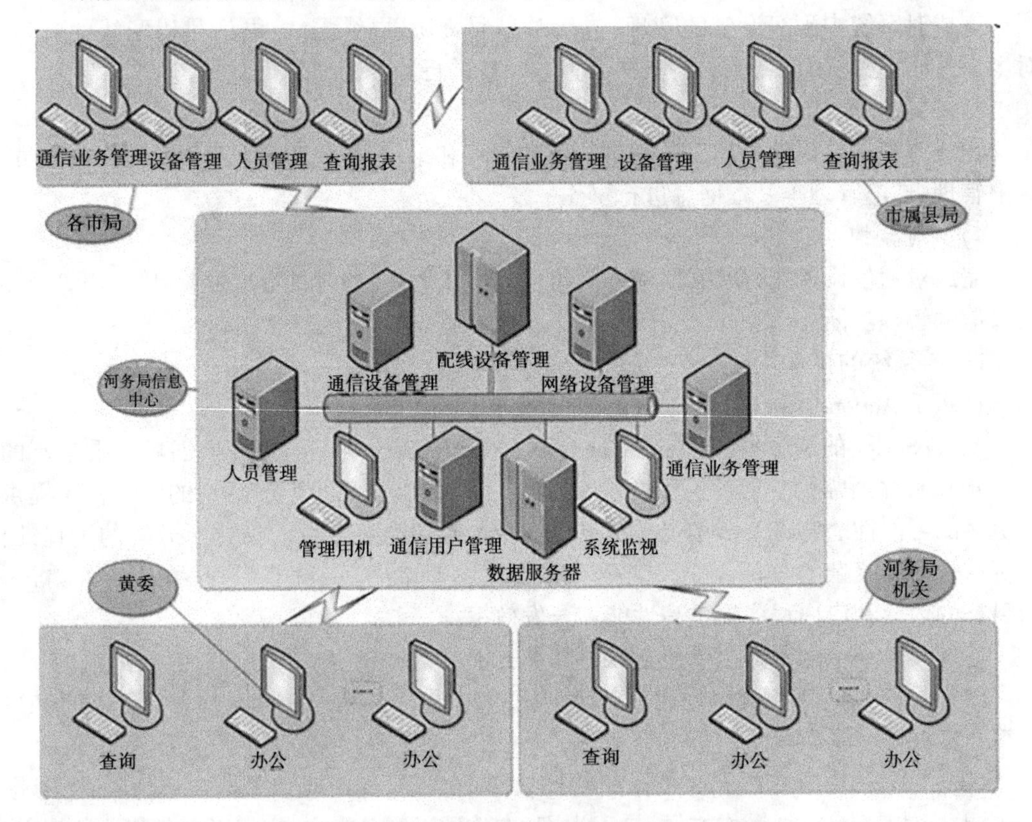

图 7-11　河南黄河通信信息综合管理系统的总体架构

2. 硬件架构

河南黄河通信信息综合管理系统的硬件主要是需要一台数据库服务器,这台数据库服务器同时兼作应用服务器。在信息中心机房、通信机房以及其他需要使用本系统的地方分别配备相应的客户机。客户机和数据库服务器以及应用服务器通过办公网络相连。系统的硬件架构如图7-12所示。

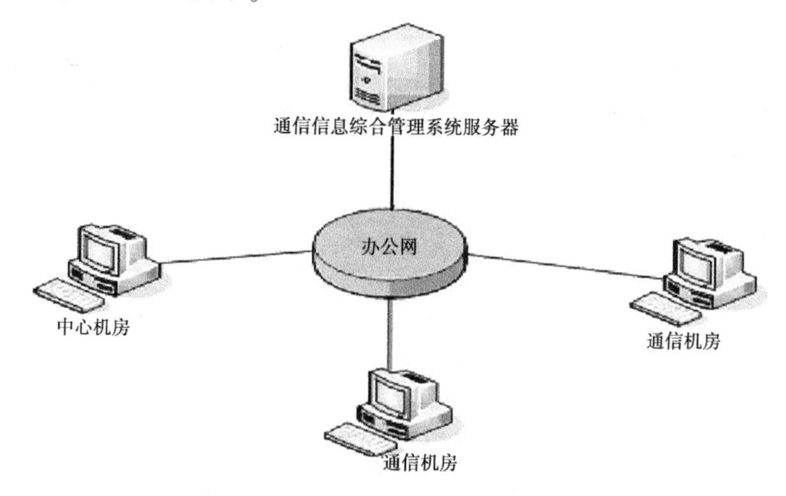

图7-12　系统的硬件架构

3. 网络架构

河南黄河通信信息综合管理系统的网络架构如图7-13所示。

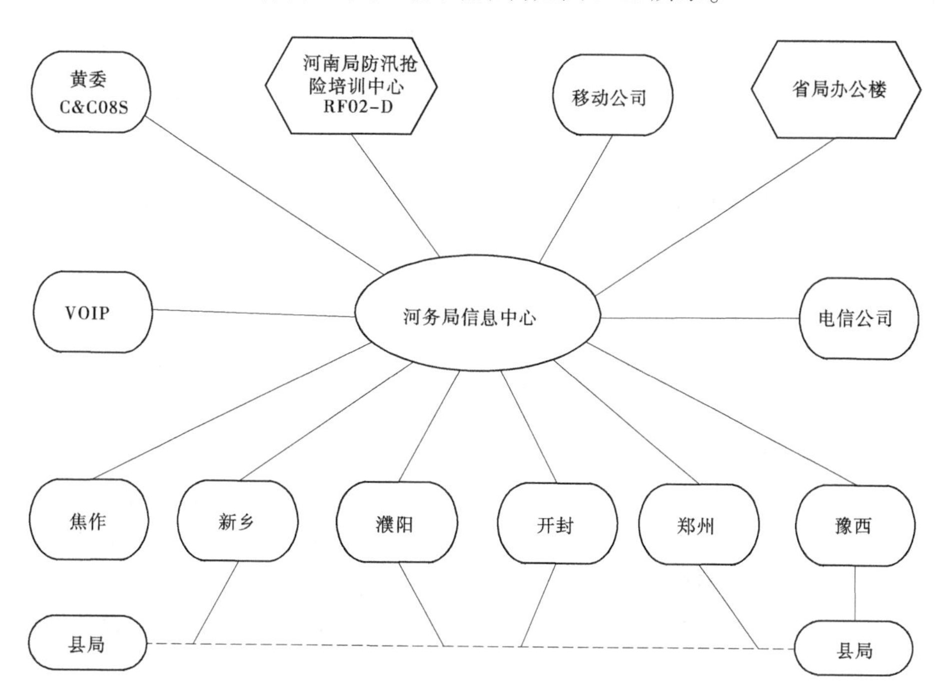

图7-13　河南黄河通信信息综合管理系统的网络架构

7.3.1.5 系统功能

1. 电子工单模块

电子工单主要包括计算机网络、电话安装单和故障申告单。系统能自动传送申告单到各级业务班组,相应班组根据上一级审核情况进行处理,达到快速、高效、无纸化办公的目的。

2. 人员管理

人员管理主要完成对信息中心有关通信技术、通信设备、通信业务的管理人员的管理。点击部门树,显示该部门下的人员信息以及人员数据,可以对该部门下的人员进行增加、修改、删除、查询、打印等操作。

3. 设备管理

设备管理主要完成对系统中通信设备的管理,包括电话交换、计算机网络、电话计费系统、传输、电源等通信设备的管理,以及对维护人员、厂家技术人员的管理。管理员可以快速了解设备基本状况,迅速联系维护人员或厂家技术人员对状况进行处理。用户可以根据设备名称、型号、设备类型进行模糊或精确查询。点击右键可以对设备信息进行增加、修改、删除、维护等具体操作。

4. 配线管理

配线管理主要完成对系统中配线设备的管理,包括对号码资源、电缆配线、电话号码配线的管理。对电话号码、号码用户、配线号、电路位置等信息进行综合管理。在具体业务操作过程中,实现电缆配号中线号与号码配线中保安模块端子序号的同步更新。

5. 基础数据

基础数据主要完成对基本数据的处理以及基本参数的管理和维护,在此功能下可以对操作员人员、权限管理、部门管理等基本信息进行操作。在具体的权限分配过程中,根据现有职责的不同,设计不同的角色,分配不同的功能菜单,对现有用户权限进行控制等。

6. 实时监控

实时监控主要完成对通信设备运行状态监测和网络安全接入管理,同时实现对流量、日志等重要信息的管理,其主要功能包括通信网络设备状态监控、Web 发布模块、接入设备探测、日志处理、流量监控、告警信息处理等模块。

7.3.1.6 项目内容简介

现有通信设施具有良好的开放性,提供 Brower/Server 体系结构。提供丰富的网关接口、远程维护。针对河南黄河河务局通信信息综合管理的特点,河南局信息中心开发了河南黄河通信信息综合管理系统。该系统有效地实现了人员管理、电子工单、设备管理、配线管理、基础数据等重要功能。可以全面、大幅度地提高通信网络管理、维护和业务开展的效率,增强通信网络的可靠性、稳定性、安全性、可操作性、可维护性和易维护性,显著提升河南黄河通信相关人员的管理水平、经济效益和通信队伍形象。

在整个系统研发的过程中主要考虑河南黄河河务局的实际特点,系统设计的目标是:

(1)以通信设备信息管理为基础,实现通信网络日常管理、维护工作的科学化、数据化、图形化。

(2)以通信用户信息和通信网络基础数据为基础,实现通信业务工作的自动化、智能化。

(3)实现通信技术、管理、工作人员、厂家技术支持和售后服务人员信息的计算机管理。

(4)以数据分析为基础,为通信管理、调度和业务扩展决策提供有效的数据支持,实现用数据来决定决策的科学化管理方式。

系统研发过程中始终坚持先进、实用的原则,研发出一套适合河南黄河通信、功能齐备的的管理信息系统平台。系统采用模块化设计,这种方式具有很强的灵活性和可扩充性能。系统又可以水平划分为日常业务管理、基础数据管理等几个层次,这样极大地方便了数据处理。在系统研发过程中,参考多种商用管理平台,汲取他们在设计上的长处,同时紧贴河南黄河通信的实际应用,把系统的研发和实际紧密结合起来,并最终形成了河南黄河通信信息综合管理系统。

7.3.1.7 主要创新点

系统设计和开发都围绕河南黄河通信专网的实际特点,借鉴但不囿于传统的通信信息综合管理技术,创新点如下:

(1)建立了省、市、县三级管理模式下的河务局通信信息综合管理系统数据库,实现了通信业务管理信息透明化,能够掌握系统的整体运行情况,实时了解通信网运行状况,使得整体业务流程变得方便、快捷、有效,大大提高了通信业务的管理效率和管理水平。

(2)利用先进的 Flash+Asp. Net 技术,结合二维地理信息平台,对河南局通信网络分布现状有了直观详细的了解,并为系统的二次开发提供标准的接口。

(3)电子工单子系统编制了独立的固定流程控制模块程序,可以按预设的节点、流程、路由进行所有电子工单的自动分发和转发等处理过程,构造了灵活性和可扩充性的应用系统,使河务局内部信息的交流更高效、便捷,从而提高了整体的办公效率,为河务局节约了办公管理成本,在业务处理和服务质量上赢得了好评。

(4)人员管理子系统是科学、全面、高效的人事管理系统,以河务局人员数据库为基础,对人员进行全面的管理。它包括机构的建立和维护、人员信息的录入和输出、工资的调整和发放以及各类报表的绘制和输出等功能。

(5)设备管理子系统是一个以人为主导,利用计算机硬件、软件、网络通信设备以及其他办公设备,进行信息的收集、传输、加工、储存、更新和维护,以战略竞优、提高效率为目的。它可以快速查询当前设备的状态,并提供设备之前状态信息,迅速做出处理。

(6)配线管理子系统实现了实时地将线缆的配线情况传递给河务局网络管理中心机房的数据库,使维护人员快速完成电缆和号码配线,并很快定位号码、线号、机柜号、电路位置等基本关联信息。

(7)系统采用模块化设计,功能独立性强,每个模块都是动态链接数据库,通过标准化接口进行交互,结构灵活,无缝整合了原实时监控系统,包括涵闸监控子系统、网络流量监控子系统、环境监控子系统等。

7.3.1.8 运行情况

系统建成以来在河南黄河河务局信息中心和新乡市局投入使用,各项功能和系统性能均稳定。在通信设备运行维护中凸显出高效、低成本的管理优势,实现了通信业务的智能化信息管理,提高了通信管理水平,有效地减小了设备运行故障率,有效地提高了河南黄河通信为防汛服务的质量。

7.3.1.9 取得的效益

系统自2010年投入运行,节约了通信设备维护的开支,提高了通信网络管理的效率,缩短了故障排除的时间,产生了相当大的经济效益和社会效益。在节省投资和维护费用方面,以河南局信息中心为例做以下介绍。

1.经济效益

1)软件投资

购买商业管理软件的一次性费用和二次开发费用(见表7-2)。

表7-2 投资估算表

单位名称	管理软件	价格(元)	二次开发费用(元)	共计(元)
河南局信息中心	1	100 000	60 000	160 000

本系统的开发成本共计50 000元。在省局投入应用以后,节约资金160 000−50 000=110 000(元)。

2)硬件投资

由于采用集中控制和管理,可以有效地节约硬件费用,系统建设初期只需在省局购置服务器,市局在硬件投资上能基本不产生费用,每个市局节约投资20 000元。

3)维护和硬件维修费

系统投入使用以后,可以有效地减小服务器故障率,减少了维护费用和硬件维修及更换费用约为每年5 000元。

共节约资金:110 000+20 000×6+5 000×6=260 000(元)。

2.社会效益

在河南黄河通信信息综合管理系统运行后,能够及时发现通信设备故障,缩短了故障的处理时间,最大化地保障了防汛通信网的正常运转,提供了可靠的通信保障,缩短了防汛抢险信息的交流时间。通过智能化的管理手段,实现了河南黄河通信机房无纸化办公和人员的综合调度,提高了管理水平,整体提升了河南黄河信息化能力,社会效益显著。

7.3.2 《河南局全新通信管理模式的探索与实践》项目简介

黄河通信设备及配套设施实行分类值班是黄河通信系统延续多年、传统的通信管理工作模式,多年来,河南黄河河务局信息中心共设置6个班组(话务班、程控班、电源班、监控班、电话电缆维修班和网络组)执行通信值班任务,其中有3个班组共16人实行7 d×24 h轮流值班制,多为技术单一的熟练工,值班分散,忙闲不均,人员浪费严重,技术含量少,综合性技术人才更少,在以"有线通信为主"的过去尚可维持治黄通信的需要。

近年来,随着世界通信技术的发展,治黄事业进入信息化时代,通信设备的现代化对黄河通信业务人员提出了更高的要求,全局尤其是市、县局以下技术人才短缺成为治黄通信事业的一个瓶颈,在防汛任务重的情况下,省局工作压力极大,当基层设备故障告急,通信受到影响时,省局也无力派出更多的技术人员支援,已不能满足黄河防汛通信工作的需要。如何解决这一问题成为信息中心领导班子的一大难题,但现有通信体制不能满足实际需求已成为不争的事实。

7.3.2.1 研发过程

1. 制订工作方案

(1)开展前期调研。2009年初通过组织对山东河务局和地方相关通信部门的调研,开展可行性研究。认为在现有技术力量不变的情况下,可进行优化组合,在保证设备正常运行的情况下,集中优势兵力,加大设备维护力量,弥补技术力量的不足。

(2)印发实施方案。2009年11月初分别制定了《信息中心通信管理模式改进工作一般工作岗位上岗实施细则》和《河南黄河河务局信息中心通信管理模式改进方案》。

2. 实施阶段

2010年3月,按照《信息中心通信管理模式改进工作一般工作岗位上岗实施细则》和《河南黄河河务局信息中心通信管理模式改进方案》,本着公平、公正的原则,对相关部门及班组进行了重新设置。

7.3.2.2 项目内容简介

在2005年事业单位聘用制度改革实施方案的基础上,对通信管理部门进行体制创新。撤销原总机班、程控班、监控班和电源班,成立值班调度室,实行通信业务统一值班调度。通过整合现有人力资源,有5名值班员成为设备维护技术人员,实现了真正意义上的优化管理。

通信管理业务由中心通信管理科承担,主要职能包括省局通信现基站的建设与管理和全局通信管理与维护两部分。所有人员均为通信机动抢险队成员,承担全局通信故障处理及各种应急任务。

通信用直流配电由通信管理科承担,并负责交流配电机房环境的监视工作,发现问题及时通知。交流配电机房的日常管理、中心办公区、家属区的供电及维护改由中心办公室负责。

7.3.2.3 主要创新点

(1)本次体制创新首次改变黄河通信系统延续多年的、传统的通信管理工作模式,实行相关通信业务统一值班调度,优化了人力资源,最大限度地发挥技术人才的作用,对河南黄河治黄通信乃至其他行业管理的改革具有借鉴或指导意义。

(2)通过整合值班岗位,抽出人手投入外勤维护,弥补全局通信设备维护力量的不足。在防洪抢险和突发事件中加强了通信系统的应急应变能力,对提高河南黄河信息通信畅通的保障能力具有显著的作用,具有良好的社会效益。

(3)实行综合值班,减少机房值班人员,可降低值班工作成本。逐步减少对设备厂家的依赖程度,可大幅度减少设备厂家技术人员的维护费用,具有较高的经济效益。

(4)有利于全局技术人才和设备维护工作的交流和提高。有利于整合全局信息通信技术资源,在条件成熟时成立全局信息通信应急支持中心,最终实现河南黄河信息通信技术力量的统一调度。在防洪抢险时可灵活有效地组织技术力量,处理突发事件。

(5)有利于通信队伍人员素质的提高。原有业务已被通信技术和信息数字化、自动化的发展所取代。现代通信技术的高要求,有利于激发通信技术人员学习技术、掌握知识的积极性，提高了自身技术能力和单位整体技术水平，有利于提高河南黄河信息通信队伍的整体素质和黄河流域通信事业的健康发展。

7.3.2.4 运行情况

通过一年多的实践，运行情况良好，通信总值班室现有 7 人参与值班调度，更好地为用户提供服务（一站式服务），增加 5 人参加全局通信维护，加强了全局通信设备维护力量，提高了工作效率。当设备故障时，通过通信总值班室的调度，及时通知相关人员进行故障排除，压缩了维护时间。

7.3.2.5 取得的效益

通过优化内设机构，撤销了部分班组，整合现有人力资源，对网络、程控、监控等相关业务实行了统一值班调度模式，通过合理配置人员和强化技术培训，部分岗位已由单一的值班岗位成为技术要求较为全面的技术岗位，通过压缩值班岗位，抽出部分人手投入外勤维护，增加了机动技术力量，从而产生了良好的社会效益和经济效益。

（1）在单位人员未增加的情况下，有效增加了全局维修维护技术力量，使现有技术人员更有机动性。可在全局范围内处理通信故障，在一定程度上解决了市、县局通信技术力量薄弱和全局设备维护力量不足的问题，缩短了通信故障和隐患排除时间，进一步加强了全局通信保障能力。

（2）增加了现有岗位的技术含量，从整体上提升了通信智能化水平和管理水平。熟练工一类的话务员等工勤岗位已不复存在，其原有业务已被通信技术和信息数字化、自动化的发展所取代。对人员素质的要求得以提高，激发了相关岗位人员学习技术、掌握知识的积极性，提高了自身技术能力和单位整体技术水平，有利于提高河南黄河信息通信队伍的整体素质和黄河流域通信事业的健康发展。

（3）有利于全局技术人才的交流和提高。河南黄河通信网是由微波、一点多址微波、无线接入系统、移动通信、卫星通信、短波及程控交换、光缆等多种通信手段组成的综合通信网。在河南局内部，就涉及省河务局、6 个市级河务局和 20 余个县级河务局以及县局以下如涵闸监控、险工险点等多个单位，设备多、型号多、突发事件多、工作量大、技术人员少。作为省局信息通信技术人员，加大一线工作力度，可促进全局技术人才的交流和提高，有利于整合全局信息通信技术资源，在条件成熟时成立全局信息通信应急支持中心，最终实现河南黄河信息通信技术力量的统一调度。

7.3.3 《河南黄河防汛实时移动采集会商系统》项目简介

随着“数字黄河”工程建设的不断深入和完善，河南黄河河务部门县局以上计算机网络已经基本建成，县局以下无线宽带接入系统正在建设中，信息、网络技术的发展为河南黄河防汛移动会商系统建设奠定了基础。

在“数字黄河”工程的总体框架下，根据黄河防汛、抢险的需要和“数字黄河”工程的建设要求，采用宽带无线接入、数字视频处理、IP 数据通信等先进技术和现代治河理念，建立快捷可靠的河南黄河防汛实时移动采集会商系统，完善黄河下游工情采集体系，适应黄河险情突发性强的特点，保证信息高效、快捷、准确地传输，为防汛决策提供工情实时信息，争取防汛工作的主动，提高防汛实时决策水平，为维持黄河健康生命提供更好的信息保障。

2004年黄河第三次调水调沙试验中,在濮阳李桥设立了人工扰沙点,配合调水调沙试验。为了能将现场实况实时地传到省局指挥中心,河南黄河河务局防办和省局信息中心抽调主要技术骨干在极短时间内,研发出一套实时移动图像、语音采集传输系统,赶赴调水调沙试验现场,完成了试验现场图像的实况转播任务。

在调水调沙试验结束后,由于图像的实况转播效果良好,紧接着又被派到小北干流放淤试验现场承担现场图像的采集和传输。该系统在黄河突发事件或抢险实施过程中,能在很短时间内赶赴现场,进行现场信息的采集和传输,具有很强的机动性,受到了领导和专家的好评,在黄河防汛中具有很高的应用价值,河南黄河防汛实时移动采集会商系统正是现场实时移动采集系统和异地会商系统的有机结合,构成了具有河南黄河特色的防汛现场信息采集传输系统。

7.3.3.1 研发过程

河南黄河防汛移动会商系统主要由宽带无线接入系统、现场信息采集车和移动采集点三部分组成。在研发过程中分为硬件的选型、组装和整合,还有系统集成软件的研发。

1.宽带无线接入基站

在河南黄河两岸共安装了17个宽带无线接入基站,基站直接和黄河网相连。每个基站的网桥设备拥有一个所在县局的固定的IP地址。为了满足所建基站的覆盖范围和使用的灵活性,选用了美国生产的LP2411通信设备,设备功能良好,体积小巧,便于安装、调试和维护。

2.信息采集车

信息采集车是一个综合的通信车,其中综合了许多现代化的通信设备,通过硬件和软件的连接达到所需要的各类功能。全局共研发了6辆同样的信息采集车。采集车具有提供图像、IP电话及宽带服务的功能,所采集的各种数据通过无线设备链路与干线网络相连并传送到各市局、省局、黄委。采集车主要应用于音视频的转播、宽带及电话交换网络的延伸。各个采集车采用了GPS全球定位系统和电子罗盘等先进技术,能够准确地对采集车进行定位和方向的辨别。天线系统具有自动升降、左右转动及俯仰调整的功能。多媒体系统具有将两路视频和两路音频数据压缩的功能,同时能提供两路IP电话和两个宽带数据接口;硬盘刻录机能对多媒体系统的两路音视频数据进行自动备份,用于对音视频数据的备忘和回放。电源系统具有外市电、逆变器和UPS供电三种可选供电方式,在不同的情况下使用。整个系统具有架设简单、方便和容易调试、维护的特点。

3.移动采集点的研发

移动采集点的研发主要是无线通道和数码摄像机的有机组合,通过数码摄像机来采集图像和语音信息,再通过1.2 G的无线发射模块将采集到的信息发送到信息采集车的接收单元。

4.软件方面的研发

在软件平台设计中,采用基于Microsoft Windows DNA的三层客户机/服务器结构。它是目前第一种把Internet、客户机/服务器以及PC计算模式集成为一体的网络分布式应用体系结构,能够充分利用集成于Windows平台之上的各种功能特性,满足对于用户界面、浏览、各种业务处理以及数据存储等现代分布式应用。开发环境为 Microsoft 的 VC++ 语言等。除整体软件的开发外,还完成了全国电子地图、GPS 定位系统、电子罗盘、数字云台控制系统等应用软件的集成。

7.3.3.2 成果主要创新点

在整个河南黄河防汛实时移动采集会商系统的研发过程中技术含量很高,关键技术创造点也很多,主要有以下几个方面。

1. 在传输系统应用中的创新

为了建立一个比较实用的图像传输通道,方案中将在现场采集车和移动视频采集设备两个点上都分别各配置一套全向天线,负责两者之间的通信;同时选用了 LP2411 无线宽带接入网桥设备作为其传输设备。在现场采集车上接上 2.4 G 定向天线和 1.2 G 全向天线,采集车上 2.4 G 定向天线在天线自动定位单元的控制下与基站之间通信,而全向天线则负责与移动点之间的通信。移动视频采集点的 1.2 G 无线发射模块发射功率较小,仅支持与现场采集车的模拟通信。在采集车上配置一套视频、音频编解码终端设备,以便能实时地将由两个点上摄像机所采集的模拟视频信号转换为一定格式的数字信号在网上传送。

2. 采用了先进的全自动天线定位系统

天线自动定位系统主要由电子罗盘、伺服系统(包括伺服驱动器和伺服马达)、0.6 m×0.9 m 或 1.2 m 横置偏馈 2.4 G 天线、GPS 接收机模块和 GPS 天线等组成。

现场采集车上的车载 GPS 系统连续监测现场采集车的位置(经度、纬度和高程),在行驶过程中,当现场采集车到达工作地以后,根据车载 GPS 系统测量出车辆的位置以及车载 GIS 系统上所显示的最近的基站所在的位置(经度、纬度和高度),计算出现场采集车上的定向天线方位角和俯仰角并控制云台瞄向最近的基站,并瞄准定位锁定。

移动视频点的全向天线支持移动摄像机在现场采集车方圆 1~2 km 内的信号接入,它通过现场采集车的转接可将移动视频信号发送到基站中。

在现场采集车上也将安装一套现场实时图像的监视与控制系统,其功能主要通过一台车载计算机和相关设备来实现,同时,车载升降平台的升降控制也由此系统进行自动控制,以降低工作人员的劳动强度,提高工作效率。

本系统中基站无线网桥与河务局局域网相连,现场采集车发送过来的实时图像和数据,通过用户终端软件在局域网任意一台计算机器上可以访问、浏览。

3. 应用了先进的 IP 语音网关

语音网关使得同步网络 E1 信号通过 IP 和以太网等异步网络传输,在传输时,将 IP 技术与传统的 TDM 终端二者有机地结合;在发挥数据网低成本等优势的同时,与现有的 TDM 终端设备实现完全无缝连接,即将现有在 TDM 电路上运行的各类业务直接适配到 IP 网中。用户端可直接提供 FXS 用户线接口,用于直接连接电话机;中心端可采用 FXO 中继接口,与省市河务局的交换机直接连接,将黄河语音电话网延伸到了防汛抢险现场。

4. 车载通信设备的供电系统

供电系统主要由市电(220 V)、车载发电系统、UPS 电源组成。车载通信设备可以选择任一种供电方式。车载发电系统和 UPS 电源有机地组合,为车载通信设备提供了可靠的供电,在一般情况下,野外工作 UPS 电源供电可以连续工作 4 h,使用车载供电系统可以长时间工作。

5. 将黄河计算机网延伸到了防汛抢险现场

该系统的建成,可以在信息采集车上沟通黄河计算机网,直接可以在防汛现场进行电子政务办公,将现场各种信息在网上发布,随时上网查询信息。

6. 方便灵活的图像采集系统

采集系统一般由数码摄像机和 1.2 G 微波发射模块及 12 V 电池组成,应用了无线传输的优良性能,摄像机采集到的图像和声音直接通过无线发射模块传输的信息采集车,可以在半径 2 km 范围内保持良好的通信,省去了很多有线传输的麻烦,使得摄像机可以方便灵活地根据现场需要来采集图像和声音信息。

7. 良好的软件应用平台

在软件平台设计中,采用基于 Microsoft Windows DNA 的三层客户机/服务器结构。它是目前第一种把 Internet、客户机/服务器以及 PC 计算模式集成为一体的网络分布式应用体系结构,能够充分利用集成于 Windows 平台之上的各种功能特性,满足对于用户界面、浏览、各种业务处理以及数据存储等现代分布式应用。开发环境为 Microsoft 的 VC++ 语言等。

采用这种三层的 Client/Server 体系结构,对于整个系统的性能来讲具有很多优点。

1) 层次性

系统分为接入层、业务控制层、数据访问层三层,使得各层分工明确、层次清楚、结构清晰,便于业务的开发和维护。

2) 灵活性

系统采用分层设计,各层之间的技术实现相对透明,这样业务处理的相对无关性便于业务的生成、修改和新增。

3) 扩展性

系统采用面向对象的设计思想,将每个业务看作一个独立对象处理,每个业务都对自身的业务请求按内部处理规则自行处理,处理结果送入结果信息描述表中。当修改、删除某项业务或新增新业务时,只需修改对应的业务对象的内核流程即可,而不必对其他业务对象处理造成影响。因此,系统的开放性得到极大的保证,"业务热拔插"也可方便地实现。

4) 可维护性

由于系统特有的纵向分层结构和横向对象封装技术,使得系统分成一系列独立性很强的部分,各部分功能互不重叠,使得系统的维护非常方便。

5) 安全性

由于软件体系结构采用业界领先的多层 Client/Server,采用对象封装技术,各业务对象在处理时,其自身的变化将不会对整个业务运行造成影响,利用系统提供的网管构件,可将错误、失效、致命的业务对象从进程中删去,保证业务处理的顺利完成。

同时系统的安全构件对各种操作进行监视,可以支持特殊情况下的数据加密处理。

6)可移植性

利用层与层之间的标准接口消除了系统各层之间的技术制约,使系统具有很强的移植性。接入受理层,由于采用设备驱动程序与数据处理相对无关的方式,因此系统能适应各种硬件结构。软件开发人员利用三层结构进行系统设定,方便实现与其他系统的连接。

8.系统具有良好的安全性和可靠性

河南黄河防汛移动会商系统的安全性设计主要从以下三方面考虑:一是操作安全性;二是通信安全性;三是软件安全性。

1)操作安全性的保证措施

对本系统各项功能和每一次操作提供检查和校核,发现有误时,能报警和撤销。

当操作有误时,能自动或手动地被禁止并报警。

在人机通信中设操作员控制权口令。

按各级管理权限设置控制范围和操作优先级。

2)保证通信安全性的措施

系统设计保证信息传送中的错误不会导致系统关键性故障。上下级通信包括控制信息时,对是否响应做出明确肯定的指示。当通信失败时,考虑2~5次重复通信并报警。

3)保证软件安全的措施

系统有自检能力,检出故障时能够自动报警。

软件中任何模块的故障不会造成硬件设备的误动。

系统有部分的自恢复功能。

9.所使用的编码器具有强大的图像处理能力

系统采用了目前最先进的H.264(Mpeg-4/part10)视频压缩算法和G.729的音频压缩技术,拥有强大的视频压缩引擎,在同等图像质量的前提下,其压缩比提高将近30%以上,带宽限制在1~800 K。同时G.729的音频压缩技术使音质更加流畅和动听,采用了完全硬件的技术实现视音频实时编码、活动视频预览、音频预览、运动检测,目前支持Windows NT/2000/XP和Linux操作系统。图像与语音始终保持稳定同步,预览图像分辨率为4 CIF,可达到VCD画质。支持移动侦测、时间发生器、水印,可动态设置帧率和图像质量、局域网延时不超过1 s(无B帧延时更短)。而国内外同类型的产品中,大部分还是采用H.263或者Mpeg4的视频压缩算法,H.263虽然也可提供高质量的视频质量,但是需要的网络带宽很大,一般在1~2 M,这就给网络带来了限制,Mpeg4方面虽然采用了低带宽的压缩技术,但是却不能提供高质量的图像,而H.264却正好是取了两者的长处。这就确保了系统的先进性。

7.3.3.3　成果在实践中应用情况

该成果的产生填补了河南黄河防汛在信息采集和传输中的一项空白,它拥有强大的功能,受到了各级领导的重视,在今年的防汛中得到了广泛的应用,可以说河南局范围内哪里有险情哪里就有信息采集车。例如,在范县局成功地进行了现场信息转播;在濮阳市局所辖多个险工险点进行了图像转播;在开封市局多个险工险点进行了现场图像转播。

河南局所属6个市局都反复对该系统进行了调试和图像传输,准备好随时为河南黄河防汛抢险服务。

应急移动通信系统可提供图像、IP电话及宽带服务等功能,信息采集车采集的各种数据通过无线设备链路与干线网络相连传送到各市局或省局指挥中心。应急移动通信系统是音视频转播、宽带及电话交换网络的移动延伸。各个信息采集车采用了GPS全球定位系统和电子罗盘等先进技术,能够准确地对信息采集车进行定位和方向的辨别。天线系统具有自动升降、左右转动及俯仰调整的功能。多媒体系统具有将两路视频和两路音频的IP压缩功能,同时能提供两路IP电话和两个宽带接口;硬盘刻录机能对多媒体系统的两路音视频数据进行自动备份,用于对音视频数据的备忘和回放。电源系统具有外市电、UPS和逆变器三种供电方式可供选择,以满足在不同情况下使用。整个系统具有架设简便、易操作、维护方便等特点。

7.3.3.4 成果产生的效益

我们所研发的信息采集车在实现各种所需功能基础上,每辆车通信设备费用为15万元,而社会上其他通信部门和黄委信息中心所使用的通信车造价在200万元左右,这样每辆车节约资金约为185万元,6辆车共节约1 110万元。

河南黄河防汛实时移动采集会商系统的建成,完善了黄河下游工情采集体系,该系统在黄河出现突发事件或抢险实施过程中,能在很短时间内赶赴现场,进行现场图像和语音信息的采集与传输,具有很强的机动性和灵活性。它具有适应黄河险情突发性强的特点,保证信息高效、快捷、准确地传输,为防汛决策提供现场实时信息,为领导和专家在第一时间提供防汛现场具体情况,为防汛工作的开展争取宝贵的时间,可以提高防汛实时决策水平,具有较大的社会效益和经济效益。

7.3.4 《多媒体智能信息箱在住宅楼中的应用》项目简介

多媒体智能信息箱是将家庭中各种与信息相关的通信设备,如计算机、电话、电视等装置进行集中管理和控制,并保持这些家庭设施与住宅环境的和谐与协调,给住户提供一个安全、高效、舒适、方便、适应当今高科技发展需求的完美的人性化的住宅。

信息箱一般安装在客厅内边的墙上,底部距离地面约30 cm,封装在一个铁制的方盒里,箱体尺寸为90 mm×180 mm×120 mm,采用象牙白喷塑金属外箱,接口以整体方式安装于功能板上,接口面向用户。它的结构不复杂,集成了数据、语音、视频等弱电模块,其最大的优点就是可以在住宅设计或装修设计和施工过程中将所有的弱电线路铺好,并在相应的位置设置信息点插座,信息点插座可以包含用于数据线缆的RJ45接口、用于连接语音(电话)线缆的RJ11接口及用于连接有线电视的公制F头等。

信息箱的基本配置是语音模块、数据模块、视频模块等弱电系统模块。语音模块可同时支持2组电话线:内线和市话外线。用户可以在家中根据不同需要重新分布到8个点。数据模块支持宽带接入,使计算机接入互联网或进行点对点通信。视频模块可接入视频和宽带,支持本地节目和广播电视视频服务,同时支持4个地点播放。用户还可根据自身需要选用自动抄表系统或可视对讲系统。

应用信息箱后,用户就可以对弱电系统进行统一管理和集中控制。因为使用了综合布线系统,所以所有的弱电线路都是专业设计人员按照相关标准规范进行统一的规划,由专业施工人员统一进行施工,统一把接头插入在配线板后部,使用户家庭中的语音、数据、视频等任何信息点都能通过信息箱连接不同类型的终端设备,而且每条弱电线路上都贴上了标识,标识上写有用以表示它的功能模块和相应的终端位置。由于统一进行规划和施工,给用户减少了工程的投资,也给施工人员带来了莫大的便利,施工的时间也大大缩短,当然也不会发生多组施工人员互相冲突的情况,施工环境好了,施工质量也会有保证,用户也可以放心地使用,不需要担心弱电系统的安全问题。

当用户在日后的生活中如果想要改变设备的数量和位置,或是想要重新布置房间时,只需要挪动家具而已,对于弱电系统,所有的操作只需在信息箱中相应的位置上按下或弹上几个按钮、进行一些简单的插拔而已。比如切换语音的线路,用户不需要去请专业技术人员或学习相关的专业知识,用户只需要自己打开信息箱,在语音模块上按下表示客厅的那个红色按钮,这样客厅的电话就可以正常使用了,而且书房的电话此时也可以同时使用,如果不想让它振铃,只要弹上相应书房的语音按钮就可以了,如果你按下所有房间的按钮,那么你就可以在房间、客厅、书房、厨房、卫生间都能及时接听电话,不错过任何一个电话,也可以和不在同一房间的家人进行通话;如果想切换数据线路,只需要在数据输出口上插入相应客厅的数据接头就可以了;切换视频线路也是同样的操作。一切都使原本复杂的操作变得非常简单而且高效,既不影响居室的和谐美观,又不需要用户花费时间、精力和金钱,实实在在地方便了用户的工作和生活。

河南局正在建设的高层住宅楼应用的就是这种信息箱,它内嵌在墙面里,不占空间,安装方便,颜色与墙壁色彩浑然一体,与居家环境和谐统一。经过专业测试,各项指标都符合 TIA/EIA70A 家居布线标准,符合住宅信息箱相关标准等。维护容易、设置方便,用户反映良好,收到了良好的社会效益。目前,信息中心正在建设的住宅楼,也应用了这种信息箱,业主经过对比,均表示选用了信息箱可以使家庭生活有一个质的飞跃。

(1)可以使用户自行选用多样化的应用功能。用户可以组建家庭音视频网络、家庭通信应用网络、家庭监控网络以完成各种各样的应用功能。

(2)可以给用户更方便的未来生活。我们会在用户可能需要使用设备的地方预留扩展接口。这样,当用户在变更设备位置和未来增加设备时,只要轻轻一插就能将设备连接完成。

(3)可以为用户节省资金。当家中多台电脑同时上网,可只付一条宽带网络月租,也可以使用一台影碟机或计算机播放节目使所有房间都可以观看。信息面板、宽带网络接口,对电话、计算机可以通用。可以省去普通电话线及部分面板的费用。

(4)可以给用户提供一个安全可靠的弱电系统。由于我们将用户整个家庭作为一个系统进行设计,所以无论是从材料选择,还是施工规划,均是依照标准规范进行的,因此所有线路均保证安全可靠。

(5)可以使用户实现一个统一简易的管理方式。在用户使用信息箱时不需任何专业知识就可以自行配置设备的连接,从而实现用户所需要的功能。

随着社会的发展,人们对居住空间提出更高要求,以适应21世纪现代化居住生活的需要,实现家庭住宅的智能化、信息化。信息箱在现代家庭中的应用,在语音、数据、视频、安防、娱乐、图像等方面提供系统、智能化的管理,为用户规划建设一套满意的现代的家庭弱电系统。

7.3.5 《数字防汛移动宽带综合业务平台》项目简介

详见“黄委科技进步奖”章节。

第 8 章　规划和展望

为全面贯彻落实党的十九大精神,科学谋划加快推进新时代水利现代化的新目标、新任务、新举措,全面开启水利现代化建设新征程,河南黄河河务局信息中心结合实际情况,对河南黄河信息化建设开发管理工作进行规划和展望,同时研究并提出《新时代水利现代化河南黄河信息化建设》实施方案,说明了 2018~2020 年、2020~2035 年、2035 年至 21 世纪中叶三个阶段的工作目标和具体举措。

8.1　指导思想和战略目标

习近平总书记关于保障水安全的重要讲话中进一步提出"节水优先、空间均衡、系统治理、两手发力"十六字治水思路,水利部《关于深化水利改革的指导意见》提出"增强水利保障能力、加快水生态文明建设;加强实用技术推广和高新技术应用,推动信息化与水利现代化深度融合""必须依靠科技创新,驱动水利改革发展"。水利发展"十三五"思路报告已明确将深化改革摆在突出位置;将水安全提至国家战略高度;将强化水利管理,进一步提升水治理和水管理能力作为重要方向。按照水利现代化建设和深化水利改革要求,加快推进信息化与水利的深度融合,以创新带动传统水利向现代水利全面转型角度提出水利信息化需求。

国家信息化战略和治水方略的重大调整,以及水利深化改革的具体举措,对水利现代化提出更高要求。新时代水利现代化工作需要进一步调整思路,合理布局,正确定位,明确方向,并着手解决与水利发展要求不适应的紧迫问题。

(1)需求主导。继续根据治黄事业发展需求,主导专业信息采集系统建设、不断完善各类应用系统,实现与治黄主业的深度融合;着力推动纵向的一体化应用和横向的综合性应用;强化对有效履行流域管理职能、支持经济社会发展和生态文明建设的应用支撑。

(2)基础优先。加强黄河信息高速公路的建设,优先解决影响全局和制约长远发展的黄河光纤通信等传输瓶颈问题;以遥感遥测、应急监测监控及指挥调度物联网建设为重点,完善治黄应急体系;以先进的基础设施带动治黄信息化快速发展。

(3)资源共享。推动云计算、大数据等新技术的应用,加强应用支撑平台建设和信息资源共享管理机制建设,着力破解信息资源共享难题,有效提升共享管理水平,促进信息资源高效利用。

(4)安全保障。在完善技术标准体系的同时,更加注重业务工作流程的规范化建设,加强标准和规范的贯彻落实;更加注重建立完整的黄河信息安全体系,保障信息安全;更加注重信息基础设施、支撑平台和信息系统等的运维监控管理系统建设;确保系统运行高效、可靠和安全。

(5)协同推进。一是在安排应用系统建设时,一定要考虑信息传输能力、相关信息的采集和支撑平台的完善,统一规划设计,协同推进;二是在推动管理部门信息化时,一定要考虑基层单位和基层的信息化需求,统筹安排、协同推进;三是在国家水利信息化“十大重点工程”黄河系统的实施过程中,一定要结合黄委的现状和需求,强化初步设计,深化实施方案,避免重复建设;要实现国家黄河系统与黄委信息化基础设施和支撑平台的高效融合;要把支持国家水利应用与支持治黄应用统一起来,协同推进。

(6)同步发展。治黄信息化是治黄事业的一部分,要与治黄工作同步发展,要融合到各项治黄工作的各个环节,要直接面向治黄应用并为治黄应用服务;在各项治黄工作中要把信息化摆到更加突出的位置,要加强信息化前期工作、建设管理和运维管理,着力解决信息化管理体制和机制问题,推动信息化与治黄工作同步发展;要更加注重治黄信息化的能力建设,以信息化带动治黄现代化。

8.2　重点规划建设项目

河南黄河通信网是承载河南黄河综合治理开发相关信息传输的基础平台,是治黄体系基础设施的重要组成部分。根据“专网为主,公网为辅”的通信信息化建设原则,河南黄河通信网已建成通信专网、防汛备用网(公网)、应急移动通信系统三部分,覆盖局属 6 个市局 26 个县局以及 300 多处重要险工、险段和涵闸。经过多年的发展与建设,逐步形成了“专网为主,公网为辅”的发展格局。河南黄河通信专网是由数字程控交换系统和软交换系统为节点,微波传输、光纤传输、窄带无线接入、宽带无线接入和卫星通信为信息传输通道,是河南治黄防汛工作的主要通信手段,担负着防汛抢险、水量调度、防洪工程监测、电子政务等各项治黄业务信息传输任务。

在深入总结现状和发展需求的基础上,结合新时期国家发展战略和信息化方针的重大调整对水利信息化提出了新要求、治水方略的重大调整对水利信息化提出了更高要求、新技术日益成为创新驱动发展的先导力量和促使水利信息化发生新的变革等背景与新要求下,当前发展所遇到的业务协同、高效管理支撑面对的困难,以及因此派生的策略与技术、管理与方法等层面急需解决的问题。

分析河南黄河通信网络的发展现状,可以总结出河南黄河通信网络发展中存在的问题,主要表现在基础设施薄弱;信息资源利用程度不高;各部门各业务系统的快速发展,对通信网络传输承载能力提出更高要求;长远来看,到 21 世纪中叶,信息技术的发展可以为水利现代化和智慧水利提供强大的技术支持,对河南黄河通信网络建设管理工作会提出更高要求。

结合实际情况,从基础设施建设与整合优化、资源共享与服务、资源深度开发与利用、人才培养与创新等 4 个主要层面进行扩展和丰富,拟定了多项水利信息化项目建设任务,以水利信息化项目为抓手,切实有效地推进新时代水利现代化进程。

8.2.1　通信系统基础设施建设

8.2.1.1　建设河南黄河河务局黄(沁)河沿河光纤环网工程

《加快推进新时代水利现代化的指导意见》明确指出:2020~2035 年,现代水利基础设施网络基本建成。光纤网络是现代化通信传输系统最核心的基础设施,治黄各项工作信息化程度不断提高,对通信传输的带宽需求成倍增长,例如防洪减灾救灾离不开水情及工情险情采集传输和情报预报、防洪工程运用和洪水调度,离不开各类专业队伍的抢险救灾以及前后方指挥联动。目前,因受传输条件限制,信息系统网络难以到达基层,河势洪水变化和河道断面变化等地理遥感监测信息、基层信息难以及时掌握,工程安全监测难以开展,工程和洪水视频监控这种现代常规手段均难以实施,无法开展险情预测和实施有效管理;且因缺乏传输通道,防汛物料调拨管理、应急抢险指挥等缺乏物联网支撑。另外,随着信息技术和治黄新理念、新要求的不断发展变化,黄河沿河基层单位防汛通信网的容量与覆盖范围,与新形势下治黄工作需求的矛盾日益突出。

第一阶段,2018~2020 年,项目完成实施方案编制、审查、报批工作,进入实施阶段,部分完成项目建设内容。

第二阶段,2020~2035 年,在河南黄河河务局所辖的郑州市局、开封市局、新乡市局、濮阳市局、焦作市局及豫西河务局 6 个河务局建设 2 个 10 G 的主干层光纤环网,建设 11 个 2.5 G 区段接入层以及支线接入层,共计 187 个站点(含省局、郑州市局),满足约 88%的沿河治黄管理单位及基层单位的宽带通信接入。

第三阶段,2035~2050 年,将第一阶段未实现光纤接入的沿河基层单位 100%实现光纤覆盖,实现 100 M 带宽的接入能力。在此期间,根据设备使用年限的不同进行设备更新。

8.2.1.2 河南黄河信息系统智能化监控及智慧机房

沿黄各市、县局站的通信专业机房是河南黄河通信网络基础设施的重要组成部分。随着河南黄河通信网络的不断发展,网内运行的通信设备逐年增加,管理难度越来越大,统一协调管理仅靠技术人员分散管理已经出现众多问题。现有通信网设备管理接口较为复杂,协议实现也不统一。“十三五”期间,规划建设两级监控中心,对河南黄河通信网内的通信设备及设施共 30 个通信站点运行情况进行实时监控,可以实现网络状态侦测、数据分析处理、链路故障分析定位、故障处理等管理功能,可以有效提高信息化设备管理水平,提高管理效率。

河南局大部分通信机房建于 20 世纪七八十年代,机房漏雨严重,已达不到通信机房环境要求。按照“智慧黄河”的构想,根据通信建设新需求,机房建设需要智能化和无人化改造,增加监控、远程控制、安全管控等设施,建成智慧机房。另外,全局控导、险工等通信接入点没有机房,需新建。全局需求新建管护基地控导、险工班等机房需新建约 5 780 m^2,维修 2 700 m^2。

第一阶段,2020~2035 年,实现全部省局、市局、县局 33 个通信机房的标准化改造。

第二阶段,2035~2050 年,完成全局所有基地控导、险工班等机房的标准化建设,完成省局、市局、县局 33 个通信机房的智慧化和无人化改造。

8.2.2 水利行业监控、监测类信息化建设

《加快推进新时代水利现代化的指导意见》明确指出:“加快推进水利基础设施现代化”“加强工程建设与管理”“对已建水利工程,大力推行管养分离,提高智能化、自动化运

行水平，推进水利工程管理现代化。”“全面提升水利管理精准化、高效化、智能化水平，加快推进水利管理现代化水平。”“优化水利工程运行调度，加强大坝安全监测、水情测报、通信预警和远程控制系统建设，提高水利工程管理信息化、自动化水平。”信息中心根据实际情况，深入调研，提出建设河南黄河河道监控系统、水利工程安全监测系统、根石坍塌监测系统、工程管理和水政监察业务支撑网络项目。

8.2.2.1 河南黄河河道监控系统

河南黄河河道总长 711 km，堤防长度 913 km，包含险工 86 个、控导护滩 91 个、滚河防护工程 95 个、涵闸工程 98 个、虹吸工程 4 个，坝、垛、护岸 4 824 道。河南黄河现有引黄涵闸 38 座，有效灌溉面积 1 280 万亩。河南黄河滩区涉及 6 市 23 县(区)1 274 个村庄，总面积 2 714 km^2，常住人口达 128 万。为及时、准确获取河势、险情的现场实时信息，为黄河防汛决策提供支持，保证工程险情的及时抢护，对于通信条件，满足视频监控的工程，安装视频监控系统。系统主要监控内容为工程状况、河势流路、滩岸坍塌、坝坡坦石、防汛物资、水位表现等视频信息。系统建设内容包括视频采集设备安装、传输通道布设、视频监控中心视频监控软件的开发。以此提高防洪工程监测水平、工程巡查的工作效率以及防洪决策水平能力。项目设计按照监控前端设备、市局、县局、工程班监控系统及电源配置。

第一阶段，2020~2035 年，建成重点河道监控系统，主要包括险工、控导、新建工程，河势流路变动等重点区域。

第二阶段，2035~2050 年，完成全局所有河道监控系统建设，提高防洪工程监测水平、工程巡查的工作效率以及防洪决策水平能力。

8.2.2.2 水利工程安全监测系统

水利工程建筑物主要包括涵闸、水坝、桥梁等。为保证水利工程达到应有的效果，需要对工程的质量和安全进行监测，监测指标包括应变、应力、水压水位、土压、位移、温度、倾斜、沉降等。安全监测系统设备主要包括测量仪表、标定设备、自动化系统、自动化设备(自动测量单元、单点数据采集、总线数据采集)、水雨情监测、泥石流预警、电缆及附件。信息中心根据实际情况深入调研，提出建设河南黄河水利工程安全监测系统，对涵闸、水坝、桥梁等水利工程进行全面的安全监测，通过自动化数据采集来监测水利工程运行状况，及早发现问题，消除安全隐患，避免事故和灾害发生。

第一阶段，2020~2035 年，在新建、改建引黄涵闸的建设过程中同步建设安全监测系统。

第二阶段，2035~2050 年，建设覆盖全部河南黄河境内新建、改建涵闸、水坝、桥梁等重要水利工程的安全监测系统，并在河南黄河河务局建设中心监测站，联网运行。

8.2.2.3 根石坍塌监测系统

黄河汛期，由于洪水流量大、水位高、流速快、河势多变，险工坝岸常发生险情。在中小洪水情况下，黄河工程经常发生的险情主要是根石、坦石坍塌。针对黄河河道整治工程根石坍塌严重这一问题，探索一些尽量减少坝体根石坍塌的措施，使根石坍塌险情降低到最低限度，确保防洪工程安全是非常必要的。

根石坍塌、走失是黄河险工坝岸出险的根本原因，减少根石坍塌、走失就能减少出险，这也是我们今后治理险工坝岸工程的主要策略之一。建设根石坍塌监测系统可以实现对根石坍塌、走失的自动监测、报警和远程调度,减少人力、物力投入,及早发现险工、控导、坝垛等河道工程安全隐患,提高了信息传输的速度,赢得抢护时间。

根石坍塌监测系统由若干数据采集终端、服务器、无线传感器、电源控制器、高精度倾角传感器等组成。数据采集终端包括从点与主点,从点通过无线局域网络将数据汇总到主点,主点通过网络发送数据到服务器。服务器部署在远程监控中心计算机,运行监控软件,通过网络得到数据。监控中心对数据进行存储、显示、统计报表并结合设计参数进行分析,完成根石坍塌预警功能。安装根石坍塌监测系统,可以发现根石坍塌、走失的早期征兆,找出发生、发展的规律和特点,及时掌握并预见早期根石坍塌的发生,可以及早进行严密监控,采取应对措施,确保河道工程安全运行。

第一阶段,2020~2035年,建成重点河道工程根石坍塌监测系统,主要包括险工、控导、新建工程,河势流路变动等重点区域。

第二阶段,2035~2050年,完成在全局所有4 824个坝垛、护岸等河道工程根石坍塌监测系统建设,提高防洪工程监测水平、工程巡查的工作效率以及防洪决策水平能力。

8.2.2.4 工程管理和水政监察业务支撑网络

水利工程建设管理和水行政监察业务是河南黄河治黄工作的重要组成部分,有较大比重的业务工作在大堤上进行,随着新时代水利现代化的建设,工程管理工作和水政监察工作对办公自动化和各种信息获取需求与日俱增。河南黄河通信信息网络目前尚未实现对黄河大堤的全面覆盖,更无法实现对各种治黄工作的信息业务需求形成支撑。信息中心根据实际情况深入调研,提出建设工程管理、水政监察业务支撑网络,这是一个能实现高速无线网络覆盖的业务支撑网络,可以为工程管理、水政监察业务提供大带宽的专用网络平台,可以支持工程管理和水政监察系统更多的应用系统服务,提高工作效率,保障治黄工作实施。同时,业务支撑网络远期可以为物联网技术应用打下基础。

第一阶段,2020~2035年,初步建成智慧黄河,实现政务管理智能协同、业务支撑精准高效、公共服务便捷惠民、基础保障坚实有力,具备一定支撑河南黄河水利现代化的能力。

第二阶段,2035~2050年,全面建成智慧黄河,实现政务管理智能协同、业务支撑精准高效、公共服务便捷惠民、基础保障坚实有力,具备全面支撑河南黄河水利现代化的能力。

8.2.3 防汛应急指挥系统建设

《加快推进新时代水利现代化的指导意见》明确指出:“全方位推进智慧水利建设”“充分利用物联网、卫星遥感、无人机、视频监控等手段,构建天地一体化水利监测体系。”信息中心根据实际情况深入调研,提出建设移动实时工情采集系统技改和移动集群无线通信系统建设。

8.2.3.1 移动实时工情采集系统技改

黄河流域水雨情、工情灾情等防汛信息是预测防洪形势发展变化的依据,是防洪决策的基础,防汛信息采集体系是黄河非工程措施的重要组成部分,在黄河防洪中发挥着极其重要的基础作用,是各防汛业务应用系统正常运行的基本保证。

目前,已建成的河南黄河河务局实时工情移动采集系统着眼于黄河全流域的工情、灾情实时采集传输,符合国家移动应急通信发展方向、机动性能好、能应付各种恶劣条件和环境,同时支持多种业务的移动信息采集平台。技改项目拟运用无人机、卫星通信车等技术手段,在沿河各市、县局配置移动实时工情采集系统分站,主要包括移动采集、信息传输、数据处理、供电等系统,以及专用车辆和相应计算机等设备,接入河南黄河通信信息网络。

第一阶段,2020～2035 年,对已建成的河南黄河河务局实时工情移动采集系统进行技术改造,更新车辆、采集、传输和供电设备,在濮阳、焦作、豫西、开封、新乡、郑州等 6 市局配置移动实时工情采集系统分站。

第二阶段,2035～2050 年,在沿河各县局配置移动实时工情采集系统分站,共计 26 站。

8.2.3.2　移动集群无线通信系统建设

洪水险情是一种自然灾害,严重威胁人民生命财产安全,从古至今,防汛抢险工作一直是人们所积极探索的维护生活安全的必要措施。新时代水利现代化要求防汛抢险工作要增强忧患意识,坚持与时俱进,科学创新,利用新技术、新科技手段提高防汛抢险工作的保障能力。作为一种典型的重大应急事件,防汛抢险工作具有明显的高危性、突发性、时效性和群体性。集群通信系统属于专用移动通信系统,是一种专用高级指挥调度系统。其特点是系统内所有可用信道为系统内的全体用户共享,具有自动选择信道功能。它是共享资源、共用信道设备及服务的多用途、高效能的无线调度通信系统。它除具备公众移动通信网所能提供的个人移动通信服务外,还能实现个人与群体间的任意通信,并可进行自主编控,是集对讲机、语音通信和图像传输于一体的智能化通信网。主要侧重于指挥、联络、调度,其应用需求针对重大事件与突发事件应对等,能实现群组业务、快速呼叫、高安全性、高抗毁性、高环境适应性、脱网直通、宽带业务等功能。数字集群通信在技术上的特点和优势决定了它不仅具备个人通信的全部功能,而且它能控制与实现个人与群体间任意通信,保密性高,功能丰富,真正全面实现了通信的智能化,能够满足防汛抢险工作的全部通信需求。

国内现有公众移动通信集群系统只能提供低速数据业务,移动通信公网系统(手机)专用性和保障等级不足,不适用于河南黄河防汛抢险工作。信息中心根据实际情况深入调研,提出建设移动集群无线通信系统,解决了防汛抢险工作的指挥、调度、联络难题。

第一阶段,2020～2035 年,在花园口、沁阳、长垣、原阳、武陟一局、黑岗口、兰考、渠村、闵子墓、台前建设数字无线集群中心站各一套,在沿河各班组、涵闸利用现有通信铁塔资源建设外围站,配备手持终端 300 台,中心站覆盖范围 45 km。其中,铁塔、防雷等基础设施可以利用现有基础。初步实现重点险工控导工程主要防汛区域的移动集群无线覆盖。

第二阶段,2035～2050 年, 随技术进步和设备更新进行移动集群无线通信系统的整体升级,仍然利用铁塔、防雷等可利用的基础设施,建设覆盖全部河南黄河的移动集群无线通信系统。

8.2.4　数据(灾备)中心及云计算

《加快推进新时代水利现代化的指导意见》明确指出:“全方位推进智慧水利建设”

“利用互联网、云计算、大数据等先进技术,充分整合利用各类水利信息管理平台”“进一步加强计算和存储能力建设,建成国家、流域、省三级水利基础设施云。”“加强信息安全管理和信息灾备系统建设,保障网络信息安全。”信息中心根据实际情况深入调研,提出建设河南黄河信息数据(灾备)中心和河南黄河云计算平台。

随着社会的发展和科技的进步,河南黄河治理工作中积累了海量数据,包括工情、险情、气象、水文、工程管理、水政、财务、审计等各个部门。科学合理地开发利用现有数据,可以促进各项业务工作的高效完成,可以促进各项工作的改进和创新,可以为各项治黄工作中遇到的困难和问题提供强有力的支持和帮助。目前,各项工作的顺利进行都依赖于数据中心系统的稳定运行。如果核心数据丢失,将会使某些核心功能陷入瘫痪,造成不可估量的损失。因此,保证数据的连续性及数据的高可靠性和可用性,是我们必须要考虑的问题。黄委目前规划和建设有数据中心,建设河南黄河信息数据(灾备)中心,与水利部、黄委的数据中心对接,共享数据资源,互为容灾备份,防范灾难,降低损失。

河南黄河信息数据(灾备)中心(云计算平台)的建设坚持不影响原系统运行、数据同步、高效维护、快速恢复、定期存档、多平台融合、分级授权等原则。以数据为中心,采用“平台+应用、数据+服务”的设计理念,建立标准统一、功能完善、系统稳定、安全可靠、纵横互通、集中统一的河南黄河信息数据(灾备)中心,解决“信息孤岛”问题,满足应用系统对数据存储与调用的需求,实现数据存储统一管理和数据共享。

第一阶段,2020~2035年,在河南黄河河务局建设河南黄河信息数据(灾备)中心,对接水利部和黄委数据中心,将工情、险情、气象、水文、工程管理、水政等部门业务工作数据进行存储,利用大数据技术对数据进行开发,形成一定的数据成果。其间,根据设备使用年限的不同进行设备更新。

第二阶段,2035~2050年,对河南黄河信息数据(灾备)中心设备进行全业务导入,将防汛、工情、险情、气象、水文、工程管理、水政、水调、供水、环境、财务、审计、工会、人事、党建等全部业务部门数据导入,建成云计算平台,利用大数据、云计算等新技术手段,对数据进行开发利用,形成一定的成果。其间,根据设备使用年限的不同进行设备更新。

8.2.5　水环境监测系统建设

《加快推进新时代水利现代化的指导意见》明确指出:“加大河湖保护和监管力度,加强水功能区监督管理”“加强饮用水水源地安全保障达标建设”。信息中心根据实际情况,深入调研,提出建设河南黄河引黄供水水质监测系统。

水资源质量监测是水资源保护与管理的基础,监测能力直接关系到监测成果的准确性、时效性、客观性和科学性,是流域机构履行水资源保护与管理职能的先决条件。要实现对水资源质量的有效监控,保护引黄单位的用水安全,需要及时、准确的监测数据做支撑。

本项目主要是在37个河南黄河引黄涵闸建设固定式地表水水质自动监测站。为引黄供水工作提供全面、及时的水质信息,并快速应对可能发生的水污染事件。整个系统设计总的原则确定为数据可靠、查询方便、运行稳定、应急及时。

系统采用先进的监测设备,以保证监测数据的实时、准确、可靠,同时系统集成设备也采用国内领先的技术,以确保系统长期稳定地运行,实现“无人值守”的目标,系统软件用户界面友好,具备查询、远程控制等集成功能。

系统主要包括站房建设、信息网络、水质检测等几个方面,可以监测 5~80 项水质监测指标,典型的水质自动监测站需要建设水质自动站站房 1 座,配置常规五参数、高锰酸盐指数、氨氮、总磷、总氮、六价铬、砷等多种水质指标分析仪器,同时配备取配水、信息网络等配套设施设备。系统确定以功能多样化、系统先进性、系统稳定性、可扩展性、具有远程技术支持的设计为原则。为加强水质在线监测系统运营的质量保证工作,该系统需配套建设符合实际需要的质量保证体系,该质量保证体系基于以下四大系统:数据标识系统、标样核查系统、加标回收系统和同步自动水质留样系统。

第一阶段,2020~2035 年,依据水调、供水部门的管理需求,建设一批重点引黄涵闸的水质监测系统,并根据需要配套不同参数指标的水质分析仪器,实现对 70%供水水量的水质监控。

第二阶段,2035~2050 年,建设覆盖全部 37 个引黄涵闸的河南黄河引黄供水水质监测系统,实现对 100%供水水量的水质监控。

8.2.6　水量调度信息化建设

《加快推进新时代水利现代化的指导意见》明确指出:“加强水资源科学调度和管理,合理调配水资源。”信息中心根据实际情况深入调研,提出建设河南黄河引黄涵闸计量专项技改项目和河南黄河引黄涵闸水量调度管理系统技改。

8.2.6.1　河南黄河引黄涵闸计量专项技改

在黄河非农业用水计量过程中, 长期以来,供水单位较多使用电磁流量计和超声波水位计进行水量计量,各地在非农业引水计量方面形式多样,存在问题较多,核心问题在于计量精度不高。电磁流量计和超声波流量计各有优缺点,而黄河水泥沙含量高、季节变化大的特点又给水量计量工作提出了挑战。

随着超声波测量技术发展,速度面积法超声波流量计在渠道的流量测量中获得广泛应用,与传统的堰槽法相比,采用速度面积法测量时的水位和流速变化范围要大得多,准确度和稳定性也明显好于堰槽法,因此具备比较规范的渠道的流量测量首选速度面积法超声波流量计。长期实践经验表明,黄河水量计量工作存在较大的改善空间。河南黄河引黄涵闸计量专项技改项目引进经国家计量检定认证的瑞士进口的高精度自动化计量设备,配套自行研发设计的自动化水尺,利用渠道时差法多声道测量大幅度提高了非农业引水计量的科学化水平。

计量设备由换能器、主机、安装附件和电缆组成。采用 1~6 声道超声波,可以测量 0.2~150 m 宽度的渠道流量,流速 0~30 m/s,精度 1%。预先设置渠道参数,对声道进行测试校准后,即可投入生产运行。同时,编写专用软件将计量主机和引黄涵闸水量调度管理系统、河南黄河信息数据中心联网,实现远程监控。

第一阶段,2020~2035 年,依据水调、供水部门的管理需求,针对重点引黄涵闸的水量计量设备进行技术改造,实现联网。

第二阶段,2035~2050 年,对全部 37 个引黄涵闸的水量计量设备进行技术改造。根据技术发展情况,改进计量设备,优化计量方案,进一步提高精度,优化生产运行条件。

8.2.6.2 河南黄河引黄涵闸水量调度管理系统技改

黄河水量调度管理系统经过十多年的建设,一期工程和二期工程投入运行多年,达到了满意的效果,取得了显著的效益,实现了多数重点引黄涵闸的远程监控和调度管理。随着部分涵闸更新改建和系统设备老化,以及新时代水利现代化提出的更高要求,信息中心根据实际情况深入调研,提出建设河南黄河引黄涵闸水量调度管理系统技改项目。项目建设以水调、供水部门的管理需求为出发点,着重解决黄河水量调度管理系统多年运行中存在的问题,提高整体管理调度能力,利用河南黄河信息数据中心进行分析计算,使运行管理方案更科学、更高效。

第一阶段,2020~2035 年,依据水调、供水部门的管理需求,针对重点引黄涵闸的水量调度管理系统进行技术改造。

第二阶段,2035~2050 年,对全部 37 个引黄涵闸的水量调度管理系统进行技术改造。根据技术发展情况,改进控制设备,升级网络设备,优化实施方案,进一步提高管理能力,优化生产运行条件。

8.3 技术培训和队伍建设计划

(1)在全局尤其是基层职工中加强信息化宣传和信息技术教育,各基层单位要由专人负责,每月开展一次信息技术和知识普及讲座,黄河报每期刊登一篇信息技术知识普及文章,黄河网及各单位网站要开辟专栏介绍信息技术及其进展,实现信息技术与职工宣传教育的有机融合,全面推进职工信息技术教育。

(2)在全局继续开展专业岗位的信息技术技能培训,对从事涵闸控制操作和管理人员、通信网络管理和数据采集管理的基层职工等要开展专业信息技术技能培训;各级信息中心要加强对相关人员的信息系统应用能力培训和考核,要把邀请大专院校讲师和知名公司的高级技术人员对信息技术人员开展新技术培训列入日常工作计划;要加大培训资金投入,把信息技能培训纳入治黄工作发展规划,积极开展职工信息技能教育和培训。

(3)研究和编制信息化人才规划,确定信息化人才工作重点,建立信息化人才分类指导目录,制定信息化相关职业的职业技能标准和最低工资标准。

(4)尊重水利信息化人才成长规律,把信息技术人员进入相关部门水利业务岗位培训列入单位年度计划,把送入高校和专业公司再培训列入单位发展计划。要以治黄信息化项目为依托,培养高级人才、创新型人才和复合型人才。积极参加并促进与高校、科研院所、大型专业公司等双边和多边合作项目,切实推进信息技术和人才培养等领域的交流与合作。高度重视吸引国内外人才参与治黄信息化建设。

(5)切实加强对治黄信息化的领导。实践证明信息化是“一把手”工程,各单位各部门“一把手”要切实履行管理职责,常抓不懈。要建立治黄信息化领导小组,凡涉及信息化的重大政策和事项要经领导小组审定。要抓紧研究建立符合事业单位改革方向、分工合理、责任明确的信息化推进协调体制。加大黄委机关部门间的协调力度,明确黄委信息中心在信息化建设与管理上的事权和职能,加强对各单位信息中心的业务指导。

(6)根据国家财政预算核算、政府国库支付等体制变化和要求,加快研究制定信息化前期工作和项目申报机制、项目资金安全保障机制,避免前期项目周期太长、资金支付过急;在国家项目招标投标和设备政府采购政策下,研究切合实际的信息化工程建设管理机制,避免按土建工程管理信息化项目建设,优先采购国产信息技术产品和服务,逐步完善信息系统运维管理机制。

(7)研究制定机关各部门、委属各单位扶持各级信息中心事业发展的政策。加大对黄委信息化发展所急需的各类基础性、公益性工作资金投入,特别是对信息资源共享应用工程等的资金投入。研究建立黄河应用系统运维管理中心、黄河“数字流域”技术研究中心。为实现技术应用与研发创新、事业发展的协同,实现信息化与治黄工作同步发展和实现治黄现代化提供基本保障。

(8)机关各部门、委属各单位要根据治黄工作现代化的需要和适应信息化的要求,深入研究、分析和梳理各自的业务和管理工作,2016年前开展并完成规范化行动计划,为实现治黄现代化奠定工作基础。规范化各类预案行动,包括各类调度预案、防洪预案、抢险预案、救灾预案、维护预案、应急预案、保障预案等。要重新审视、分类建立标准模板。规范化工作流程行动,包括业务工作流程、管理工作流程、决策会商指挥流程等。工作流程是多年实践经验的总结,是行之有效的工作方法,但在信息化和现代化过程中,还有不适应和需要进一步标准化和规范化的。不能抱残守缺、应循守旧,要主动行动、优化再造,以便于标准化和信息化。